高等学校测绘工程专业核心教材

 普通高等教育"十一五"国家级规划教材

国家精品课程教材

测绘学概论

Introduction to Geomatics

（第二版）

宁津生　主编

编委：宁津生　陈俊勇　李德仁　刘经南
　　　张祖勋　陶本藻　张正禄　龚健雅
　　　何宗宜　赵建虎

武汉大学出版社

图书在版编目(CIP)数据

测绘学概论/宁津生,陈俊勇,李德仁,刘经南,张祖勋等编著.—2版.
—武汉:武汉大学出版社,2008.5(2015.7重印)
高等学校测绘工程专业核心教材
普通高等教育"十一五"国家级规划教材
国家精品课程教材
ISBN 978-7-307-06139-2

Ⅰ.测…　Ⅱ.①宁…　②陈…　③李…　④刘…　⑤张…[等]
Ⅲ.测绘学—高等学校—教材　Ⅳ.P2

中国版本图书馆 CIP 数据核字(2008)第 015154 号

责任编辑:任　翔　　责任校对:王　建　　版式设计:支　笛

出版发行:武汉大学出版社　　(430072　武昌　珞珈山)
　　　　　(电子邮件:wdp4@whu.edu.cn　网址:www.wdp.com.cn)
印刷:湖北恒泰印务有限公司
开本:787×1092　1/16　　印张:20.5　　字数:494 千字　　插页:2
版次:2004 年 10 月第 1 版　　2008 年 5 月第 2 版
　　　2015 年 7 月第 2 版第 13 次印刷
ISBN 978-7-307-06139-2/P·134　　　　定价:45.00 元

版权所有,不得翻印;凡购买我社的图书,如有质量问题,请与当地图书销售部门联系调换。

第二版前言

自1998年至今,《测绘学概论》这门课程在测绘工程及其相关的遥感科学与技术、地理信息系统和固体地球物理等专业,以及各种测绘管理干部和专业技术人员培训班、研讨班上整整教学了10年,受到了全国有测绘工程专业的高校师生和测绘生产、研究单位的测绘科技工作者的关注和好评。在此期间,这门课程的教材相继被国家教育部批准为"十五"、"十一五"国家级规划教材,课程在2007年被批准为国家精品课程。目前,《测绘学概论》这门课已经成为我国测绘类专业及其相关专业的一门重要的入门专业技术基础课程。

《测绘学概论》教材第一版是2004年在6年教学实践的基础上编著出版的。经过这4年的教学使用,我们也发现教材中还存在着一些不足之处,同时也征集到不少师生对此教材提出的许多中肯意见和宝贵建议。为此,我们决定修订此教材。

第二版教材的修订,我们主要顾及以下几个方面:密切关注学科前沿动态,补充了若干学科新进展、新内容;考虑到新生对测绘学知识知之甚少的特点,尽量使教学内容更加通俗易懂;鉴于课程的专业技术基础课性质,充分考虑新生的接受能力和程度,删除了第一版教材中一些相对繁琐的技术细节,更着重概念、动态、进展方面的阐述。另外,我们还准备将此课程讲授教师的多媒体课件(PPT)进行修改和完善后放到相关网站上,供广大教师和相关测绘科技工作者下载使用。

参加《测绘学概论》第二版的作者稍有变动,具体是:宁津生(编写第1章)、陈俊勇(编写第2章)、张祖勋(编写第3章)、何宗宜(编写第4章)、张正禄(编写第5章)、赵建虎(编写第6章)、刘经南(编写第7章)、李德仁(编写第8和第11章)、龚健雅(编写第9章)、陶本藻(编写第10章)。

编著者

2008年1月于武汉大学

前　言

测绘学是一门古老的学科,有着悠久的历史。随着人类社会的进步、经济的发展和科技水平的提高,测绘学科的理论、技术、方法及其学科内涵也随之不断地发生变化。尤其是在当代,由于空间技术、计算机技术、通信技术和地理信息技术的发展,致使测绘学的理论基础、工程技术体系、研究领域和科学目标正在适应新形势的需要而发生深刻的变化。由"3S"技术(GPS,RS,GIS)支撑的测绘科学技术在信息采集、数据处理和成果应用等方面也正步入数字化、网络化、智能化、实时化和可视化的新阶段。测绘学已经成为研究对地球和其他实体的与空间分布有关的信息进行采集、量测、分析、显示、管理和利用的一门科学技术。测绘行业也逐渐成为信息行业中的一个重要组成部分。它的服务对象和范围已远远超出了传统测绘学比较狭窄的应用领域,扩大到国民经济和国防建设中与地理空间信息有关的各个领域。现代测绘学正向着当代刚刚兴起的一门新型学科——地球空间信息学(Geo-Spatial Information Science,简称 Geomatics)跨越和融合。

现代测绘学的上述发展和变化,也充分反映出学科的交叉和渗透。我国高等学校设置的测绘工程本科专业,是由传统测绘学中的几个分支学科专业综合而成的,体现了这种学科交叉和渗透。因此测绘工程专业的学科内容是丰富的,新技术的含量是很高的,在社会和经济发展中的地位是明显的。对于一个刚踏入高等学校大门的学生来说,他们最关心的莫过于他将要学习的是一个什么样的专业。我们之所以在测绘工程专业新生中开设这样一门"测绘学概论"课程,其目的就是让他们在入学之始还未接受专业教育之前就先了解测绘工程专业有哪些主要内容,要学习哪些理论和技术,它有怎样的学科地位和社会作用,对测绘工程专业有些概括性的了解,树立学习这门专业的信心,培养他们的学习兴趣,为今后的专业学习从思想认识上打下较稳固的基础。鉴于此,全国高等学校测绘学科教学指导委员会在研讨测绘工程专业的教学体系时将"测绘学概论"作为公共专业基础课程之一。它既是一门课程,也是进行专业教育的教材。这门课程首先列入武汉大学(原武汉测绘科技大学)测绘工程专业的教学计划,并安排了五位两院院士和五位教授分别主讲相关学科领域的教学内容。考虑到新生对测绘学的专业知识知之甚少,因此要求教师以通俗的语言和多媒体的教学方式向学生作科普性质的讲授,同时编写了相应的讲义。经过 6

年的教学，这门课程深受测绘工程专业新生的欢迎，教学效果是好的。现在在武汉大学，除了测绘工程专业，还有遥感科学与技术、地理信息系统、固体地球物理等专业也开设此课程。为配合教学，我们在6年教学实践的基础上，编著了这本教材，由武汉大学出版社出版发行。经全国高等学校测绘学科教学指导委员会申请，本教材被国家教育部正式批准为"十五"国家级规划教材。编著者们考虑到这本教材除了用于测绘工程专业的教学之外，为了使其使用范围更广一些，教材内容较之教学大纲的规定有所拓展，以便能适用于科研、生产和管理部门从事测绘专业的科技工作者和管理者学习参考。

参加本书编撰工作的有：宁津生（编写第一章）、陈俊勇（编写第二章）、张祖勋（编写第三章）、祝国瑞、何宗宜（编写第四章）、张正禄（编写第五章）、李明（编写第六章）、刘经南（编写第七章）、李德仁（编写第八章和第十一章）、龚健雅（编写第九章）、陶本藻（编写第十章）。

限于时间和编著者的水平，书中难免有不足之处，欢迎读者不吝指正。

编著者

2004年9月于武汉大学

目 录

第1章 总论 ... 1
1.1 测绘学的基本概念与研究内容 ... 1
1.1.1 测绘学的基本概念 ... 1
1.1.2 研究内容 ... 2
1.2 测绘学的历史发展 ... 3
1.3 测绘学的学科分类 ... 9
1.3.1 大地测量学 ... 9
1.3.2 摄影测量学 ... 11
1.3.3 地图制图学(地图学) ... 13
1.3.4 工程测量学 ... 15
1.3.5 海洋测绘学 ... 16
1.4 测绘学的现代发展 ... 17
1.4.1 测绘学中的新技术发展 ... 18
1.4.2 现代测绘新技术对测绘学科发展的影响 ... 23
1.4.3 测绘学的现代概念和内涵 ... 24
1.5 测绘学的科学地位和作用 ... 25
1.5.1 在科学研究中的作用 ... 25
1.5.2 在国民经济建设中的作用 ... 25
1.5.3 在国防建设中的作用 ... 25
1.5.4 在社会发展中的作用 ... 25

第2章 大地测量学 ... 27
2.1 概述 ... 27
2.1.1 大地测量学的基本任务 ... 27
2.1.2 大地测量学的作用与服务对象 ... 28
2.1.3 大地测量学的现代发展 ... 29
2.1.4 大地测量学的学科体系 ... 29
2.2 大地测量系统与大地测量参考框架 ... 30
2.2.1 大地测量坐标系统和大地测量常数 ... 30
2.2.2 大地测量坐标框架 ... 31
2.2.3 高程系统和高程框架 ... 32
2.2.4 深度基准 ... 33

2.2.5 重力系统和重力测量框架 ·· 33
2.3 实用大地测量学 ··· 34
2.3.1 实用大地测量学的任务与方法 ·· 34
2.3.2 国家平面控制网 ·· 34
2.3.3 国家高程控制网 ·· 37
2.3.4 国家重力控制网 ·· 39
2.4 椭球面大地测量学 ··· 39
2.4.1 椭球面大地测量学的基本任务 ·· 39
2.4.2 椭球面的大地线及其解算 ·· 40
2.4.3 高斯-克吕格投影与地形图分带 ······································ 40
2.5 物理大地测量学 ··· 41
2.5.1 物理大地测量学的任务和内容 ·· 41
2.5.2 地球重力场 ·· 42
2.5.3 重力测量技术 ·· 42
2.6 卫星大地测量学 ··· 45
2.6.1 卫星大地测量学的内容、技术特点与作用 ···························· 45
2.6.2 卫星激光测距技术 ·· 45
2.6.3 卫星测高技术 ·· 47
2.6.4 其他卫星大地测量技术 ·· 48
2.6.5 甚长基线干涉测量技术 ··· 49
2.7 大地测量的时间基准 ··· 50
2.7.1 时间系统 ·· 50
2.7.2 时间系统框架 ·· 51
2.8 我国近五十年大地测量的进展 ·· 52
2.8.1 20 世纪 50~70 年代 ·· 52
2.8.2 20 世纪 80 年代 ·· 53
2.8.3 20 世纪 90 年代 ·· 54
2.8.4 2000 年以来 ·· 54

第 3 章 摄影测量学 ·· 59
3.1 概述 ··· 59
3.1.1 由普通测量理解摄影测量 ·· 59
3.1.2 由人的双眼理解摄影测量 ·· 60
3.1.3 摄影测量的分类 ·· 62
3.1.4 摄影测量的三个发展阶段 ·· 66
3.1.5 摄影测量的两个基本组成部分 ·· 67
3.2 摄影测量的一些基本原理 ·· 67
3.2.1 影像与物体的基本关系 ··· 67
3.2.2 影像与地图的关系 ·· 68

3.2.3 摄影机的内方位元素 …………………………………………………… 69
　　3.2.4 摄影机的外方位元素 …………………………………………………… 70
　　3.2.5 共线方程 ………………………………………………………………… 70
　　3.2.6 立体观测方法 …………………………………………………………… 71
3.3 恢复(确定)影像方位元素的方法 …………………………………………… 73
　　3.3.1 确定单张影像的外方位元素——空间后方交会 ……………………… 73
　　3.3.2 确定两张影像的外方位元素 …………………………………………… 74
　　3.3.3 航带、区域模型的建立与区域网平差 ………………………………… 76
　　3.3.4 GPS 空中三角测量与 POS 系统的应用 ………………………………… 77
3.4 数字摄影测量与影像匹配 …………………………………………………… 78
　　3.4.1 数字摄影测量与数字影像 ……………………………………………… 78
　　3.4.2 数字图像处理 …………………………………………………………… 79
　　3.4.3 影像匹配原理 …………………………………………………………… 80
　　3.4.4 立体像对的核线与一维匹配 …………………………………………… 82
3.5 摄影测量的应用 ……………………………………………………………… 83
　　3.5.1 数字高程模型与等高线测绘 …………………………………………… 83
　　3.5.2 数字纠正、正射纠正 …………………………………………………… 85
　　3.5.3 三维景观影像 …………………………………………………………… 86
　　3.5.4 基于影像的三维建模 …………………………………………………… 88
　　3.5.5 城市建模 ………………………………………………………………… 88
3.6 数字摄影测量与计算机视觉 ………………………………………………… 89
3.7 数字摄影测量的发展与展望 ………………………………………………… 90
　　3.7.1 信息获取的种类与方法 ………………………………………………… 90
　　3.7.2 数字摄影测量理论的发展 ……………………………………………… 90
　　3.7.3 数字摄影测量发展的展望 ……………………………………………… 90

第4章 地图制图学 ……………………………………………………………… 92
4.1 地图的基本概念 ……………………………………………………………… 92
　　4.1.1 地图的特性 ……………………………………………………………… 92
　　4.1.2 地图的内容 ……………………………………………………………… 92
　　4.1.3 地图的分类 ……………………………………………………………… 93
4.2 地图的数学基础 ……………………………………………………………… 94
　　4.2.1 地图投影 ………………………………………………………………… 94
　　4.2.2 地图定向 ………………………………………………………………… 96
　　4.2.3 地图比例尺 ……………………………………………………………… 96
4.3 地图语言 ……………………………………………………………………… 97
　　4.3.1 地图符号 ………………………………………………………………… 97
　　4.3.2 地图色彩 ………………………………………………………………… 98
　　4.3.3 地图注记 ………………………………………………………………… 98

- 4.4 普通地图编制 ... 99
  - 4.4.1 普通地图要素的表示 ... 99
  - 4.4.2 普通地图的制图综合 ... 101
  - 4.4.3 普通地图设计 ... 103
  - 4.4.4 普通地图编制过程 ... 103
- 4.5 专题地图编制 ... 104
  - 4.5.1 专题地图的分类 ... 104
  - 4.5.2 专题地图的表示方法 ... 104
  - 4.5.3 专题地图的设计与编制 ... 107
- 4.6 卫星影像地图编制 ... 107
- 4.7 地图集编制 ... 108
  - 4.7.1 地图集的特点 ... 108
  - 4.7.2 地图集的分类 ... 109
  - 4.7.3 地图集的设计与编制 ... 109
- 4.8 电子地图 ... 109
  - 4.8.1 电子地图的特点 ... 109
  - 4.8.2 电子地图的技术基础 ... 111
  - 4.8.3 电子地图种类 ... 111
  - 4.8.4 电子地图设计 ... 112
- 4.9 空间信息可视化 ... 113
- 4.10 地图的应用 ... 114
  - 4.10.1 常规地图的应用 ... 114
  - 4.10.2 电子地图的应用 ... 115
- 4.11 地图制图学的发展趋势 ... 116
  - 4.11.1 数字地图制图技术的发展 ... 116
  - 4.11.2 地图学新理论的不断探索 ... 116
  - 4.11.3 地图自动制图综合的发展趋势 ... 117
  - 4.11.4 空间信息可视化的发展趋势 ... 117

第5章 工程测量学 ... 119

- 5.1 概述 ... 119
  - 5.1.1 工程测量学的含义 ... 119
  - 5.1.2 工程测量学的发展概况 ... 119
- 5.2 工程建设各阶段的测量工作 ... 120
  - 5.2.1 规划设计阶段 ... 120
  - 5.2.2 施工建设阶段 ... 121
  - 5.2.3 运行管理阶段 ... 122
  - 5.2.4 典型的工程测量问题 ... 123
- 5.3 工程测量的仪器和方法 ... 123

  5.3.1 工程测量仪器 ·· 124
  5.3.2 工程测量方法 ·· 127
 5.4 工程控制网的布设 ·· 130
  5.4.1 控制网的坐标系 ·· 130
  5.4.2 控制网的作用和分类 ·· 130
  5.4.3 控制网的设计 ·· 133
  5.4.4 控制网的数据处理 ··· 135
 5.5 施工放样与设备安装测量 ·· 135
  5.5.1 施工放样概述 ·· 135
  5.5.2 施工放样方法 ·· 136
  5.5.3 曲线测设 ·· 138
  5.5.4 三维工业测量 ·· 138
  5.5.5 竣工测量 ·· 140
 5.6 工程变形监测分析与预报 ·· 140
  5.6.1 变形监测的目的和内容 ··· 140
  5.6.2 变形监测方案设计 ··· 142
  5.6.3 变形观测数据处理 ··· 142
  5.6.4 变形观测资料整理和成果表达 ·· 143
 5.7 不动产测绘 ··· 144
  5.7.1 不动产测绘的概念 ··· 144
  5.7.2 不动产测绘的内容 ··· 144
 5.8 工程测量学的发展展望 ··· 148

第6章 海洋测绘 ··· 151
 6.1 概述 ··· 151
  6.1.1 海洋与海洋测绘 ·· 151
  6.1.2 海洋测绘的特点及其与其他学科的关系 ··· 152
 6.2 海洋测绘内容 ·· 153
  6.2.1 海洋大地控制网 ·· 154
  6.2.2 海洋重力测量 ·· 155
  6.2.3 海洋磁力测量 ·· 157
  6.2.4 海洋定位 ·· 158
  6.2.5 水深测量与水下地形测量 ·· 161
  6.2.6 海洋水文要素及其观测 ··· 165
  6.2.7 海底地貌及底质探测 ·· 168
  6.2.8 海洋工程测量 ·· 170
  6.2.9 海洋地图绘制 ·· 170
  6.2.10 海洋地理信息系统 ··· 172

第7章 全球卫星导航定位技术 174
7.1 概述 174
7.1.1 定位与导航的概念 174
7.1.2 定位需求与技术的发展过程 174
7.1.3 绝对定位方式与相对定位方式 175
7.1.4 定位与导航的方法和技术 176
7.1.5 组合导航定位技术 179
7.1.6 区域卫星导航定位技术 179
7.2 全球卫星导航定位系统的工作原理和使用方法 180
7.2.1 概述 180
7.2.2 GPS全球定位系统的概念 181
7.2.3 GLONASS全球卫星导航定位系统的概念 182
7.2.4 伽利略(GALILEO)全球卫星导航定位系统的概念 183
7.2.5 全球卫星导航定位的基本原理 184
7.2.6 全球卫星导航定位的主要误差来源 186
7.2.7 全球卫星导航相对定位原理和方法 186
7.2.8 GPS技术的最新进展 189
7.3 全球卫星导航定位系统的应用 192
7.3.1 概述 192
7.3.2 GPS定位技术在科学研究中的应用 193
7.3.3 GPS定位技术在工程技术中的应用 195
7.3.4 GPS定位技术在军事中的应用 198
7.3.5 GPS定位技术在其他领域的应用 199

第8章 遥感科学与技术 202
8.1 遥感的概念 202
8.2 遥感的电磁波谱 203
8.3 遥感信息获取 206
8.3.1 遥感传感器 206
8.3.2 遥感平台 208
8.3.3 遥感数据的记录形式与特点 209
8.3.4 遥感对地观测的历史发展 211
8.3.5 主要的遥感对地观测卫星及其未来发展 213
8.4 遥感信息传输与预处理 217
8.4.1 遥感信息的传输 218
8.4.2 遥感信息的预处理 218
8.5 遥感影像数据处理 219
8.5.1 概述 219
8.5.2 雷达干涉测量和差分雷达干涉测量 219

8.6 遥感技术的应用 ········· 223
8.6.1 在国家基础测绘和建立空间数据基础设施中的应用 ········· 223
8.6.2 在铁路、公路设计中的应用 ········· 223
8.6.3 在农业中的应用 ········· 223
8.6.4 在林业中的应用 ········· 223
8.6.5 在煤炭工业中的应用 ········· 224
8.6.6 在油气资源勘探中的应用 ········· 224
8.6.7 在地质矿产勘查中的应用 ········· 225
8.6.8 在水文学和水资源研究中的应用 ········· 226
8.6.9 在海洋研究中的应用 ········· 227
8.6.10 在环境监测中的应用 ········· 228
8.6.11 在洪水灾害监测与评估中的应用 ········· 228
8.6.12 在地震灾害监测中的应用 ········· 229
8.7 我国航天航空遥感的主要成就 ········· 230
8.7.1 我国的航天遥感系统 ········· 230
8.7.2 我国的航空遥感技术 ········· 236
8.8 遥感对地观测的发展前景 ········· 236
8.8.1 航空航天遥感传感器数据获取技术趋向三多和三高 ········· 236
8.8.2 航空航天遥感对地定位趋向于不依赖地面控制 ········· 237
8.8.3 摄影测量与遥感数据的计算机处理更趋自动化和智能化 ········· 238
8.8.4 利用多时相影像数据自动发现地表覆盖的变化趋向实时化 ········· 238
8.8.5 航空与航天遥感在构建"数字地球"和"数字中国"中正在发挥愈来愈大的作用 ········· 238
8.8.6 全定量化遥感方法走向实用 ········· 238
8.8.7 遥感传感器网络与全球信息网络走向集成 ········· 239

第9章 地理信息系统 ········· 241
9.1 地理信息系统的概念 ········· 242
9.1.1 地理现象及其抽象表达 ········· 242
9.1.2 地理信息系统的含义 ········· 245
9.1.3 地理空间对象的计算机表达 ········· 246
9.2 地理信息系统的硬件构成 ········· 247
9.2.1 单机模式 ········· 247
9.2.2 局域网模式 ········· 248
9.2.3 广域网模式 ········· 248
9.2.4 输入设备 ········· 250
9.2.5 输出设备 ········· 251
9.3 地理信息系统的功能与软件构成 ········· 251
9.3.1 概述 ········· 251
9.3.2 空间数据采集与输入子系统 ········· 252

| 9.3.3 图形及属性编辑子系统 ································· 253
| 9.3.4 空间数据库管理系统 ··································· 254
| 9.3.5 空间查询与空间分析子系统 ······················ 255
| 9.3.6 地图制图与输出子系统 ································ 256
| 9.4 地理信息系统的工程建设与应用 ···························· 257
| 9.4.1 GIS 的应用系统开发 ····································· 258
| 9.4.2 GIS 工程设计与建设 ····································· 259
| 9.4.3 GIS 的主要应用领域 ····································· 260
| 9.5 地理信息系统的起因与发展 ·································· 263
| 9.5.1 地理信息系统的发展过程 ································ 263
| 9.5.2 当代地理信息系统的进展 ································ 264

第 10 章 观测误差理论与测量平差 ··································· 270

| 10.1 概述 ··· 270
| 10.1.1 观测误差理论与测量平差的科学任务 ············ 270
| 10.1.2 观测(测量) ·· 270
| 10.1.3 观测误差 ·· 271
| 10.1.4 测量平差的含义 ·· 273
| 10.2 观测误差理论 ··· 274
| 10.2.1 偶然误差的规律性及其统计分布 ··················· 274
| 10.2.2 衡量精度的指标 ·· 275
| 10.2.3 不同精度观测的权 ······································· 276
| 10.2.4 协方差与相关系数 ······································· 277
| 10.2.5 误差传播 ·· 277
| 10.2.6 误差检验 ·· 278
| 10.3 测量平差 ··· 278
| 10.3.1 多余观测 ·· 278
| 10.3.2 平差模型 ·· 278
| 10.3.3 平差最优化准则 ·· 280
| 10.3.4 具有一个参数的平差问题 ····························· 282
| 10.3.5 线性方程组的解算 ······································· 283
| 10.4 近代测量平差及其在测绘学中的作用 ···················· 283
| 10.4.1 近代测量平差综述 ······································· 283
| 10.4.2 测量平差在现代测绘中的作用 ······················ 284

第 11 章 地球空间信息学与数字地球 ································· 286

| 11.1 什么是数字地球 ··· 286
| 11.1.1 资源经济、资本经济和知识经济 ····················· 286
| 11.1.2 数字地球的提出 ·· 286

11.2 数字地球的技术支撑 ... 289
11.2.1 信息高速公路和计算机宽带高速网 ... 289
11.2.2 高分辨率卫星影像 ... 289
11.2.3 空间信息技术与空间数据基础设施 ... 289
11.2.4 大容量数据存储及元数据 ... 290
11.2.5 科学计算 ... 290
11.2.6 可视化和虚拟现实技术 ... 290

11.3 作为数字地球基础的地球空间信息科学 ... 291
11.3.1 地球空间信息学的形成 ... 292
11.3.2 地球空间信息科学的理论体系 ... 293
11.3.3 地球空间信息学的技术体系 ... 294
11.3.4 GPS、RS 与 GIS 的集成 ... 295
11.3.5 从 4D 产品到 5D 产品——可量测实景影像的概念与应用 ... 300

11.4 数字地球的应用 ... 304
11.4.1 数字地球对全球变化与社会可持续发展的作用 ... 304
11.4.2 数字地球对社会经济和生活的影响 ... 304
11.4.3 数字地球与精细农业 ... 304
11.4.4 数字地球与智能化交通 ... 306
11.4.5 数字地球与数字城市 ... 306
11.4.6 数字地球为专家服务 ... 308
11.4.7 数字地球与现代化战争 ... 308
11.4.8 数字地球走进千家万户 ... 309

11.5 发展与展望 ... 309
11.5.1 时空信息获取的天地一体化和全球化 ... 309
11.5.2 时空信息加工与处理的自动化、智能化与实时化 ... 310
11.5.3 时空信息管理和分发的网格化 ... 311
11.5.4 时空信息服务的大众化 ... 311

第1章 总　　论

1.1 测绘学的基本概念与研究内容

1.1.1 测绘学的基本概念

测绘学起初的概念是以地球为研究对象，对其进行测定和描绘的科学。按照这样的概念，测绘就是利用测量仪器测定地球表面自然形态的地理要素和地表人工设施的形状、大小、空间位置及其属性等，然后根据观测到的这些数据通过地图制图的方法将地面的自然形态和人工设施等绘制成地图，如图1-1所示，其中(a)为利用小平板仪测绘地形图，(b)为实地和地形图的对应关系。一般情况下，这种概念的测绘工作限于较小区域的测量和制图，将地面当成平面，不考虑地球曲率的影响。但是地球表面并不是平面，测绘工作的范围也不限于较小的区域，尤其是测绘科学技术的应用领域不断扩大，其工作范围不仅是一个国家或一

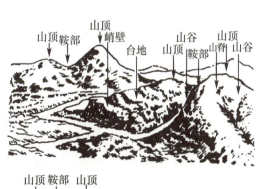
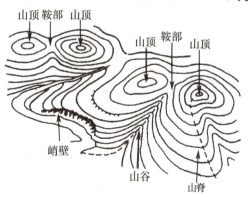

(a)小平板仪测图　　　　　　　　(b)实地和地形图的对应关系

图1-1　测绘学起初的概念

个地区,有时甚至需要进行全球的测绘工作。在这种情况下,测绘工作和测绘学所要研究的问题就不像上面所说的那样简单,而是变得复杂多了。此时,测绘学不仅研究地球表面的自然形态和人工设施的几何信息的获取和表述问题,而且还要把地球作为一个整体,研究获取和表述其几何信息之外的物理信息,如地球重力场的信息,以及这些几何和物理信息随时间的变化。随着科学技术的发展和社会的进步,测绘学的研究对象不仅是地球,还需要将其研究范围扩大到地球外层空间的各种自然和人造实体,甚至地球内部结构等。因此,测绘学的一个比较完整的基本概念应该是:研究测定和推算地面及其外层空间点的几何位置,确定地球形状和地球重力场,获取地球表面自然形态和人工设施的几何分布以及与其属性有关的信息,编制全球或局部地区的各种比例尺的普通地图和专题地图,为国民经济发展和国防建设以及地学研究服务。随着科学技术的发展,现时又出现了许多现代测绘新技术,使得测绘学的理论和方法及其应用范围发生了巨大的变化,与此相应地,测绘学又有了新的概念和含义,这在本章后面测绘学的现代发展中去阐述。从上面测绘学的基本概念中可以看出,测绘学主要研究地球的地理空间信息,同地球科学的研究有着密切的关系,因此测绘学可以说是地球科学的一个分支学科。

1.1.2 研究内容

从测绘学的基本概念可知,其研究内容是很多的,涉及许多方面。现仅就测绘地球来阐述其主要内容:首先,在已知地球形状、大小及其重力场的基础上建立一个统一的地球坐标系统,用以表示地球表面及其外部空间任一点在这个地球坐标系中准确的几何位置。由于地球的外形接近一个椭球(称为地球椭球),所以地面上任一点的几何位置即用这一点在地球椭球面上的经纬度及其高程表示。这里要研究地球重力场理论、确定地球椭球参数、建立测绘基准和坐标系统以及测定点的坐标等技术和方法。其次,有了大量的地面点的坐标和高程,就可以此为基础进行地表形态的测绘工作,其中包括地表的各种自然形态,如水系、地貌、土壤和植被的分布,也包括人类社会活动所产生的各种人工形态,如居民地、交通线和各种建筑物的位置。对于小面积的地表形态测绘工作可以利用普通的测量仪器,通过平面测量的方法直接测绘地形图;对于大面积地表形态的测绘工作,通常采用摄影方法,获得地表形态和人工设施空间分布的影像信息,根据摄影测量理论和方法,将地表形态和人工设施的影像信息用模拟的、解析的或数字的方式转变成各种比例尺的地形原图或形成地理数据库。第三,以上用测量仪器和测量方法所获得的自然界和人类社会现象的空间分布、相互联系及其动态变化信息,最终要以地图的形式反映和展示出来。为此要经过地图投影、综合、编制、整饰和制印,或者增加某些专门要素,形成各种比例尺的普通地图和专题地图。因此,传统地图学就是要研究地图制作的理论、技术和工艺。第四,各种经济建设和国防工程建设的规划、设计、施工和建筑物建成后的运营管理中,都需要进行相应的测绘工作,并利用测绘资料引导工程建设的实施,监视建筑物的形变。这些测绘工程往往要根据具体工程的要求,采取专门的测量方法。对于一些特殊的工程,还需要特定的高精度测量或使用特种测量仪器去完成相应的测量任务。第五,地球的表层不仅有陆地,而且还有70%的海洋,因此不仅要在陆地进行测绘,而且面对广阔的海洋也有许多测绘工作。在海洋环境(包括江河湖泊)中进行测绘工作,同陆地测量有很大的区别。主要是测量内容综合性强,需多种仪器配合施测,同时完成多种观测项目;测区条件比较复杂,海面受潮汐、气象因素等影响起伏不定,大多数为动态作业;观测者不能用肉眼透视水域底部,精确测量难度较大。这些海洋测绘的特征都要求研究海洋水域的特殊测量方法和仪器设备与之相适应,如无线电导航系统、电磁波测距仪器、水声定位系统、卫星组合导航系统、惯性组合导航系统以及天文方法等。第六,从以上的研究内容看出,测绘学中有大量各种类型的测量工作。这些测量工作都需要有人用测量仪器在某种自然环境中进行观测。由于测量仪器构造上有不可避免的缺陷、观测者的技术水平和感觉器官的局限性以及自然环境的各种因素,如气温、气压、风力、透明度、大气折光等变化,对测量工作都会产生影响,给观测结果带来误差。虽然随着测绘科技的发展,测量仪器可以制造得愈来愈精密,甚至可以实现自动化或智能化;观测者的技术水平可以不断提高,能够非常熟练地进行观测,但这也只能减小观测误差,将误差控制在一定范围内,而不能完全消除它们。因此在测量工作中必须研究和处理这些带有误差的观测值,设法消除或削弱其误差,以便提高被观测量的质量,这就是测绘学中的测量数据处理和平差问题。它是依据数学上一定的准则,如最小二乘准则,由一系列带有观测误差的测量数据,求出未知量的最佳估值及其精度的理论和方法。第七,测绘学的研究和工作成果最终要服务于国民经济建设、国防建设以及科学研究,因此要研究测绘学在社会经济发展的各个相关领域中的应用。不同的应用领域对测绘工作的要求也不同,要求依据不同的测绘理论和方法,使用不同的测量仪器和设备,采取不同的数据处理和平差,最后获取符合不同应用领域要求的测绘成果。

1.2 测绘学的历史发展

测绘学有着悠久的历史。测绘技术起源于社会的生产需求,随着社会的进步而向前发展。在埃及肥沃的河谷与平原上发现的证据表明,早在公元前1400年,就已有地产边界的测定,开始了测量工作。在公元前3世纪前,中国人已知道天然磁石的磁性,并已有了某些形式的磁罗盘。公元前2世纪,我国司马迁在《史记·夏本纪》中叙述了禹受命治理洪水而进行测量工作的情况,所谓"左准绳,右规矩,载四时,以开九州、通九道、陂九泽、度九山"。这说明在上古时代,中国人为了治水就已经会用简单的测量工具了。

测绘学的主要研究对象是地球,人类对地球形状认识的逐步深化,要求精确测定地球的形状和大小,从而促进了测绘学的发展。人类最早对地球的认识为天圆地方。直到公元前6世纪古希腊的毕达哥拉斯(Pythagoras)才提出地球为球形的概念,2个世纪后亚里士多德(Aristotle)对此作了进一步论证,支持这一学说,此称地圆说。又1世纪后,亚历山大的埃拉托斯尼(Eratosthenes)采用在两地观测日影的方法,首次推算出地球子午圈的周长和地球的半径,证实了地圆说。这是测量地球大小的"弧度测量"方法的初始形式。世界上最早的实地弧度测量是公元8世纪南宫说在张遂(一行)的指导下在今河南境内进行的。它由测绳丈量的距离和由日影长度测得的纬度推算出了纬度为1°的子午弧长。可惜当时使用的尺长迄今未得到确认,因此无法验证这次弧度测量结果的精度。到17世纪末,为了用地球的精确大小定量证实万有引力定律,英国牛顿(J. Newton)和荷兰的惠更斯(C. Huygens)首次从力学原理提出地球是两极略扁的椭球,称为地扁说。18世纪中叶,法国科学院在南美洲的秘鲁和北欧的拉普兰进行弧度测量,证实了地扁说。1743年,法国的克莱洛(A. C. Clairaut)证明了重力值与地球扁率之间的数学关系,使人们对地球形状有了更进一步的认识,并且为利用地球重力的物理方法研究地球形状奠定了基础。19世纪初,随着测量精度的提高,通过各处弧度测量结果的研究,法国的拉普拉斯(P. S. Laplace)和德国的高斯(C. F. Gauss)相继指出地球的非椭球性。1849年,英国的斯托克司(G. G. Stokes)提出由重力测量资料确定地球形状的完整理论和实际的计算方法,称之为斯托克司理论。1873年,利斯汀(Listing)首次提出大地水准面的概念,即与包围全球的静止海水面相重合的一个重力等位面,并以此大地水准面表示地球形状。直到1945年,前苏联的莫洛坚斯基(Molodensky)创立了用地面重力测量数据直接研究真实地球自然表面形状的理论,称之为莫洛坚斯基理论。因此人类对地球形状的认识经历了圆球→椭球→大地水准面→真实地球自然表面的过程,如图1-2所示。这一认识过程促进了测绘学理论和技术的发展,如距离、角度直至弧度测量技术的进步及确定地球形状理论的创立。

球形地球
(公元前6世纪希腊毕达哥拉斯提出"地圆说")

扁球形地球
(1687年牛顿提出"地扁说")

大地水准面
(1873年利斯汀提出)

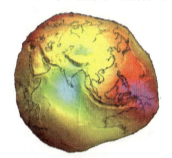
真实地球表面
(1945年莫洛金斯基提出)

图1-2 人类对地球形状认识的演变
圆球→椭球→大地水准面→真实地球自然表面

测绘学的主要研究成果之一是地图,地图的演变及其制作方法的进步是测绘学发展的重要标志。公元前25世纪至公元前3世纪开始出现画在或刻在陶片、铜板等材料上的地图,如图1-3所示。

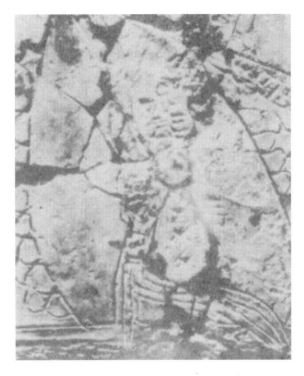

图 1-3　陶片地图

这些原始地图只是根据文字记述或见闻绘成的极为简单的略图,其可靠性很差。公元前 3 世纪,埃拉托斯尼最先在地图上绘制经纬线,如图 1-4 所示。公元前 168 年中国长沙马

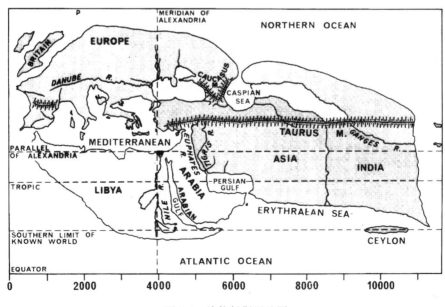

图 1-4　埃拉托斯尼地图

王堆汉墓中绘在帛上的地图有了方位和比例尺,具有一定的精度,如图1-5所示。公元2世纪古希腊的托勒密(Ptolemy)在他的巨著《地理学指南》里汇集了当时已明确的有关地球的一般知识,阐述了编制地图的方法,并提出将地球曲面表示为平面的地图投影问题,如图1-6所示。100多年后,中国西晋的裴秀总结前人和自己的制图经验创立了"制图六体"的制

图1-5 西汉地形图

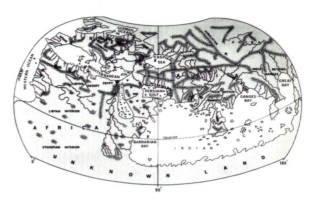
图1-6 托勒密地图

图原则,即分率、准望、道里、高下、方邪、迂直,使地图制图有了标准,提高了地图的可靠程度。16世纪,以荷兰墨卡托的《世界地图集》和中国罗洪先的《广舆图》为代表,总结了16世纪以前西方和东方地图学的历史成就。从这一时期起,新的高精度测绘仪器的相继发明,测绘精度大为提高,因此可以根据实地测量结果绘制国家规模的地形图。这种地形图不仅有方位和比例尺,精度较高,而且能在地图上描绘出地表形态的细节,并按不同用途,将实测地形图缩制编绘成各种比例尺的地图。中国历史上首次使用这样的方法在广大国土上测绘的地形图是清初康熙年间完成的全国性大规模的《皇舆全览图》。这次地形图的测绘任务奠定了中国近代地图测绘的基础。从20世纪50年代开始,地图制图方法出现了巨大的变革,计算机辅助地图制图的研究经历了原理探讨、设备研制、软件设计,到70年代已由实验试用阶段发展到较广泛应用。这不仅使地图制图的精度和速度都有很大的提高,而且地图制图理论不断丰富。进入80年代,开始应用一些高速度、高精度新型机助制图设备,研究机助制图软件,纷纷建立地图数据库,在此基础上,由单一的机助制图系统发展为多功能、多用途的综合性的地图信息系统。图1-7为现代的地形图。

测绘学获取观测数据的工具是测量仪器,测绘学的形成和发展在很大程度上依赖测绘方法和测绘仪器的创造和变革。17世纪前使用简单的工具,如中国的绳尺、步弓、矩尺等,以量距为主,如图1-8所示。17世纪初发明了望远镜。1617年,荷兰的斯涅耳(W. Snell)首创三角测量法,以代替在地面上直接测量弧长,从此测绘工作不仅量距,而且开始了角度测量。约于1640年,英国的加斯科因(W. Gascoigne)在望远镜透镜上加十字丝,用于精确瞄准,这是光学测绘仪器的开端。1730年,英国西森(Sisson)制成测角用的第一台经纬仪,促进了三角测量的发展。图1-9为早期的测角仪器游标式经纬仪。随后陆续出现小平板仪、大平板仪以及水准仪,用于野外直接测绘地形图。如图1-1为小平板仪测图,图1-10为用于测定地面高程的水准仪。16世纪中叶起为欧美两洲间的航海需要,许多国家相继研究海

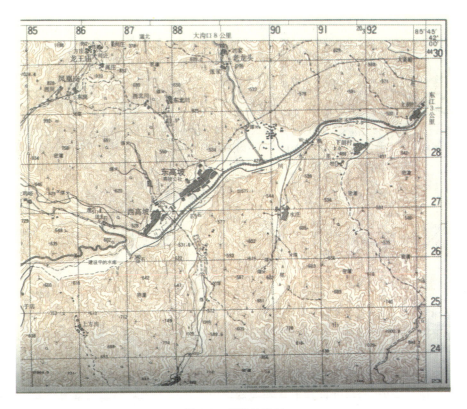

图 1-7　现代地形图

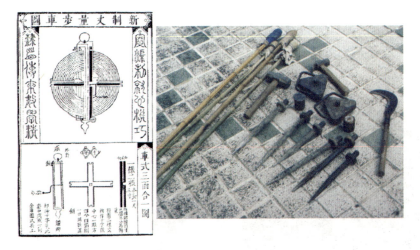

图 1-8　简单测绘工具

上测定经纬度以确定船位。直到 18 世纪发明了时钟,有关经纬度的测定,尤其是经度测定方法才得到圆满解决,从此开始了大地天文学的系统研究。随着测量仪器和方法不断改进,测量数据精度的提高,要求有精确的计算方法。1806 年和 1809 年,法国的勒让德(A. M. Legendre)和德国的高斯分别提出了最小二乘准则,为测量平差奠定了基础。19 世纪 50

图 1-9 早期游标经纬仪

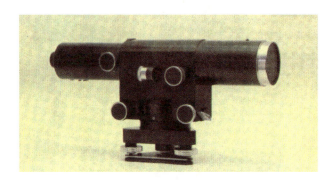
图 1-10 水准仪

年代,法国的洛斯达(A. Laussedat)首创摄影测量方法,到 20 世纪初形成地面立体摄影测量技术。由于航空技术的发展,1915 年制造出自动连续航空摄影机,可将航摄像片在立体测图仪上加工成地形图,因而形成了航空摄影测量方法,图 1-11 为航空摄影机。在这一时期,又先后出现了测定重力值的摆仪和重力仪,如图 1-12 为摆仪,使陆地和海洋上的重力测量工作得到迅速的发展,为研究地球形状和地球重力场提供了丰富的实测重力数据。可以说,从 17 世纪末到 20 世纪中叶,主要是光学测绘仪器的发展,此时测绘学的传统理论和方法也已发展成熟。到 20 世纪 50 年代测绘仪器又朝着电子化和自动化的方向发展,1948 年发展起来的电磁波测距仪,可精确测定远达几十千米的距离,图 1-13 为激光测距仪,相应地在大

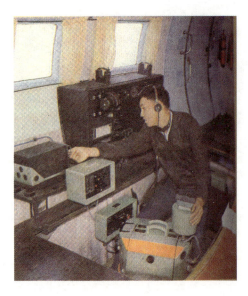
图 1-11 航空摄影机

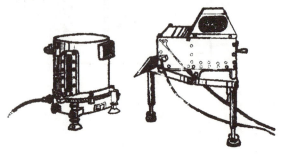
图 1-12 摆仪

地测量定位方法中发展了精密导线测量和三边测量。与此同时,随着电子计算机的出现,发明了电子设备和计算机控制相结合的测绘仪器设备,如摄影测量中的解析测图仪等,使测绘工作更为简便、快速和精确。继而在20世纪60年代又出现了计算机控制的自动绘图机,用以实现地图制图的自动化。自1957年前苏联第一颗人造卫星发射成功,测绘工作出现了新的飞跃,发展了卫星测绘工作。卫星定位技术和遥感技术在测绘学中得到广泛的应用,形成航天测绘。

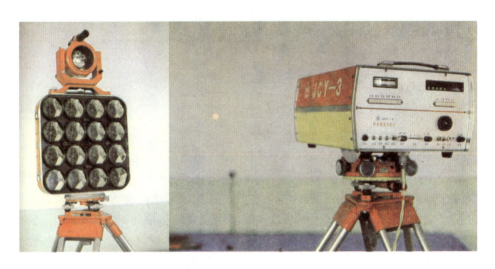

图 1-13　激光测距仪

1.3　测绘学的学科分类

随着测绘科学技术的发展和时间的推移,测绘学的学科分类方法是不相同的,下面是一种传统测绘学科分类。

1.3.1　大地测量学

大地测量学主要研究地球表面及其外层空间点位的精密测定、地球的形状、大小和重力场,地球整体与局部运动,以及它们的变化的理论和技术。在大地测量学中,测定地球的大小是指测定与真实地球最为密合的地球椭球的大小(指椭球的长半轴);研究地球形状是指研究大地水准面的形状(或地球椭球的扁率);测定地面或空间点的几何位置是指测定以地球椭球面为参考面的地面点位置,即将地面点沿椭球法线方向投影到地球椭球面上,用投影点在椭球面上的大地经纬度(L,B)表示该点的水平位置,用地面至地球椭球面上投影点的法线距离表示该点的大地高程。在有些应用领域,例如水利工程,还需要以平均海水面(即大地水准面)为起算面的高度(H),即通常所称的海拔高。点的几何位置也可以用一个以地球质心为原点的空间直角坐标系中的三维坐标表示。图1-14表示地球椭球的大小(长半轴 a)、扁率($\frac{a-b}{a}$,b 为短半轴)和点的几何位置(x,y,z)。研究地球重力场是指利用地球的重力作用研究地球形状等。

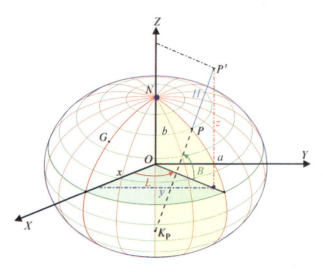

图 1-14 地球椭球大小、扁率和点的几何位置

解决大地测量学所提出的任务,传统上有几何法和物理法两种方法。所谓几何法是用几何观测量(距离、角度、方向)通过三角测量等方法建立水平控制网,提供地面点的水平位置(图 1-15 为三角测量作业和水平控制网);通过水准测量方法,获得几何量高差,建立高程控制网提供点的高程(图 1-16 为水准测量和高程控制网)。物理法是用地球的重力等物理观测量通过地球重力场的理论和方法推求大地水准面相对于地球椭球的距离(称为大地水准面差距)、地球椭球的扁率(地球形状)等。图 1-17 所示为重力测量作业。图 1-18 所示为大地水准面差距(即图中 N)。

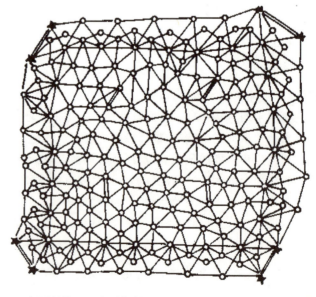

图 1-15 三角测量作业和水平控制网

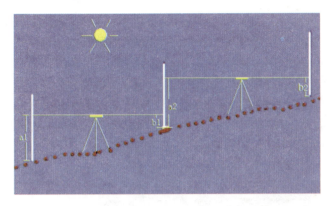 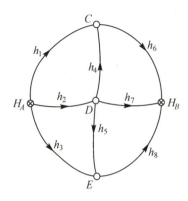

图 1-16 水准测量和高程控制网

图 1-17 重力测量作业

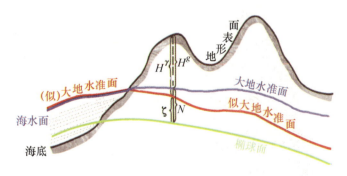

图 1-18 大地水准面差距

1.3.2 摄影测量学

摄影测量学主要利用摄影手段获取目标物的影像数据,研究影像的成像规律,对所获取影像进行量测、处理、判读,从中提取目标物的几何的或物理的信息,并用图形、图像和数字形式表达测绘成果。它的主要研究内容有：获取目标物的影像并对影像进行处理，将所测得的成果用图形、图像或数字表示。摄影测量学包括航空摄影、航空摄影测量、地面摄影测量等。航空摄影是在飞机或其他航空飞行器上利用航摄机摄取地面景物影像的技术，如图1-19所示。航空摄影测量是根据在航空飞行器上对地面摄取的目标影像与目标的几何关系和其他有关信息，测定目标的形状、大小、空间位置和性质的技术，一般用以测绘地形图。地面摄影测量是利用安置在地面上基线两端点处的专用摄影机（摄影经纬仪）拍摄同一目标的像片（称立体像对），经过量测和处理，对所摄目标进行测绘的技术。地面摄影测量可用来测绘地形图，也可用于工程、工业、建筑、考古、医学等，后者通常又称近景摄影测量，如图1-20所示。

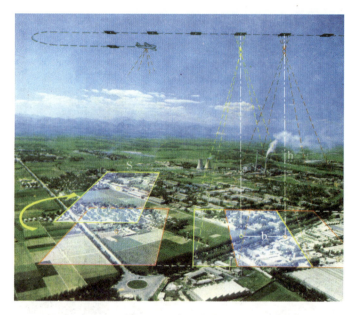

图1-19　航空摄影

图1-20　近景摄影测量

1.3.3 地图制图学(地图学)

地图制图学主要研究地图制作的基础理论、地图设计、地图编制和制印的技术方法及其应用。具体研究内容一般包括:地图设计,它是通过研究、实验,制定新编地图的内容、表现形式及其生产工艺程序的工作(见图 1-21);地图投影,它是依据一定的数学法则建立地球椭球表面上的经纬线网与在地图平面上相应的经纬线网之间函数关系的理论和方法,也就是研究把不可展曲面上的经纬线网描绘成平面上的经纬线网所产生各种变形的特性和大小

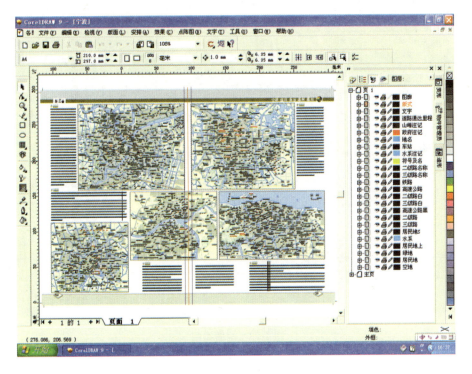

图 1-21 地图设计

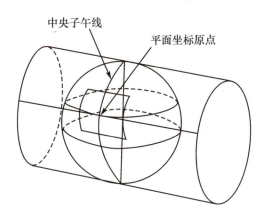

图 1-22 地图投影

以及地图投影的方法等(见图1-22);地图编制,它是研究制作地图的理论和技术,即从领受制图任务到完成地图原图的制图全过程。主要包括制图资料的分析和处理,地图原图的编绘以及图例、表示方法、色彩、图型和制印方案等编图过程的设计(见图1-23);地图制印,它是研究复制和印刷地图过程中各种工艺的理论和技术方法(见图1-24)。地图应用,它是研究地图分析、地图评价、地图阅读、地图量算和图上作业等。

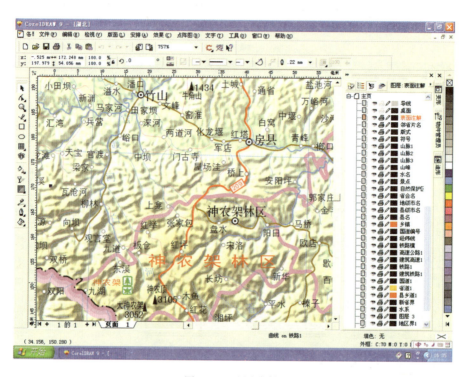

图1-23　地图编制

图1-24　地图制印

1.3.4 工程测量学

工程测量学主要研究在工程建设和自然资源开发各个阶段进行测量工作的理论和技术。它是测绘学在国民经济、社会发展和国防建设中的直接应用,因此包括规划设计阶段的测量、施工建设阶段的测量和运行管理阶段的测量。每个阶段测量工作的重点和要求各不相同。规划设计阶段的测量,主要是提供地形资料和配合地质勘探、水文测量所进行的测量工作(见图 1-25)。施工建设阶段的测量,主要是按照设计要求,在实地准确地标定出工程结构各部分的平面位置和高程作为施工和安装的依据(见图 1-26)。运行管理阶段的测量,是指工程竣工后为监视工程的状况和保证安全所进行的周期性重复测量,即变形观测(见图1-27)。

图 1-25　规划设计阶段的测量

图 1-26　施工测量

图 1-27　变形观测

高精度工程测量(或精密工程测量)是采用非常规的测量仪器和方法,使其测量的绝对精度达到毫米级以上要求的测量工作,主要用于大型、精密设备的精确定位和变形观测(见图 1-28)。

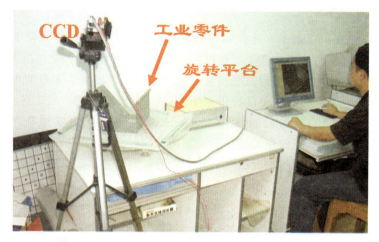

图 1-28　精密工程测量

1.3.5　海洋测绘学

海洋测绘学主要研究以海洋水体和海底为对象所进行的测量和海图编制理论和方法，主要包括海洋大地测量、海道测量、海底地形测量、海洋专题测量以及航海图、海底地形图、各种海洋专题图和海洋图集的编制。海洋大地测量是测定海面地形、海底地形以及海洋重力及其变化所进行的大地测量工作(见图 1-29)。海道测量是以保证航行安全为目的，对地球表面水域及毗邻陆地所进行的水深和岸线测量以及底质、障碍物的探测等工作。图 1-30(a)所示为海深测量仪器。海底地形测量是测定海底起伏、沉积物结构和地物的测量工作(见图 1-31(b))。海洋专题测量是以海洋区域与地理位置相关的专题要素为对象的测量工作，如海洋重力、海洋磁力、领海基线等要素的测量工作。图 1-31 所示为海洋大地水准面。海图制图是设计、编绘、整饰和印刷海图的工作，同陆地地图制图方法基本一致。

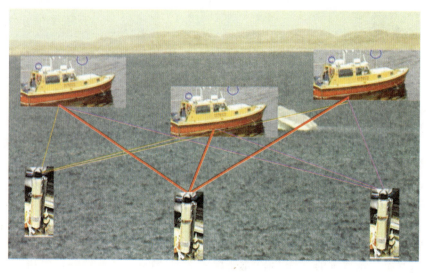

图 1-29　海洋大地测量

（a）海深测量仪器

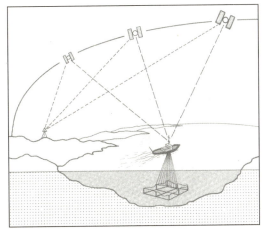
（b）海底地形测量

图 1-30　海道测量

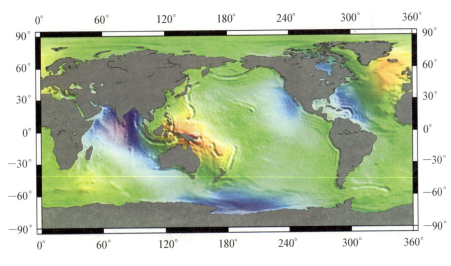

图 1-31　海洋大地水准面

1.4　测绘学的现代发展

由于传统测绘学的相关理论与测量手段的相对落后，使得传统测绘学具有很多的局限性。如各类观测都在地面作业，观测方式多为手工操作，野外作业和室内数据处理时间持续长，劳动强度大，测量精度低，并且仅限于局部范围的静态测量，从而直接导致测绘学科应用范围和服务对象比较狭窄。随着空间技术、计算机技术和信息技术以及通信技术的发展及其在各行各业中的不断渗透和融合，测绘学这一古老的学科在这些新技术的支撑和推动下，出现了以"3S"技术为代表的现代测绘科学技术，从而使测绘学科从理论到手段发生了根本性的变化。

1.4.1 测绘学中的新技术发展

(1) 卫星导航定位技术 GNSS(Global Navigation Satellite System)。它是利用在空间飞行的卫星不断向地面广播发送具有某种频率并加载了某些特殊定位信息的无线电信号来实现定位测量的导航定位系统。目前世界上正在运行的有美国的 GPS(Global Positioning System)、俄罗斯的 GLONASS、中国的北斗,另外欧盟的伽利略(GALILEO)正在研制中。现以 GPS 为例,说明其基本定位原理。如图 1-32 所示,地面用户的 GPS 接收机同时接收至少 3 颗卫星广播发送的无线电信号,其基本观测值是信号由卫星天线到接收机天线的传播时间,用信号传播速度将信号传播时间换算成距离,然后依据卫星在适当参考框架中的已知坐标确定用户接收机天线的坐标。按照原理,只要同步观测 3 颗卫星,即可交会出测站的三维坐标。空间定位技术除 GNSS 之外,还有激光测卫(SLR)、甚长基线干涉测量(VLBI)等。

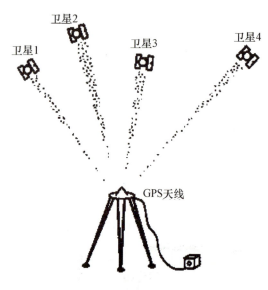

图 1-32　GPS 定位原理

全球卫星导航定位技术的出现使得在大地测量学中又产生了解决大地测量任务的卫星大地测量方法。图 1-33 所示为卫星定位测量作业。随着大地测量点位测定精度的日益提高,用现代大地测量方法可以测定和研究地球的运动状态及其地球物理机制。

图 1-33　卫星定位测量作业

（2）航天遥感技术 RS(Remote Sensing)。它是不接触物体本身,用传感器采集目标物的电磁波信息,经处理、分析后识别目标物,揭示其几何、物理性质和相互联系及其变化规律的现代科学技术。一切物体,由于其种类及环境条件不同,因而具有反射或辐射不同波长的电磁波特性。遥感技术就是利用物体的这种电磁波特性,通过观测电磁波,从而判读和分析地表的目标及现象,达到识别物体及物体所在环境条件的技术(见图1-34)。由于遥感技术的出现,测绘学科中又出现了航天摄影和航天测绘。前者是在航天飞行器(卫星、航天飞机、宇宙飞船)中利用摄影机或其他遥感探测器(传感器)获取地球的图像资料和有关数据的技术,它是航空摄影的发展(图1-35所示为航天遥感获取的卫星影像);后者则是基于航天遥感影像进行测量工作(图1-36所示为卫星遥感测绘,图1-37所示为航天飞机测图)。

图1-34 遥感原理

图1-35 卫星影像

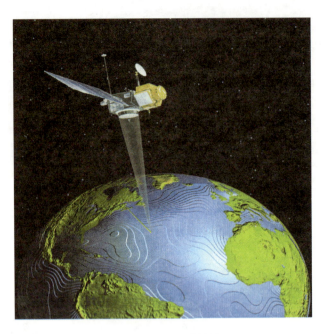

图 1-36　卫星遥感测绘

图 1-37　航天飞机测图

（3）数字地图制图技术（Digital Cartography）。它是根据地图制图原理和地图编辑过程的要求，利用计算机输入、输出等设备，通过数据库技术和图形数字处理方法，实现地图数据的获取、处理、显示、存储和输出。此时地图是以数字形式存储在计算机中，称为数字地图。有了数字地图，就能生成在屏幕上显示的电子地图。数字地图制图的实现，使得地图手工生产方式逐渐被数字化地图生产所取代，节约了人力，缩短了成图周期，提高了生产效率和地图制作质量，图 1-38 所示为数字地图制图。

图 1-38 数字地图制图

(4) 地理信息系统技术 GIS(Geographic Information System)。它是在计算机软件和硬件支持下,把各种地理信息按照空间分布及属性以一定的格式输入、存储、检索、更新、显示、制图和综合分析应用的技术系统(见图 1-39)。它是将计算机技术与空间地理分布数据相结合,通过一系列空间操作和分析方法,为地球科学、环境科学和工程设计,乃至政府行政职能和企业经营提供有用的规划、管理和决策信息,并回答用户提出的有关问题。

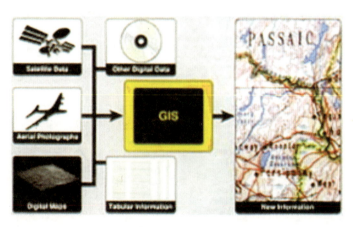

图 1-39 GIS 原理

(5) 3S 集成技术(Integration of GPS、RS and GIS technology)。GPS、RS、GIS 技术的集成,是当前国内外的发展趋势。在 3S 技术的集成中,GPS 主要用于实时、快速地提供目标的空间位置;RS 用于实时、快速地提供大面积地表物体及其环境的几何与物理信息,以及它们的各种变化;GIS 则是对多种来源时空数据(测绘和有关的地理数据)的综合处理分析和应用的平台。

(6) 卫星重力探测技术(Satellite Gravimetry)。它是将卫星当做地球重力场的探测器或传感器,通过对卫星轨道的受摄运动及其参数的变化或者两颗卫星之间的距离变化进行观测,据此了解和研究地球重力场的精细结构。图 1-40(a)所示为观测卫星轨道受摄运动,

图1-40(b)所示为观测两颗卫星间距离的变化。

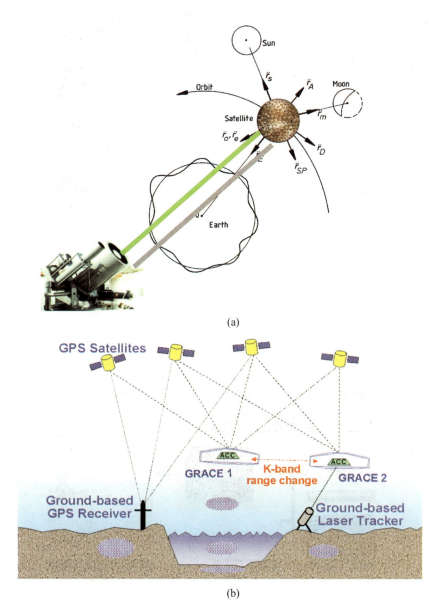

图 1-40 卫星重力测量

(7) 虚拟现实模型技术(Virtual Reality Technology)。它是由计算机组成的高级人机交互系统,构成一个以视觉感受为主,包括听觉、触觉、嗅觉的可感知环境。用户戴上头盔式三维立体显示器、数据手套及立体声耳机等,可以完全沉浸在计算机制造的虚拟世界里。用户在这个环境中可以实现观察、触摸、操作、检测等试验,有身临其境之感。图 1-41 所示为虚拟现实商业区。

这里应当指出的是,现代测绘技术的发展必须基于信息高速公路 ISH(Information Super-Highway)和计算机网络技术。这两项技术和多 CPU、大容量内存、大规模存储设备的计算机系统的广泛应用,为测绘学的数字化、网络化、信息化创造了条件。目前互联网(Internet)上的测绘学信息已经十分丰富,人们可以通过网络浏览器查阅所需的各类测绘信息,并通过超文本和超媒体链接实现信息共享。

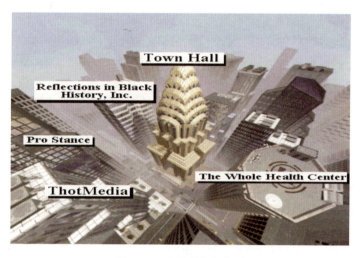

图 1-41 虚拟现实商业区

1.4.2 现代测绘新技术对测绘学科发展的影响

传统的测绘技术由于受到观测仪器和方法的限制,只能在地球的某一局部区域进行测量工作,而空间导航定位、航空航天遥感、地理信息系统和数据通信等现代新技术的发展及其相互渗透和集成,则为我们提供了对地球整体进行观察和测绘的工具。卫星航天观测技术能采集全球性、重复性的连续对地观测数据,数据的覆盖可达全球范围,因此这类数据可用于对地球整体的了解和研究,这就好像把地球放在实验室里进行观察、测绘和研究一样。现代测绘高新技术日新月异的迅猛发展,使得测绘学的理论基础、测绘工程技术体系、研究领域和科学目标等正在适应新形势的需要而发生深刻的变化。GPS 等空间定位技术的引进,导致大地测量从分维式发展到整体式,从静态发展到动态,从描述地球的几何空间发展到描述地球的物理——几何空间,从地表层测量发展到地球内部结构的反演,从局部参考坐标系中的地区性测量发展到统一地心坐标系中的全球性测量。大地测量学已成为测绘学和地学领域的基础性学科。摄影测量本身已完成了"模拟摄影测量"与"解析摄影测量"的发展历程,现正在进入"数字摄影测量"阶段。由于现代航天技术和计算机技术的发展,当代卫星遥感技术可以提供比光学摄影所获得的黑白像片更加丰富的影像信息,因此在摄影测量中引进了卫星遥感技术,形成了航天测绘。摄影测量学中由于应用了遥感技术,并与计算机视觉等交叉融合,因此它已成为基于电子计算机的现代图像信息学科。随着数字地图制图和地图数据库技术的飞速发展,作为人们认知地理环境和利用地理条件的根据,地图制图学已进入数字(电子)制图和动态制图的阶段,并且成为地理信息系统的支撑技术。地图制图学已发展成为以图形和数字形式传输空间地理环境的学科。现代工程测量学也已远离了单纯为工程建设服务的狭隘概念,正向着所谓"广义工程测量学"发展,即"一切不属于地球测量,不属于国家地图集的陆地测量和不属于公务测量的应用测量,都属于工程测量"。工程测量的发展可概括为内外业一体化、数据获取与处理自动化、测量工程控制和系统行为的智能化、测量成果和产品的数字化。同样,在海洋测量中,广泛应用先进的激光探测技术、空间定位与导航技术、计算机技术、网络技术、通信技术、数据库管理技术以及图形图像处理技术,使海洋测量的仪器和测量方法自动化和信息化。测绘学科的这些变化从技术层面上影响到测绘学科由传统的模拟测绘过渡到数字化测绘。例如测绘生产任务由纸上或类似介质的地图编制、生产和更新发展到对地理空间数据的采集、处理、分析和显示,出现了所谓的"4D"测绘系列产品,即数字高程模型(DEM)、数字正射影像(DOM)、数字栅格地图(DRG)和数字线划图(DLG)。测绘学科和测绘工作正在向着信息采集、数据处理和成果应用的数字化、网络化、实时化和可视化的方向发展,生产中体力劳动得到解放,生产力得到很大的提高。今天的光缆通信、卫星通信、数字化多媒体网络技术可使测绘产品从单一的纸质信息转变为磁盘和光盘等电子信息,测绘产品的分发方式从单一的邮路转到"电路"(数字通信和计算机网络、传真等),测绘产品的形式和服务社会的方式由于信息技术的支持发生了很大的变化,表现为正以高新技术为支撑和动力,测绘行业和地理信息产业成为新世纪的朝阳产业。它的服务范围和对象正在不断扩大,不再是原来单纯从控制到测图,为国家制作基本地形图,而是扩大到国民经济和国防建设中与地理空间数据有关的各个领域。

1.4.3 测绘学的现代概念和内涵

从测绘学的现代发展可以看出,现代测绘学是指地理空间数据的获取、处理、分析、管理、存储和显示的综合研究。这些空间数据来源于地球卫星、空载和船载的传感器以及地面的各种测量仪器,通过信息技术,利用计算机的硬件和软件对这些空间数据进行处理和使用。这是应现代社会对空间信息有极大需求这一特点形成的一个更全面且综合的学科体系。它更准确地描述了测绘学科在现代信息社会中的作用。原来各个专门的测绘学科之间的界限已随着计算机与通信技术的发展逐渐变得模糊了。某一个或几个测绘分支学科已不能满足现代社会对地理空间信息的需求,相互之间更加紧密地联系在一起,并与地理和管理学等其他学科知识相结合,形成测绘学的现代概念,即研究地球和其他实体的与时空分布有关的信息的采集、量测、处理、显示、管理和利用的科学和技术。它的研究内容和科学地位则是确定地球和其他实体的形状和重力场及空间定位,利用各种测量仪器、传感器及其组合系统获取地球及其他实体与时空分布有关的信息,制成各种地形图、专题图和建立地理、土地等空间信息系统,为研究地球的自然和社会现象,解决人口、资源、环境和灾害等社会可持续发展中的重大问题,以及为国民经济和国防建设提供技术支撑和数据保障。测绘学科的现代发展促使测绘学中出现若干新学科,例如卫星大地测量(或空间大地测量),遥感测绘(或航天测绘),地理信息工程,等等。测绘学已完成由传统测绘向数字化测绘的过渡,现在正在向信息化测绘发展。由于将空间数据与其他专业数据进行综合分析,致使测绘学科从单一学科走向多学科的交叉,其应用已扩展到与空间分布信息有关的众多领域,显示出现代测绘学正向着近年来兴起的一门新兴学科——地球空间信息科学(Geo-Spatial Information Science,简称 Geomatics)跨越和融合。地球空间信息学包含了现代测绘学(数字化测绘或信息化测绘)的所有内容,但其研究范围较之现代测绘学更加广泛。

1.5 测绘学的科学地位和作用

1.5.1 在科学研究中的作用

地球是人类和社会赖以生存和发展的唯一星球。经过古往今来人类的活动和自然变迁,如今的地球正变得越来越骚动不安,人类正面临一系列全球性或区域性的重大难题和挑战。测绘学在探索地球的奥秘和规律、深入认识和研究地球的各种问题中发挥着重要作用。由于现代测量技术已经或将要实现无人工干预自动连续观测和数据处理,可以提供几乎任意时域分辨率的观测系列,具有检测瞬时地学事件(如地壳运动、重力场的时空变化、地球的潮汐和自转变化等)的能力,这些观测成果可以用于地球内部物质结构和演化的研究,尤其是像大地测量观测结果在解决地球物理问题中可以起着某种佐证作用。

1.5.2 在国民经济建设中的作用

测绘学在国民经济建设中的作用是广泛的。在经济发展规划、土地资源调查和利用、海洋开发、农林牧渔业的发展、生态环境保护以及各种工程、矿山和城市建设等各个方面都必须进行相应的测量工作,编制各种地图和建立相应的地理信息系统,以供规划、设计、施工、管理和决策使用。如在城市化进程中,城市规划、城镇建设、交通管理等都需要城市测绘数据、高分辨率卫星影像、三维景观模型、智能交通系统和城市地理信息系统等测绘高新技术的支持。在水利、交通、能源和通信设施的大规模、高难度工程建设中,不但需要精确勘测和大量现势性强的测绘资料,而且需要在工程全过程采用地理信息数据进行辅助决策。丰富的地理信息是国民经济和社会信息化的重要基础,传统产业的改造、优化、升级与企业生产经营,发展精细农业,构建"数字中国"和"数字城市",发展现代物流配送系统和电子商务,实现金融、财税、贸易等信息化,都需要以测绘数据为基础的地理空间信息平台。

1.5.3 在国防建设中的作用

在现代化战争中,武器的定位、发射和精确制导需要高精度的定位数据,高分辨率的地球重力场参数,数字地面模型和数字正射影像。以地理空间信息为基础的战场指挥系统,可持续、实时地提供虚拟数字化战场环境信息,为作战方案的优化、战场指挥和战场态势评估实现自动化、系统化和信息化提供测绘数据和基础地理信息保障。这里,测绘信息可以提高战场上的精确打击力,夺得战争胜利或主动。公安部门合理部署警力,有效预防和打击犯罪也需要电子地图、全球定位系统和地理信息系统的技术支持。为建立国家边界及国内行政界线,测绘空间数据库和多媒体地理信息系统不仅在实际疆界划定工作中起着基础信息的作用,而且对于边界谈判、缉私禁毒、边防建设与界线管理中均有重要的作用。尤其是测绘信息中的许多内容涉及国家主权和利益,决不可失其严肃性和严密性。

1.5.4 在社会发展中的作用

国民经济建设和社会发展的大多数活动是在广袤的地域空间进行的。政府部门或职能机构既要及时了解自然和社会经济要素的分布特征与资源环境条件,也要进行空间规划布局,还要掌握空间发展状态和政策的空间效应。但由于现代经济与社会的快速发展与自然关系的复杂性,使人们解决现代经济和社会问题的难度增加,因此,为实现政府管理和决策的科学化、民主化,要求提供广泛通用的地理空间信息平台,测绘数据是其基础。在此基础上,将大量经济和社会信息加载到这个平台上,形成符合真实世界的空间分布形式,建立空间决策系统,进行空间分析和管理决策,以及实施电子政务。当今人类正面临环境日趋恶化、自然灾害频繁、不可再生能源和矿产资源匮乏及人口膨胀等社会问题。社会、经济迅速发展和自然环境之间产生了巨大矛盾。要解决这些矛盾,维持社会的可持续发展,则必须了解地球的各种现象及其变化和相互关系,采取必要措施来约束和规范人类自身的活动,减少或防范全球变化向不利于人类社会方面演变,指导人类合理利用和开发资源,有效地保护和改善环境,积极防治和抵御各种自然灾害,不断改善人类生存和生活环境质量。而在防灾减灾、资源开发和利用、生态建设与环境保护等影响社会可持续发展的种种因素方面,各种测绘和地理信息可用于规划、方案的制定,灾害、环境监测系统的建立,风险的分析,资源、环境调查与评估、可视化的显示以及决策指挥等。

思 考 题

1. 什么是测绘学？它是研究什么的？
2. 测绘学包含几个子学科？每个子学科的基本概念是什么？
3. 测绘学中发展了哪些新技术？这些新技术对测绘学科发展有何影响？
4. 测绘学在国民经济和社会发展中具有什么样的地位和作用？
5. 何谓地球空间信息学？它与测绘学有何关系？

参 考 文 献

[1] 中国大百科全书:固体地球物理学、测绘学、空间科学卷.北京:中国大百科全书出版社,1985.
[2] 辞海.上海:上海辞书出版社,1999.
[3] 不列颠百科全书:国际中文版,16卷,北京:中国大百科全书出版社,1999.
[4] 海洋测绘辞典编委员.海洋测绘词典.北京:测绘出版社,1999.
[5] P. Vanicek, E. Krakiwsky. Geodesy—The Concepts. Second Edition. Elsevier,1986.
[6] Günter Seeber. Satellite Geodesy de Gruyter,1993.
[7] 胡明城.现代大地测量学的理论及其应用.北京:测绘出版社,2003.
[8] 张祖勋,张剑清.数字摄影测量学.武汉:武汉大学出版社,1996.
[9] 李德仁,周月琴,等.摄影测量与遥感概论.北京:测绘出版社,2001.
[10] 王家耀,陈毓芬.理论地图学.北京:解放军出版社,2000.
[11] 测绘学名词.第二版.北京:科学出版社,2002.
[12] [日]遥感研究会.遥感精解.北京:测绘出版社,1993.

第2章 大地测量学

2.1 概 述

2.1.1 大地测量学的基本任务

大地测量学是一门古老而又年轻的科学,是地球科学的一个分支。其基本目标是测定和研究地球空间点的位置、重力及其随时间变化的信息,为国民经济建设和社会发展、国家安全以及地球科学和空间科学研究等提供大地测量基础设施、信息和技术支持。现代大地测量学与地球科学和空间科学的多个分支相互交叉,已成为推动地球科学、空间科学和军事科学发展的前沿科学之一,其范围也已从测量地球发展到测量整个地球外空间。

大地测量学的基本任务是:(1)建立和维护高精度全球和区域性大地测量系统与大地测量参考框架;(2)获取空间点位置的静态和动态信息;(3)测定和研究地球形状大小、地球外部重力场及其随时间的变化;(4)测定和研究全球和区域性地球动力学现象,包括地球自转与极移、地球潮汐、板块运动与地壳形变以及其他全球变化;(5)研究地球表面观测量向椭球面和平面的投影变换及相关的大地测量计算问题;(6)研究新型的大地测量仪器和大地测量方法;(7)研究空间大地测量理论和方法;(8)研究月球和行星大地测量理论和方法。研究月球或行星探测器定位、定轨和导航技术;构建月球或行星坐标参考系统和框架;探测月球和行星重力场。

20世纪70年代以前的大地测量通常称为传统大地测量。70年代以后,空间技术、计算机技术和信息技术飞跃发展,为大地测量学注入了新的内容,形成了现代大地测量,它通常具有六个特点。

(1) 长距离,大范围。现代大地测量学所量测的范围和间距,已从原来传统大地测量的几十千米扩展到几千千米,不再受"视线"长度的制约,能提供协调一致的全球性大地测量数据,例如测定全球的板块运动,冰原和冰川的流动,洋流和海平面的变化等,因此过去总在局部地域中进行的传统大地测量现在已扩展为洲际的、全球的、星际的大地测量。

(2) 高精度。现代大地测量的量测精度相对于传统大地测量而言,已提高了2~3个数量级。例如我国天文大地网是在20世纪60年代完成的,达到了当时传统大地测量的最高精度,其相对精度约为3ppm(3×10^{-6}),而目前卫星定位的相对精度一般情况下都可以达到0.1ppm。

(3) 实时、快速。传统大地测量的外业观测和内业数据处理是在有相当时间间隔内完成的两个不同的工序。而现代大地测量的这两个工序几乎可以在同一时间段内完成,并且有许多大地测量工作还可以是即实时或准实时地完成,例如静态或动态目标的实时定位(导航)、各种形变的实时监测、地球自转变化的实时测定、地球重力场变化的实时测定、地球大气质量的再分布和地面雪、冰、地下水的变化监测,等等。

(4)"时间维"。现代大地测量的第四维是时间或历元,能提供在合理复测周期内有时间序列的、高于 10^{-7} 相对精度的大地测量数据。这些测量成果,必须要以"时间"作为大地测量数据中的第四个坐标(第四维),否则高精度和实时测定在不断运动的物质世界中就没有意义。也就是说,原来的大地测量学的静态测量内容,在当前实时和高精度测量的条件下,必须与它们所相应的时间(历元)相联系。这是现代大地测量学的一个重要特点。

(5)地心。传统大地测量要以较高精度测定目标的地心三维坐标是很困难的。而现代大地测量的主体,即卫星大地测量所测得的位置、高程、影像等成果,是以维系卫星运动的地球质心为坐标原点的三维的测量数据。因此现代大地测量以地心坐标系为主的这一特点,是卫星大地测量自身的物理特性所决定的。

(6)学科的融合。现代大地测量学的学术领域在不断扩大,并与其他学科相融合。有一个比较典型的例子。过去传统的看法是,大气折射对所有大地测量中的电磁波测量都是一种误差源,是一种自然的制约因素,而现代大地测量却要利用卫星和地面站之间,或卫星和卫星之间的电磁波定位测量技术,对大气中的电离层和对流层进行连续的、密集的测量,采用求逆技术,实时提供大气最主要物理性质的三维综合影像,这对天气和电离层预报和研究都有一定作用。现代大地测量学除了对大气科学的贡献外,由于它能获得精确的、大量的、在空间和时间方面有很高分辨率的对地观测数据,因此对地球动力学、地球物理学、海洋学、地质学、地震学等地球科学的作用也越来越大。它与地球科学多个分支相互交叉,已成为推动地球科学发展的前沿科学之一。

2.1.2 大地测量学的作用与服务对象

大地测量学是测绘科学与技术的重要理论基础,是地理信息系统、数字地球、数字中国和数字区域的几何和物理的基础平台,它通过将各种空间信息源统一起来,重构这些信息源之间的几何和物理的拓扑关联。因此,大地测量是组织、管理、融合和分析地球海量时空信息的一个数理基础,也是描述、构建和认知地球,进而解决地球科学问题的一个时空平台。

任何形式与地理位置有关的测绘都必须以法定的或协议的大地测量基准为基础。各种测绘只有在大地测量基准的基础上,才能获得统一的、协调的、法定的点位坐标和高程,获得点之间的空间关系和尺度。

1. 经济建设

大地测量广泛应用于大范围、跨地区工程的精密测量控制,是确保工程规划放样到实地,确保按设计图纸实施的一种重要技术手段。因此,大地测量在国家基础设施建设、水利水电工程建设、能源枢纽工程建设、交通网络体系建设、国家工程规划和区域工程规划等国民经济建设诸多领域中发挥着重要作用。

大地测量通过实现区域或全球一致的大地测量基准,促进国家宏观经济规划建设、陆海连接工程建设、部门或地方政府建设工程的协调发展,以及大规模、大范围的地球空间信息的规划、探测、海量信息融合与信息服务,为标定国界和领海线、维护国家主权提供一致的信息和技术支持,促进跨地区、跨国工程建设的发展。

2. 资源与环境发展

测定全球和局域重力场及其时变是大地测量的一个重要内容,是勘探地下资源的重要手段,对矿藏和地下水资源的调查具有重要意义。

大地测量形变监测是地壳运动监测不可缺少的技术手段,综合地壳形变和重力场测定的成果是地震、地质等灾害监测、分析和预报的一种基本技术手段。

以空间大地测量技术为基础,可以实时地、无地域制约地提供大气的电离层总电子浓度,对流层可降水分和海平面变化的数据,这些信息对无线电通信、气象、汛情、全球变化的预报预测都有重要作用。

3. 空间技术与航天工程

空间技术与航天工程是关系到国家经济建设与国家安全利益的一项高新技术。天基(含星基)、地基一体化是卫星和航天工程、新军事体系以及其他空间技术发展的方向,而大地测量(包括卫星定轨、定姿和定位,卫星导航、星-地或星间测控、地球重力场探测等)是天地一体化的航天平台的基础,是各种飞行器的跟踪定轨、导航定位、姿态测量、国防信息化平台的基础设施。

4. 地球自转与地球动力学

大地测量是地球自转和极移的定量及其时变测定的主要手段。这些观测数据对研究全球性地球动力学问题具有重要作用。

5. 国防安全与军事信息化

信息化、多兵种与多种武器协作是现代化军事技术的发展方向。大地测量基准是现代信息作战平台和国家侦察防卫体系构建的基本条件,是实现国家军事体系信息化的重要基础。现代军事的高新技术都需要统一的精确的大地测量基准及其技术的支持。

2.1.3 大地测量学的现代发展

20世纪80年代以来,由于空间技术、计算机技术和信息技术的飞跃发展,以电磁波测距、卫星测量、甚长基线干涉测量等为代表的新的大地测量技术出现,给传统大地测量带来了革命性的变革,形成了现代大地测量学。传统大地测量学主要研究地球的几何形状、定向及其重力场,并关注在地球上点的定位、重力值。现代大地测量则已超过原来传统的研究内容,将原来所考虑的静态内容,在长距离、大范围、实时和高精度测量的条件下,和时间(历元)这一因素联系起来。因此,现代大地测量学可以为地球动力学、行星学、大气学、海洋学、板块运动学和冰川学等多学科提供所需的信息,这些信息可能是这些学科领域长期以来很难取得的数值,并有可能解决它们相应的困惑。事实证明现代大地测量学业已形成了学科交叉意义上的一门科学,它将更深刻地影响和促进地球科学、环境科学和行星科学的发展。

2.1.4 大地测量学的学科体系

大地测量学的学科体系可有多种分类方法,而且相互交叉。本书将现代大地测量学分为四个方面的基本内容:实用大地测量学、椭球面大地测量学、物理大地测量学和卫星大地测量学。海洋大地测量学、动力大地测量学以及月球与行星大地测量学主要是利用上述四个方面内容中的有关理论和方法形成的。

2.2 大地测量系统与大地测量参考框架

大地测量系统包括坐标系统、高程系统/深度基准和重力系统。与大地测量系统相对应,大地测量参考框架有坐标(参考)框架、高程(参考)框架和重力测量(参考)框架三种。

大地测量系统是总体概念,大地测量参考框架由若干个固定在地面上的大地网(点)或其他实体(静止或运动的物体)按相应于大地测量系统的规定模式构建,它是大地测量系统的具体实现。

2.2.1 大地测量坐标系统和大地测量常数

大地测量坐标系统规定了大地测量起算基准的定义及其相应的大地测量常数。

大地测量坐标系统是一种固定在地球上,随地球一起转动的非惯性坐标系统。根据其原点位置不同,分为地心坐标系和参心坐标系。前者的原点与地球质心重合,后者的原点与参考椭球中心重合(参考椭球是指与某一地区或国家地球表面最佳吻合的地球椭球)。从表现形式上分,大地测量坐标系统又分为空间直角坐标系统、大地坐标系统和球坐标系统三种形式。空间直角坐标用(x,y,z)表示;大地坐标用(经度L,纬度B,大地高H)表示,其中大地高H是指空间点沿椭球面法线方向高出椭球面的距离。

1. 地心坐标系

地心坐标系应满足四个条件,通常表达为:(1)原点位于整个地球(包括海洋和大气)的质心;(2)尺度是国际统一规定的长度因子;(3)定向为国际测定的某一历元的地球北极(Conventional Terrestrial Pole,CTP)和零子午线,称为地球定向参数(Earth Orientation Parameters,EOP);(4)满足地球地壳无整体旋转(No Net Rotation NNR)的约束条件。

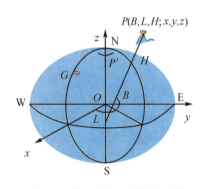

图 2-1 地心直角坐标系示意图

地心空间直角坐标系若从几何方面或通俗的定义也可以作如下表述(参见图 2-1):坐标系的原点位于地球质心,z轴和x轴的定向由某一历元的EOP确定,y与x、z构成空间右手直角坐标系。地心大地坐标系统的原点与总地球椭球中心(即地球质心)重合,椭球旋转轴与CTP重合,起始大地子午面与零子午面重合。

2. 参心坐标系

参心坐标系的原点位于参考椭球中心,z轴(椭球旋转轴)与地球自转轴平行,x轴在参考椭球的赤道面并平行于天文起始子午面。

中华人民共和国成立初期,由于缺乏天文大地网观测资料,我国暂时采用了克拉索夫斯基参考椭球,并与前苏联1942年坐标系统进行联测,通过计算建立了我国大地坐标系统,称为北京1954(大地)坐标系统。20世纪80年代,我国采用国际大地测量和地球物理联合会(International Union of Geodesy and Geophysics,IUGG)的IUGG75椭球为参考椭球,经过大规模的天文大地网计算,建立了比较完善的我国独立的参心坐标系统,称为西安1980坐标系统。西安1980坐标系克服了北京1954坐标系对我国大地测量计算的某些不利影响。

3. 大地测量常数

大地测量常数是指与地球一起旋转并和地球表面最佳吻合的旋转椭球（即地球椭球）的几何和物理参数。它分为基本常数和导出常数。基本常数唯一定义了大地测量系统。导出常数由基本常数导出，便于大地测量应用。大地测量常数按属性分为几何常数和物理常数。

IUGG 分别于 1971、1975、1979 年推荐了三组大地测量常数，它们对应于大地测量参考系统 1967（GRS67）、IUGG75、大地测量参考系统 1980（GRS80）。我国西安 1980 大地坐标系采用 IUGG75 的大地测量常数。目前，正被广泛使用的常数是 GRS80 定义的。

(1) 大地测量基本常数

地球椭球的几何和物理属性可由四个基本常数完全确定，这四个基本常数就是大地测量基本常数。它们是地球赤道半径 a；地心引力常数 GM，其中 G 是万有引力常数，M 是地球的陆、海和大气质量的总和；地球动力学形状因子 J_2；地球自转角速度 ω（参见图 2-2）。前两个称为大地测量基本几何常数，后两个称为大地测量基本物理常数。

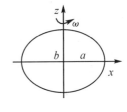

图 2-2 旋转椭球

(2) 大地测量导出常数

大地测量导出常数比较多，常用的有：

- 椭球短半轴：$b = a\sqrt{1-e^2}$，$e = \sqrt{a^2-b^2}/a$；
- 几何扁率：$f = \dfrac{a-b}{a}$

表 2-1 给出了 GRS80 大地测量常数的数值。

表 2-1　　　　　　　　　　**GRS80 大地测量常数值**

几何常数		物理常数	
a	6 378 137m	GM	$3\,986\,005 \times 10^8\,\mathrm{m^3 \cdot s^{-2}}$
J_2	$108\,263 \times 10^{-8}$	ω	$7\,292\,115 \times 10^{-11}\,\mathrm{rad \cdot s^{-1}}$
b	6 356 752.314 1m	U_0	$62\,636\,860.850\,\mathrm{m^2 \cdot s^{-2}}$
$1/f$	298.257 222 101	J_4	$-237.091\,222 \times 10^{-8}$

2.2.2 大地测量坐标框架

大地测量坐标框架是通过大地测量手段实现的大地测量坐标系统。

1. 参心坐标框架

传统的大地测量坐标框架是由天文大地网实现和维持的，一般定义在参心坐标系统中，是一种区域性、二维静态的地球坐标框架。20 世纪世界上绝大部分国家或地区都采用天文大地网来实现和维持各自的参心坐标框架。

我国在 20 世纪 50～80 年代完成的全国天文大地网，不同时期分别定义在北京 1954 坐标系统和西安 1980 坐标系统中。天文大地控制点（大地点）覆盖我国大陆和海南岛，采用整体平差方法构建了我国参心坐标框架。

2. 地心坐标框架

国际地面参考(坐标)框架(International Terrestrial Reference Frame，ITRF)是国际地面参考(坐标)系统(International Terrestrial Reference System，ITRS)的具体实现。它以甚长基线干涉测量(Very Long Base Interferometry，VLBI)、卫星激光测距(Satellite Laser Ranging，SLR)、激光测月(Lunar Laser Ranging，LLR)、美国的全球定位系统(GPS)和法国的卫星多普勒定轨定位系统(DORIS)等空间大地测量技术构成全球观测网点，经数据处理，得到ITRF点(地面观测站)的站坐标和速度场等。目前，ITRF已成为国际公认的应用最广泛、精度最高的地心坐标框架。

我国的GPS2000网是定义在ITRS2000地心坐标系统中的区域性地心坐标框架，它综合了全国性的三个GPS网观测数据，一并进行计算而得。

2.2.3 高程系统和高程框架

点的高程通常用该点至某一选定的水平面的垂直距离来表示，不同地面点间的高程之差反映了地形起伏。

1. 高程基准

高程基准定义了陆地上高程测量的起算点。区域性高程基准可以用验潮站处的长期平均海面来确定，通常定义该平均海面的高程为零。在地面预先设置好的一固定点(组)，利用精密水准测量联测固定点与该平面海面的高差，从而确定固定点(组)的海拔高程。这个固定点就称为水准原点，其高程就是区域性水准测量的起算高程。

图2-3 水准原点位于青岛市观象山

我国高程基准采用黄海平均海水面，验潮站是青岛大港验潮站(参见图2-3)，在其附近的观象山有"中华人民共和国水准原点"。1987年以前，我国采用"1956国家高程基准"。1988年1月1日，我国正式启用"1985国家高程基准"，水准原点高程为72.2604m。"1985国家高程基准"的平均海水面比"1956年黄海国家高程基准"的平均海水面高0.029m。

2. 高程系统

我国的高程系统采用正常高系统。正常高的起算面是似大地水准面(似大地水准面可由物理大地测量方法确定)。由地面点沿垂线向下至似大地水准面之间的距离，就是该点的正常高，即该点的高程。

3. 高程框架

高程框架是高程系统的实现。我国水准高程框架由全国高精度水准控制网实现，以黄海高程基准为起算基准，以正常高系统为水准高差传递方式。

水准高程框架分为四个等级，分别称为国家一、二、三、四等水准控制网。框架点的正常高采用逐级控制，其现势性通过一等水准控制网的定期全线复测和二等水准控制网部分复测来维护。

高程框架的另一种形式是通过（似）大地水准面来实现。

2.2.4 深度基准

1. 深度基准概念

深度是指在海洋（主要指沿岸海域）水深测量所获得的水深值，是从测量时的海面（即瞬时海面）起算的。由于受潮汐、海浪和海流等的影响，瞬时海面的位置会随时间发生变化，因此，同一测深点在不同时间测得的瞬时深度值是不一样的。为此，必须规定一个固定的水面作为深度的参考面，把不同时间测得的深度都化算到这一参考水面上去。这一参考水面即称为深度基准面。它就是海图所载水深的起算面，所以，狭义的海图基准面就是深度基准面。

深度基准面通常取在当地平均海面以下深度为 L 的位置（参见图 2-4）。由于不同海域的平均海面不同，所以深度基准面对于平均海面的偏差因地而异。由于各国求 L 值的方法有别，所采用的深度基准面也不相同。甚至有的国家（如美国），在不同海岸采用不同的计算模型。

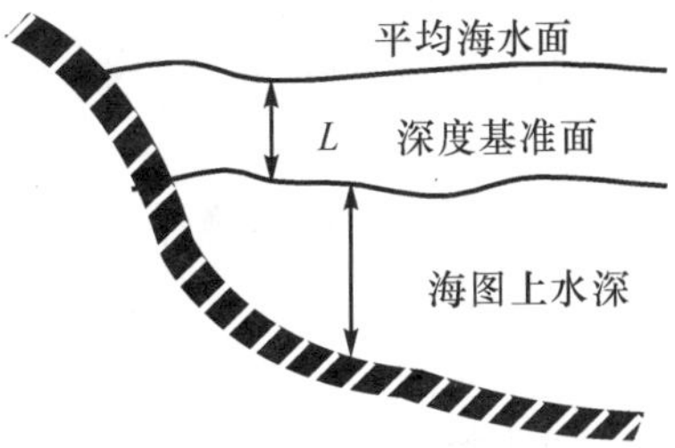

2. 我国采用的深度基准面

我国 1956 年以前采用略最低低潮面作为深度基准面。1956 年以后采用弗拉基米尔斯基理论最低潮面（简称理论最低潮面），作为深度基准面。

图 2-4 深度基准面与平均海面的关系

2.2.5 重力系统和重力测量框架

重力是重力加速度的简称。重力测量就是测定空间一个点的重力加速度。重力基准就是标定一个国家或地区的（绝对）重力值的标准。在 20 世纪 50~70 年代，我国采用波茨坦重力基准，而我国重力参考系统采用克拉索夫斯基椭球常数。20 世纪 80 年代，我国重力基准采用经过国际比对的高精度相对重力仪自行测定，而重力参考系统则采用 IUGG75 椭球常数及其相应的正常重力场。

20 世纪初，我国采用经过国际重力局标定的高精度绝对重力仪和相对重力仪测定我国新的重力基准。我国目前的重力系统采用 GRS80 椭球常数及其相应的正常重力场。

国家重力测量框架由分布在全国的若干绝对重力点和相对重力点构成的重力控制网以及用作相对重力尺度标准的若干条长短基线构成。中华人民共和国成立以来，我国先后建立了 1957、1985 和 2000 三个国家重力基本网。目前启用的国家重力测量框架为 2000 国家重力基本网。

20 世纪我国一直采用中国似大地水准面 1980（CQG1980），从 21 世纪开始我国采用更高精度和分辨率，并包含全部陆海国土的新的中国似大地水准面 2000（CQG2000）。

2.3 实用大地测量学

2.3.1 实用大地测量学的任务与方法

实用大地测量学的基本任务是建立地面大地控制网,即以精确可靠的地面点坐标、高程和重力值来实现大地测量系统。地面大地控制网大体分为平面控制网、高程控制网和重力控制网三类。平面控制网是以一定形式的图形,把大地控制点构成网状(参见图1-15),通过测定网中的角度、边长和方位角,推算网点的坐标或者通过卫星定位技术直接测定网点的坐标。进行这些大地测量时,必须事先选定一个(参考)坐标系,将在该大地控制网中所测的全部数据都归算至该参考坐标系,然后进行数据处理,算得控制网点的坐标。为了测制地图的需要,大地控制网还需投影到平面上,即将网点的大地坐标变换为相应投影面的平面直角坐标。

高程控制网由连接各高程控制点的水准测量路线组成。通过水准测量,可以测得相邻水准点之间的高差。为传算各水准点的高程,必须选择某一高程起算点,如水准原点,还需通过这一高程起算点规定一个高程起算面。

重力控制网是由绝对重力点和相对重力点构成的网,作为一个国家重力基准的实现。平面控制网和高程控制网的观测都与地球重力场相联系,特别是高程控制网与重力的关系更为密切。因此,在建立平面和高程控制网中,重力测量也是其重要的组成部分。

地面大地控制网的布设一般遵循"从大到小、逐级控制"的原则,从高级控制网通过几个等级逐步过渡到实际业务工作需要的低等级控制网,包括测制地图所需的低级控制网,其精度逐级降低,边长逐级缩短。

国家大地控制网是主控制网,是国家所有地理坐标值、高程值、重力值的基础,其精度和可靠性应足以保证国家各类工程和各种测绘的需要。此外,为了满足各类用户的需求,国家大地控制网应覆盖全国国土并有必要的密度。此外,为保证大地控制网的精度和可靠性,保持它的现势性,这些大地网应定期进行复测。

2.3.2 国家平面控制网

1. 平面控制测量目的

进行平面控制测量主要目的是完成点位(坐标)的传递和控制。

点位传递的概念是:已知点 A,B 的坐标 X_a 和 X_b,要求传递至待定点 P,即推算 P 点的坐标 X_p(参见图2-5)。常用的测量方法是在 A,B 两点上测角 $\angle BAP$ 和 $\angle ABP$,并测定 AB 两点间的距离,然后计算出 P 点的坐标 X_p。至于在 P 点上测角 $\angle APB$,则是为了检核这三个角 $\angle BAP$、$\angle APB$ 和 $\angle ABP$ 的量测值之和是否满足三角形三内角之和的几何条件。此外,也可以用测边长(AB,AP,BP 的长度)的方法,由已知坐标点 A,B 推算 P 点坐标。如今也可以采用卫星定位技术进行点位坐标的传递。

点位控制的概念是:已知 A,B,C 三点坐标 X_a,X_b 和 X_c,要求推算待定点 P 的坐标 X_p。由图2-6可见,根据点的传递方法,可以从 A,B 点测量和推算 P 点的坐标,得到 P 点的坐标值 X'_p;同样也可以从 A,C 点测量和推算 P 点的坐标 X''_p。根据这两者的差值 X'_p-

X''_p 可以估计和评价这两次测量(即由 AB 点测定 P 点和由 AC 点测定 P 点)的精确度。取两者的平均值 X_p，即 $X_p=(X'_p+X''_p)/2$，则可提高待定点 P 的坐标 X_p 的精度。

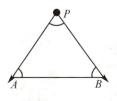 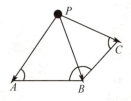

图 2-5　点位的传递　　　　　图 2-6　点位的控制

平面控制测量按测量的精度等级高低分为一等至四等 4 个等级的平面控制网。国家在建立平面控制测量网时，必须逐级布测，逐级控制，最终布满全国。

2．平面控制测量的技术

(1) 水平角测量。在平面控制测量中，用于测量水平角的主要仪器是经纬仪。不论是哪种类型的光学经纬仪或电子经纬仪(参见图 2-7)，都是由角度测量、目标照准和归心置平三大装置组成。

 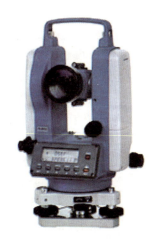

图 2-7　经纬仪

(2) 距离测量。为推算平面控制点的坐标，必须在网中选择少量边长作为起始边，并测定其长度，以此确定网的尺度标准。我国平面控制网的起始边大多采用膨胀系数极小的铟瓦基线尺直接丈量或组成基线网推算的。光电测距仪和微波测距仪(参见图 2-8)先后问世后，逐步取代了铟瓦基线尺，成为精密距离测量的主要工具。

(3) 三角高程测量。三角高程测量是在三角网水平角观测的同时，观测相邻两点的垂直角(竖角)，并通过三角网的计算求得两点间水平边长或利用测距仪直接测定边长，进而计算两点间的大地高差。三角网的三角高程测量，可实现大地高系统的高程传递。

(4) 卫星定位测量。利用卫星定位系统，如美国的全球卫星定位系统 GPS，俄国的全球卫

图 2-8　测距仪及反射棱镜

星定位系统 GLONASS，中国的卫星定位系统北斗和今后欧盟的全球卫星定位系统 GALILEO 等，也可以测定和传递控制点的坐标。这是近年来迅速发展的测定点位的新技术。

3．大地天文测量

（1）大地天文测量方法。大地天文测量是指用天文观测方法测定天文方位角和天文经纬度。它通过测量天体的天顶角、天体经过某一特定位置的时间或者天体在任意位置的方向等几何和物理量而得到天文方位角和天文经纬度。

常见的天文经纬度和天文方位角测量方法有：①津格尔（星对）测时法，又称东西星等高测时法。通过观测对称于子午圈的东西两颗恒星在同一高度上的时刻测定天文经度。②塔尔科特测纬度法。通过观测南北两颗近似等高的恒星中天时的天顶距差测定天文纬度。③多星等高法。通过观测均匀分布于各象限内的若干恒星经过同一等高圈的时刻测定天文经纬度。④北极星任意时角法。通过观测在任意时角的北极星（并记录时刻）和目标对测站的水平角，测定测站到目标的天文方位角。⑤中天法。通过观测位于中天时刻的恒星来测定天文经度、天文纬度或天文方位角。

由此可见，大地天文测量的仪器应具有测角、守时、计时的功能，还应有接收精密授时信号（一般来自天文台）的功能。

（2）大地天文测量的作用。在传统的一等三角锁中，每个锁段的两端都需测定天文经纬度和天文方位角，以控制锁段的方位角传递误差，使得国家平面控制网的方位控制更加完善。此外，在一等锁和二等网中，每隔一定距离也要测定天文经纬度，以便将地面的观测量，如方向、角度和长度归算到参考椭球面上。

4．国家平面控制网的布网方案

国家平面控制网根据当时的测绘技术水平和条件，可以采用传统的测量角度、边长的技术，也可以采用卫星定位技术布设平面控制网。

我国的一等三角锁系是国家平面控制网的骨干（参见图 2-9），其作用是在全国范围内建立一个统一坐标系统的框架，为控制二等及以下各级三角网并为研究地球形状和大小提供资料。

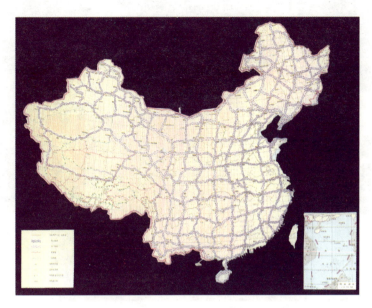

图 2-9　全国天文大地网

（共包含三角点、导线点 48 433 个）

一等三角锁一般沿经纬线方向构成纵横交叉的网状。两相邻交叉点之间的三角锁称为锁段,锁段长度一般为 200km,纵横锁段构成锁环。三角形平均边长为 30km 左右。

在一等锁环内直接布满二等三角网,它既是地形测图的基本控制,又是加密三、四等三角网(点)的基础,它和一等三角锁网同属国家高级控制点。为了控制大比例尺测图和工程建设需要,在一、二等锁网的基础上,还需布设三、四等三角网,使大地点的密度与测图比例尺相适应。

20 世纪 90 年代,我国采用 GPS 技术布设了约 800 个点的国家 GPS 平面控制网。

2.3.3　国家高程控制网

国家高程控制网布设的目的和任务有两个:一是在全国范围内建立统一的高程控制网,为地形测图和工程建设提供必要的高程控制;二是为地壳垂直运动、海面地形及其变化和大地水准面形状等地球科学研究提供精确的高程数据。国家高程控制网一般通过高精度的几何水准测量方法建立,因此也称为国家水准网(参见图 2-10)。

1. 国家水准网的布网方案

国家水准网采用从高到低,从整体到局部,逐级控制,逐级加密的方式布设,分为一、二、三、四等水准网。一等水准网是国家高程控制的骨干;二等水准网是国家高程控制的全面基础;三、四等水准网是直接为地形测图和工程建设提供高程控制点。

各级水准路线必须自行闭合或闭合于高等级的水准点,以此构成环形或附合路线,用于控制水准测量系统误差的累积和便于在高等级水准环中布设低等级水准路线。一等闭合环线周长一般为 1000～1500km;二等闭合环线周长一般为 500～750km。

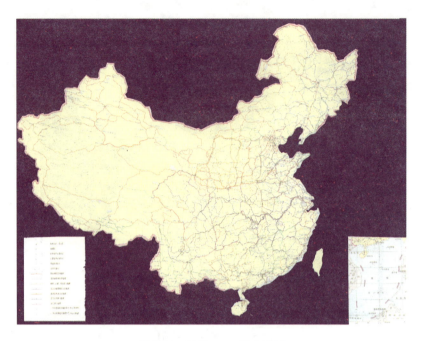

图 2-10　国家一、二等水准网

水准路线附近的验潮站基准点、沉降观测基准点、地壳形变监测基准点以及水文站、气象站等应根据实际需要按相应等级水准进行联测。

2. 国家水准网的观测

水准测量是目前精确测定地面点海拔高程的主要手段,其主要测量设备是水准仪和水准尺(参见图 2-11)。水准仪置平后,其视线将给出当地水平面,根据视线在前后两个直立水准尺上的读数,就可测定两个水准尺零点(底部)之间的高差,从而实现高程传递。

图 2-11　水准仪及水准尺

水准仪在斜坡 A、B 两点间进行水准测量。水准仪的水平视线 ab 在置于 A、B 两点的水准尺上的读数分别为 h_A,h_B,则 AB 两点的高差就是 $\Delta h_{AB}=h_A-h_B$(参见图 2-12)。

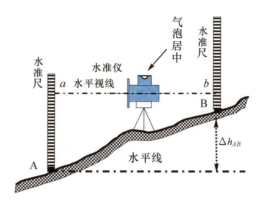

图 2-12 高程控制测量

2.3.4 国家重力控制网

同国家平面控制网和高程控制网一样,重力测量控制网也采用逐级控制的方法,在全国范围内建立各级重力控制网,然后在此基础上为各种不同目的再进行加密重力测量。因此在建立国家重力控制网时,应充分考虑到各方面的需要,例如:在大地测量中需要重力测量去研究地球形状和严密处理观测数据;在空间技术中需要重力测量提供地球外部重力场的资料;此外在地球物理、地质勘探、地震、天文、计量和原子物理等部门都需要重力测量。

国家重力测量框架由绝对和相对重力测量方法建立,它提供了其他加密重力测量(包括地面、海洋和航空加密重力测量)的重力起算值(由重力基本点提供)和相对重力测量的尺度(由长短重力基线提供)。相对重力测量是地面加密重力测量的主要技术手段。我国国家重力测量框架也就是我国重力控制网分为二级,即重力基准网和一等重力网。重力基准网是重力控制网中最高级控制,其中包括绝对重力点和相对重力点,前者称为基准重力点,后者称为基本重力点。这些点在全国范围内布设成多边形网,点间距离为300~1000km。一等重力网是在重力基准网基础上的次一级重力加密控制网。它在全国范围内布设,其网点称为一等重力点,点间距离一般为100~300km。

2.4 椭球面大地测量学

椭球面大地测量是实用大地测量数据处理的数学基础。这是因为:(1)由于地球表面的弯曲,不同海拔高度处的地面几何观测量存在不同程度的变形;(2)由于地球形状复杂,不同地理位置上的铅垂线之间的关系非常复杂,而实用大地测量都是在以铅垂线为依据的站心地平坐标系中进行的(通过置平仪器实现)。为对实用大地测量观测数据进行统一处理和表示,必须将观测数据归算到一个数学规则的椭球面上进行数字或几何的处理与表示。

2.4.1 椭球面大地测量学的基本任务

椭球面大地测量学是研究旋转椭球面的数学性质,并以该面为参考的大地测量计算问题的学科。椭球面大地测量学的基本任务是:研究大地控制网的地面数据向椭球面的归算问题;研究椭球面法截线和大地线的性质,以及椭球面三角形的解算方法;研究大地测量主题及其解算方法;研究椭球面投影到平面上的问题,以及不同形式的地球坐标系统之间的转换问题。

2.4.2 椭球面的大地线及其解算

1. 法截线与大地线

包含椭球面上一点法线的平面称为法截面,法截面与该椭球面的交线称为法截线。椭球面上两点间的最短程曲线称为大地线。大地线又称测地线,大地线是一条空间曲面曲线。

2. 大地测量主题

在椭球面大地测量计算中,经常出现两类问题:(1)已知 P_1 点的大地坐标及其至 P_2 点的大地方位角 A_{12} 和距离 S_{12}(大地线)(参见图 2-13),计算 P_2 点的大地坐标和大地方位角 A_{21};(2)已知 P_1 和 P_2 点的大地坐标,计算两点的正、反大地方位角及其距离。这两个问题,前者称为大地测量主题的正算问题,后者称为反算问题,也称为第一和第二大地测量主题。

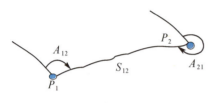

图 2-13 大地测量

从解析几何意义上讲,大地测量主题就是研究大地极坐标与椭球面大地坐标之间的相互转换问题。

2.4.3 高斯-克吕格投影与地形图分带

(1)高斯-克吕格投影的概念。为了将地球椭球面上的各种量,如方向、长度归算到地图平面上相应的量,就要采用地图投影的数学方法。一般在大于或等于 1∶50 万比例尺的地形图中我国使用高斯-克吕格投影(或简称高斯投影)。它是一种横轴、椭圆柱面、等角投影。其投影过程可简述如下:椭圆柱面与地球椭球在某一子午圈上相切,这条子午圈叫做投影的中央子午线,又称轴子午线,它也是高斯投影后的平面直角坐标系的纵轴(一般定义为 x 轴);地球的赤道面与椭圆柱面相交成一条直线,这条直线与中央子午线正交,它是平面直角坐标系的横轴(y 轴);把椭圆柱面展开,就得出以 (x,y) 为坐标的平面直角坐标系。(参见图 2-14)

高斯投影是以上述平面直角坐标系为基础,同时满足如下三个要求:一是椭球面上的角

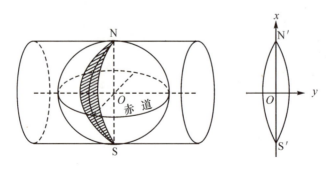

图 2-14 高斯-克吕格投影

度投影到平面上后保持不变;二是中央子午线的投影是一条直线,并且是投影点的对称轴;三是中央子午线投影后没有长度变形,即在中央子午线方向上满足等长的条件。

(2)高斯-克吕格投影的分带。在高斯投影中,除了中央子午线上没有长度变形外,其他所有长度都会发生变形,且变形大小与横坐标 y 的平方成正比,即离开中央子午线越远,变形就越大。因此,有必要把投影的区域限制在中央子午线两侧的一定范围内。这就产生了投影分带问题。

把我国整个领土分成若干个南北狭长的区域,每个区域都由一定经度差的两条子午圈围成,这样的区域叫做一个投影带。每一带的经度差要根据测图的精度要求来确定。我国规定:对于比例尺小于1∶1万的地形图采用6°带(经度差为6°),对于比例尺大于或等于1∶1万的地形图采用3°带。(参见图2-15)

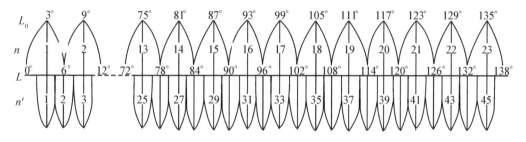

图 2-15 高斯-克吕格投影的分带

每个投影带设立一个独立的平面直角坐标系,以中央子午线为纵坐标 x 轴,以子午线与赤道的交点为坐标原点,赤道线作为横坐标 y 轴。这样,在中央子午线以东的点横坐标 y 为正值,以西的点横坐标 y 为负值。为了避免负值的不方便,一般规定将中央子午线向西平移 500km,这样得出的横坐标用 Y 表示,$Y=500\text{km}+y$,Y 就总为正值。

2.5 物理大地测量学

2.5.1 物理大地测量学的任务和内容

物理大地测量学主要是研究利用重力等物理观测量(包括直接观测量和间接观测量)确定地球形状、地球外部重力场及其变化的科学。

实用大地测量的观测都是在地球重力场内,以铅垂线为依据的站心地平坐标系中进行的。为了把这些观测数据归算到一个统一的大地坐标系统中去,必须知道地球的大小、形状及其外部重力场。地球形状及外部重力场是地球坐标系统及其实现的基础。高程测量最重要的参考面——大地水准面,是地球重力场的一个等位面。因此,研究地球形状及外部重力场是大地测量学的一个重要的科学任务。地球卫星轨道计算需要精密的重力场信息,地球重力场误差通过影响导航(定位)卫星的定轨(星历),从而影响卫星的定位精度。此外,对地球外部重力场及其时间变化的分析,可以为地球动力学和其他地球物理学提供地球内部结构和状态的信息。

物理大地测量学的主要内容有：
（1）研究地球形状及其外部重力场；
（2）发展重力场探测设备及探测方法；
（3）研究利用地球重力场理论和信息解决大地测量科学问题。

2.5.2 地球重力场

1. 重力与重力位

重力 g 是地球引力 F 和离心力 P 的合力（参见图2-16）。即

$$g = F + P$$

g 的方向为铅垂线方向，数值 $g = |g|$ 称为重力。

地球重力场通常是指地球空间点处的重力（加速度）强度，用地球重力位或其导出量（如重力）表示。

2. 大地水准面

地球外部重力等位面俗称水平面，但它并非是几何曲面，而是一个近似椭球面的复杂曲面。其中，与平均海水面最为接近的那个重力等位面称为大地水准面（参见图2-17），它是海拔高程的起算面，即地面一点到大地水准面的垂直距离就是该点的高程。

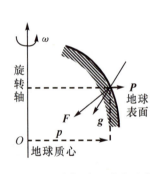
图2-16 引力、离心力和重力

图2-17 描述地球形状的大地水准面

大地水准面是大地测量中一个很重要的概念，它与地球椭球面之间的垂直距离称为大地水准面高，这个值是描述大地水准面形状（即地球形状）的一个量。

2.5.3 重力测量技术

1. 地面重力测量

地面重力测量分为绝对重力测量和相对重力测量两种。绝对重力测量测定点的绝对重力值，主要测量仪器为绝对重力仪，如FG5（参见图2-18）。它根据物理学中的自由落体原理直接测定落体在重力作用下的运动时间和路程来测定重力。相对重力测量测定两点间的重力差值，主要测量仪器为弹簧重力仪，如LCR重力仪（参见图2-19）。它直接测定物体因重力变化产生的线位移和角位移来测定两点重力差值。

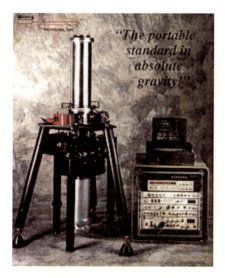 

图 2-18　FG5 绝对重力仪　　　　　　图 2-19　LCR 相对重力仪

2. 海洋和航空重力测量

海洋和航空重力测量主要是指用装载在轮船或飞机上的相对重力仪所进行的连续重力测量。相对重力仪工作在运动载体中,因各种动态因素而产生的加速度将引起灵敏系统和平衡系统发生位移,影响测量结果的准确性。为消除运载工具引起的各种加速度干扰,提高测量精度,海洋或航空重力仪都需采取很多相应的措施。

目前的海洋船测重力仪的测量精度低于陆地重力测量的精度一至二个数量级。而航空重力测量中的载体——飞机的飞行速度远比船舶大,因此载体的一些非保守力加速度改正和高度改正,也很难像船测重力那样准确计算,因此航空重力测量精度更低。但航空重力测量施测所覆盖的地域大,速度快,特别适合于在地面测量作业困难的地区进行施测。

3. 卫星重力测量

卫星重力测量的主要手段有卫星跟踪重力场测量技术,如卫星激光测距技术、星载多普勒定轨定位系统(DORIS)、星载精密测距测速系统(PRARE)以及卫星跟踪卫星技术(SST)、卫星重力梯度测量技术(SGG)和卫星测高技术(SA)。

(1) 地面跟踪卫星测定地球重力场。地面跟踪卫星的观测量主要包括:地面跟踪站至卫星的方向、距离、距离变化率、相位等。根据这些观测数据,可以建立卫星轨道与地面跟踪站之间的几何和物理的函数关系,而卫星轨道是地球重力场等摄动因素的隐函数,由此可以推算地球重力场。

(2) 卫星跟踪卫星测量地球重力场。卫星跟踪卫星技术可以分为高低卫星跟踪(SST-hl)和低低卫星跟踪(SST-ll)两大类(参见图 2-20)。SST-hl 利用低轨卫星(LEO,高度 400km 左右)上的星载 GPS 接收机与 GPS 卫星星座(高度 21000km 左右)构成高低卫星的空间跟踪网,以厘米级甚至毫米级精度跟踪低轨卫星。SST-ll 是指同一轨迹上两颗相距 200～300km 的低轨卫星,以微米级的测距测速精度相互跟踪。

德国的 CHAMP(Challenging Mini-Satellite Payload for Geophysical Research and

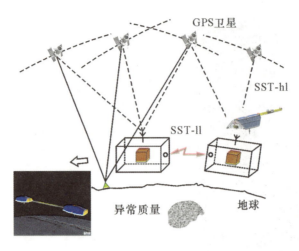

图 2-20 卫星跟踪卫星测定地球重力场

Application)卫星(参见图 2-21)采用 SST-hl 跟踪模式。CHAMP 卫星于 2000 年 7 月升空，计划运行 5 年，轨道高度为 418～470km。CHAMP 的科学任务之一是测定地球重力场中长波的静态部分和时间变化。

GRACE(Gravity Recovery and Climate Experiment)卫星由美国和德国联合开发，采用 SST-ll 和 SST-hl 组合跟踪模式(参见图 2-22)。GRACE 卫星于 2002 年 3 月升空，计划运行 5 年。GRACE 的科学任务之一是精确测定中长波地球重力场的静态部分，并以 2～4 周的周期分析和测定地球重力场的变化。

图 2-21 CHAMP 卫星

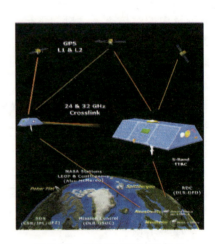

图 2-22 在轨的 GRACE 任务

欧空局计划近年还要发射第三颗重力探测卫星，即 SSG 模式的 GOCE(Gravity and Ocean Circular Exploration)卫星。它的任务之一是以更高时空分辨率探测地球重力场及其变化。

2.6 卫星大地测量学

2.6.1 卫星大地测量学的内容、技术特点与作用

1. 卫星大地测量学的主要内容

卫星大地测量学是利用人造卫星进行精确测量,研究利用这些观测数据解决大地测量学问题的科学。卫星大地测量学是现代大地测量学的重要组成部分。其主要内容是:(1)建立和维持全球和区域性大地测量系统与大地测量框架;(2)快速、精确测定全球、区域或局部空间点的三维位置和相互位置关系;(3)利用地面站观测数据确定卫星轨道;(4)探测地球重力场及其时间变化,测定地球潮汐;(5)监测和研究地球动力学(地球自转、极移、全球变化及其他全球和区域地球动力学问题);(6)监测和研究电离层、对流层、海洋环流、海平面变化、冰川、冰原的时变。

2. 卫星大地测量学的技术特点

卫星大地测量技术根据观测目标的不同可分为如下三种类型。(1)卫星地面跟踪观测。如卫星激光测距,星载多普勒定轨定位系统(DORIS),星载精密测距测速系统(PRARE);(2)卫星对地观测,如卫星测高(SA),卫星重力梯度测量(SGG),以及卫星导航定位系统(如GPS、GLONASS、Galileo、北斗);(3)卫星对卫星观测。如高低卫星跟踪卫星(SST-hl)、低低卫星跟踪卫星(SST-ll)。

从卫星大地测量学的性质来分,卫星大地测量可分为几何方法和动力方法。

首先,卫星可作为一些高空目标,被看成是在大范围内或整个三维网中的坐标框架点。从不同的地面站上观测卫星或接收卫星的定位信号,利用空间交会法确定卫星的位置或地面站的位置。卫星方法的主要优点是它能跨越远距离,可进行地面目标之间长距离的大地测量联测,实现地球框架的长距离尺度和方位控制。

同时,卫星又可看成地球重力场的探测器或传感器。通过对地球重力场作用下的卫星或相互之间进行跟踪,可以反求地球重力场和其他动力学参数。

利用卫星观测技术确定卫星轨道和精化地面站的坐标是相互作用的,即在利用卫星大地测量方法进行卫星定轨的同时,可精化地面站的地心坐标,还可解算地球重力场、地球自转参数(地球自转、极移)以及相关的动力学参数。以下各节简要介绍卫星大地测量的主要技术手段,其中卫星导航定位技术详见本书第7章,此处从略。

2.6.2 卫星激光测距技术

1. 卫星激光测距原理

卫星激光测距(SLR)的工作原理(参见图 2-23)是记录激光发射时刻 t_s 及经卫星反射后再接收到激光信号的时刻 t_T,利用下式计算测站至卫星的距离。

$$d = \frac{1}{2}c(t_T - t_s) = \frac{1}{2}c\Delta t$$

卫星激光测距仪分为固定式和流动式两类。前者安装在地面的固定测站上,后者可安

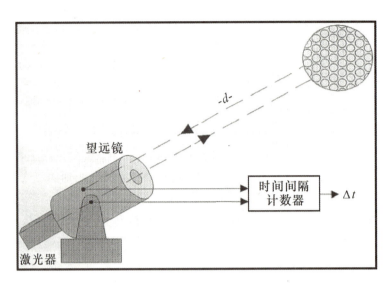

图 2-23　卫星激光测距工作原理

装在车辆上,具有高机动性。两类测距仪的精度大致相同。目前全球共有约 50 个 SLR 站(参见图 2-24),我国有固定式 SLR 站 5 个,流动式 SLR 站 2 台,其观测成果已纳入国际服务局(ISS)的数据中心和分析中心。

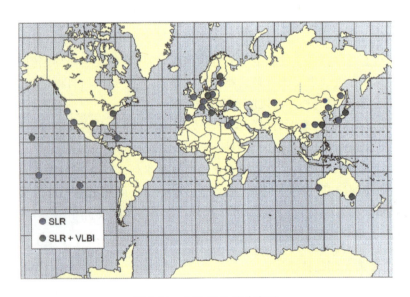

图 2-24　全球 SLR 站分布图

SLR 技术受到本身地面站分布和观测时间的限制,虽然不具有时间和空间分辨率方面的优势,但由于它的精度好,确定卫星位置的可靠性高,因此至今仍是卫星定轨,特别是卫星运行初期定轨的一种极为重要的技术手段。

目前卫星激光测距的精度达到厘米级。全球大部分的地球卫星,特别是较低轨道的精密测地卫星,都采用了 SLR 进行卫星定轨。SLR 属于地面主动式跟踪。

2. 卫星激光测距的应用

(1) 测定测站的地心坐标,建立与维持地球参考框架。利用卫星激光测距技术测定测站三维地心坐标的精度可达到厘米级,且高程测定精度与水平方向的测定精度相近。SLR 技术是空间技术中测定高程精度最高的一种卫星大地测量技术。利用 SLR 技术,还可以精密确定地球质心的位置和地球定向参数及其时间变化,从而建立和维持精确的地球参考框架。

(2) 精确测定地球重力场、大地测量常数及其时间变化。利用不同轨道倾角和高度的激光卫星,可精确确定地球重力场模型,测定地球重力场低阶位系数的季节性变化,测定固体潮参数。目前应用最广的全球卫星重力场模型 JGM3 和 GRIM5 以及全球 360 阶重力场模型 EGM96 均采用了多颗卫星的全球激光测距数据。

利用 SLR 技术可以准确地测定大地测量常数及其时间变化。SLR 技术对确定全球坐标系统有着重大贡献。

2.6.3 卫星测高技术

1. 卫星测高原理

海洋卫星测高的基本原理(参见图 2-25)是:安装在卫星上的雷达测高仪以一定的采样时间间隔通过对海洋表面发射预制波长的窄电磁脉冲来测量测高仪到海面(或冰面)的往返时间,获得瞬时海面高。典型的雷达测高仪的工作频率为 13.5kMHz。20 世纪 80 年代后

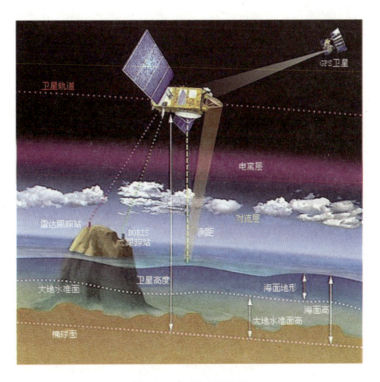

图 2-25 海洋卫星测高

期的 Geosat 测高卫星首次提供了覆盖全球海洋的海平面观测数据,自 1992 年 Topex/Poseidon(T/P)测高卫星发射成功以后,提供了高精度的全球测高数据。目前测高数据经各种改正后,精度可达厘米量级。

2. 卫星测高技术的应用

卫星测高技术是目前研究和监测海洋环流(海面地形)与中尺度海洋现象及其动力环境的重要手段之一,下面简要介绍其应用。

(1) 精确测定平均海面高,实现海洋深度基准的垂向定位。联合多种卫星测高海面高数据可以精确计算测高平均海面高。海洋深度基准面是从当地平均海平面起算的,它距椭球面的高度未知。利用测高数据求得平均海面高,可实现海洋深度基准面的垂向定位,从而建立陆海地形图和不同海域海图之间的联接(或转换关系)。

(2) 确定高分辨率的海洋重力场。卫星测高最初的成果就是确定地球形状及大地水准面,进而反演海洋重力场。联合多种卫星测高数据可以精化全球和局部重力场模型。近年来推出的地球重力场模型如 EGM96 和我国近期完成的中国 2000 似大地水准面(CQG2000)都采用了多种海洋卫星的测高数据。

(3) 反演高分辨率的海洋潮汐模型。历史上的海洋潮汐观测手段主要是沿海岸或岛屿建立验潮站,或在深海海底布设少量的压强记录计来观测和计算海洋潮汐,主要是对近海海洋潮汐的观测与研究。现在,卫星测高数据可以用来反演全球海洋潮汐模型。据初步统计,从 1994 年至今,已有近 50 个全球潮汐模型相继问世。

(4) 监测海平面变化与厄尔尼诺现象。利用海洋测高卫星监测全球和区域性海平面变化是卫星测高应用中的最活跃的领域之一。由上述 T/P 测高卫星的 10 年数据计算的全球海平面变化大约为每年升高 1.8mm。因此,卫星测高技术是获取厄尔尼诺发生的征兆,监测其发展过程的重要技术手段。

此外,利用卫星测高数据,还可以研究和监测其他海洋动力环境,如反演海底压力、海底地形,研究海洋质量的运动、海气相互作用,监测冰面特征等。

2.6.4 其他卫星大地测量技术

1. 星载多普勒定轨定位技术

星载多普勒定轨定位系统(DORIS)是由法国发展起来的卫星跟踪系统(参见图 2-26)。它基于精确测定星载 DORIS 接收机接收来自地面 DORIS 信标机发射的无线电信号的多普勒频移,来进行卫星定轨和地面站位置测定。它是一种双频多普勒定位技术,为卫星主动式跟踪。该系统有较高的卫星定轨与地面定位精度,并具有全天候、全自动和实时数据采集功能。

2. 星载精密测距测速技术

精密测距测速系统(PRARE)是由德国发展起来的双频双程微波卫星跟踪系统(参见图 2-27),其主要功能是精确测定卫星和地面之间的距离(厘米级精度)和距离变化率(亚毫米每秒级精度)。该系统自动地全天候收集数据,并具有星上数据存储和中央数据预处理功能,可进行准实时的数据处理。

图 2-26　DORIS 地面站

图 2-27　PRARE 地面站

2.6.5　甚长基线干涉测量技术

1. 甚长基线干涉测量原理

甚长基线干涉测量(VLBI)的基本原理(参见图 2-28)是在相距甚远(数百至数千千米)的两个测站上,各安置一架射电望远镜(一种口径为几米至上百米的抛物面天线,称为射电天线),同时观测银河外同一射电源信号,分别记录射电微波噪声信号,通过对两个测站所记录的射电信号进行相关处理(干涉),求得同一射电信号波到两个测站的时间差,解算出测站间的距离,称为基线长度。VLBI 是一种纯几何测量手段。一个完整的 VLBI 系统由两个以上观测站和一个数据处理中心组成。

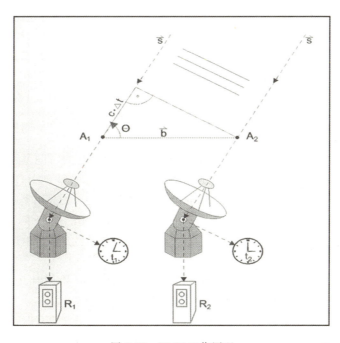
图 2-28　VLBI 工作原理

目前世界上已有 40 余个 VLBI 站(其主要分布参见图 2-29),中国在上海和乌鲁木齐各有一个 VLBI 站,大部分 VLBI 站都纳入了国际 VLBI 服务局(ILS)的数据中心和分析中心。VLBI 可以作为 GPS 和 SLR 地心坐标解算的高级控制(主要指尺度控制),因此也纳入国际地球自转服务局(IERS)的数据处理和分析范围内。虽然 VLBI 不属于卫星测量手段,但它对大地测量具有重要的作用。

图 2-29 全球 VLBI 站分布图

2. 甚长基线干涉测量的应用

VLBI 可以精密测定河外致密射电源的位置,建立天球参考系(惯性参考系);测量宇宙尺度;精密测定地面 VLBI 站的位置,控制全球性地球坐标参考框架的尺度和方位,建立地球参考系;测定地球定向参数,如极移、自转、岁差和章动,确定地球参考系与天球参考系之间的转换参数。此外,还可以精密测定 VLBI 所在地的地球板块运动。

2.7 大地测量的时间基准

大地测量的空间基准是坐标系统和坐标框架,而大地测量的时间基准是时间系统和时间系统框架。任何一种时间系统都必须建立在某个频率基准的基础上,所以时间系统又称为时间频率基准。时间系统框架是在某一区域或全球范围内,通过守时、授时和时间频率测量技术,以实现和维持统一的时间系统。

2.7.1 时间系统

常见的时间系统通常包括世界时、历书时、动力时、原子时、协调时、GPS 时、GLONASS 时、Galileo 时等,下面仅对世界时、原子时、协调时作一简要介绍。

1. 世界时

世界时(Universal Time,UT)以地球自转周期为基准,在 1960 年以前一直作为国际时间基准。由于地球的自转,太阳必然会周期性地经过地球上空。太阳连续两次经过某条子午线的平均时间间隔称为一个平太阳日,以此为基准的时间称为平太阳时。英国格林尼治从午夜起算的平太阳时称为世界时(UT),一个平太阳日的 1/86400 规定为一个世界时秒。地球除了绕轴自转之外,还有绕太阳的公转运动,所以一个平太阳日并不等于地球自转一周的时间。

世界时既然以地球自转周期为计时基准,那么地球自转轴在地球体内位置的变化(即极移)和地球自转速度的不均匀就会对世界时产生影响。目前所采用的世界时都是已经对上述影响进行了改正后的值。

2. 原子时

原子时(Atomic Times,AT)以位于海平面的铯(^{133}Cs)原子内部两个超精细结构能级跃迁辐射的电磁波周期为基准,从 1958 年 1 月 1 日世界的零时开始启用。铯束频标的 9 192 631 770 个周期持续的时间为一个原子时秒,86 400 个原子时秒定义为一个原子时日。由于铯原子内部能级跃迁所发射或吸收的电磁波频率极为稳定,比以地球转动为基础的计时基准更为均匀,因而得到了广泛应用。

虽然原子时比以往任何一种时间尺度都精确,但它仍含有某些不稳定因素需要修正。国际原子时尺度并不是由一个具体的时钟产生的,它是一个以多个原子钟读数为基础的平均的时间尺度。目前由分布在欧洲、澳大利亚、美洲和日本等地的约 100 台原子钟,以不同的权值参加国际原子时的计算,它们每天通过罗兰-C 和电视脉冲信号进行相互比对,并且不定期地采用搬运原子钟的方法,彼此进行对比。

3. 协调时

协调时(Universal Time Coordinated,UTC)是把原子时的秒长和世界时的时刻结合起来的一种时间。协调时并不是一种独立的时间,而是一种时间服务的"工作钟"。它既可以满足人们对均匀时间间隔的要求,又可以满足人们对以地球自转为基础的准确世界时时刻的要求。协调时的定义是它的秒长严格地等于原子时秒长,采用整数调秒的方法使协调时与世界时之差保持在 0.9s 之内。

2.7.2 时间系统框架

类似于"大地测量参考框架是大地测量系统的实现",时间系统框架是时间系统的实现。描述一个时间系统框架通常需要涉及以下四个方面的内容:(1)采用的时间频率基准;(2)守时系统;(3)授时系统;(4)覆盖范围(区域或全球)。

1. 时间频率基准

时间系统决定了时间系统框架采用的时间频率基准。不同的时间频率基准,其建立和维护方法不同。历书时是通过观测月球来维护;动力学时是通过观测行星来维护;原子时是由分布于不同地点的一组原子频标来建立,通过时间频率测量和比对的方法来维护。

2. 守时系统

守时系统用于建立和维持时间频率基准,确定时刻。为保证守时的连续性,不论是哪种类型的时间系统,都需要稳定的频率基准。

守时系统还通过时间频率测量和比对技术,评价系统内不同框架点时钟的稳定度和精确度。习惯上把不稳定性称为稳定度。例如,国际原子时的稳定度为 3×10^{-15},就是指国际原子时在取样时间内的不稳定性。

3. 授时系统

授时系统主要是向用户授时和时间服务。授时和时间服务可通过电话、无线电、电视、专用(长波和短波)电台、网络、卫星等设施和系统进行。这些设施和系统具有不同的传递精度,以满足不同用户的需要。例如长波(罗兰-C)和短波电台发播是为传递时间频率信号(用于导航、定位)而专设的,我国已由中国科学院国家授时中心(原陕西天文台)及海军承担。我国的"北斗"卫星导航定位系统就附加了授时功能。卫星导航定位系统(GPS、GLONASS、Galileo 系统)已成为当前高精度长距离时间频率传递的最主要技术手段。

20世纪90年代美国全球卫星定位系统(GPS)广泛使用以来,通过与GPS信号的比对来校验本地时间频率标准或测量仪器的情况越来越普遍,原有的计量传递系统的作用相对减少。目前除 GPS 系统外,这种标准时间频率信号发播系统还有罗兰-C 系统,我国有短波 BPM(2.5,5.0,10.0,15.0MHz)和长波 BPL(100kHz)授时系统,"北斗一号"卫星导航定位系统,以及电视和电话系统等。每种手段既有一定局限性,又可互相替补,既起着时间频率基准的作用,又是实用的信息载体,其"服务"概念远超过了"计量"范围。

2.8 我国近五十年大地测量的进展

2.8.1 20 世纪 50~70 年代

1. 1954 北京坐标系统和我国天文大地网

1954 年,由于缺乏天文大地网观测资料,我国暂时采用了克拉索夫斯基椭球,并与前苏联 1942 年坐标系统进行联测,通过计算建立了我国大地坐标系统,称为 1954 北京坐标系统。

我国的天文大地网于 1951 年开始布设。首先从北京出发向东部沿海地区推进,然后转向中部、东北、西南和西北。当连续三角锁于 1959 年延伸到青藏高原时,限于自然条件,改为布设电磁波导线。到 1962 年,除西部某些经济欠发达地区因不急需二等网而暂未布设外,其余地区的一、二等锁网已基本完成。之后,又继续作了局部补测、修测和加密测量,全部工作于 1975 年完成。

从 1951 年到 1975 年共 25 年间建立起来的中国天文大地网(参见图 2-9),一等三角锁系由 5 206 个三角点组成,构成 326 个锁段,这些锁段形成 120 个锁环,全长 75 000km。二等三角锁网由 14 149 个三角点组成,二等三角全面网由 19 329 个三角点组成。青藏高原导线,一等导线 22 条,全长约 12 400km,含 426 个导线点;二等导线 48 条,全长约 6 800km,含 400 个导线点。

从大地测量发展史来看,我国天文大地网规模之大、网形之佳和质量之优,在当时的世界大地测量中是非常突出的。

2. 全国第一期水准网和 1956 黄海高程基准

我国第一期水准网开始于 1951 年,到 1976 年基本完成。共完成一等水准测量线路约 60 000km,二等水准 130 000km,构成了基本覆盖我国大陆和海南岛的一、二等水准网。1957 年,建成 1956 黄海高程基准。一期水准网的起算高程采用 1956 黄海高程基准。

3. 1957 重力基本网

1957 年,在全国范围内建立了第一个国家重力控制网,它由 21 个基本点和 82 个一等点组成,称为 1957 重力基本网。该网与前苏联的三个重力基本点联测,属波茨坦重力系统。

4. 第一代全国似大地水准面

20世纪50～70年代，采用天文重力水准和天文水准技术，建立了我国1954北京坐标系统下的我国第一代似大地水准面CLQG60，满足了当时天文大地网地面观测数据归算到参考椭球面的需要。80年代初曾将CLQG60转换到我国1980西安坐标系统。

5. 珠穆朗玛峰海拔高程第一次精确测定

1975年我国对世界最高峰——珠穆朗玛峰的高程进行了测定（参见图2-30）。这年的5月27日，我国首次将测量觇标立于珠峰之巅。在以珠峰北坡为中心的扇形区域内，进行了三角测量、导线测量、水准测量、三角高程测量、重力测量、天文观测和探空气象测量，从而算得从我国黄海平均海面起算的珠峰峰顶雪面海拔高程为8 849.05m，珠峰峰顶岩面海拔高程为8 848.13m。

图2-30 1975年我国珠峰高程测定

2.8.2 20世纪80年代

1. 天文大地网平差与1980西安坐标系统

中国天文大地网近5万个点的整体平差从1972年开始，到1982年完成。平差计算采用两种不同的方法分别在不同的计算机上进行对算，这两种平差的最后结果在计算精度范围内一致。

1980西安坐标系统的大地原点位于西安市北60km处的泾阳县永乐镇，称为西安大地原点（参见图2-31）。

图2-31 西安大地原点

2. 1985国家高程基准与国家第二期水准控制网

1985年建成1985国家高程基准。并与1981年开始着手国家一等水准网加密和二等水准网的布设和观测工作，到1991年8月完成了全部外业观测和内业数据处理工作，从而建立起我国新一代高程控制网的骨干和全面基础。至此，国家一等水准网共布设289条路线，总长度

53

93 360km,共埋设固定水准标石 2 万多座。国家二等水准网共布设 1 139 条路线,总长度 136 368km,共埋设固定水准标石 33 000 多座。起算高程采用 1985 国家高程基准。

3. 1985 国家重力基本网

1985 国家重力基本网从 1981 年开始建设。这一年,我国的基准重力点是利用意大利的 IMGC 绝对重力仪施测绝对重力点。基本重力点用 LCR 相对重力仪测量。大规模的建网工作从 1983 年开始。重力基本网包括 6 个基准点、46 个基本点和 5 个引点,共计 57 个点。网中北京、上海等点与东京、京都、巴黎、香港等重力点联测,因此,1985 国家重力基本网属 1971 年国际重力基准网(IGSN-71)系统。自 1987 年起,我国正式以该网作为我国重力测量基准。

2.8.3 20 世纪 90 年代

1. 国家 GPS A 级和 B 级网

中国国家 A 级和 B 级 GPS 大地控制网分别于 1996 年和 1997 年建成并先后交付使用,这标志着我国空间大地网的建设已进入一个新阶段。它不仅在精度方面比以往的全国性大地控制网大致提高了两个量级,而且其 3 维地心坐标框架建立在有严格动态定义的先进的国际公认的 ITRF 框架之内。

中国国家 A 级和 B 级 GPS 大地控制网分别由 30 个点和 800 个点构成。国家 A 级和 B 级 GPS 大地控制网的点位均用水准进行了高程联测。

2. 国家第二期一等水准网的复测

从 1991 年开始,以更高的精度对国家一等水准网进行了复测,完成 273 条线路,总长 9.4 万 km,构成了 99 个闭合环。

3. 我国的地球重力场模型

国家在"六五"和"七五"计划期间,利用我国实测重力数据和全球 $1°×1°$ 平均重力异常数据,研制了适于我国的全球重力场模型,即 DQM77(22 阶次),DQM84 序列(36 阶次和 50 阶次)和 WDM89(180 阶次)。其中的 WDM89 得到了分辨率为 100km 的大地水准面模型。

20 世纪 90 年代初利用包括我国重力数据在内的全球 $30'×30'$ 平均空间重力异常,研制成有较高分辨率和精度的 WDM94(360 阶)全球重力场模型。

2.8.4 2000 年以来

1. 2000 国家似大地水准面

利用已经建立的国家高精度 GPS A 级和 B 级网提供的 GPS 水准数据和 75 万个地面实测重力值,同时利用了不同卫星的多期测高数据,我国于 2000 年完成了 2000 国家似大地水准面 CQG2000(参见图 2-32)的计算。它的范围覆盖了包括海域在内的全部中国国土,格网分辨率达 $5'×5'$,经内部和外部检核,精度达到了 $±(30～60)$cm。

2. 2000 国家重力基本网

2002 年完成了 2000 国家重力基本网的施测和计算。它是我国新的重力基准和重力测量参考框架。

2000 国家重力基本网(参见图 2-33)由 259 重力点组成。其中重力基准点 21 个。2000 国家重力基本网的精度为 $±(7～8)×10^{-8}$ m·s^{-2}。

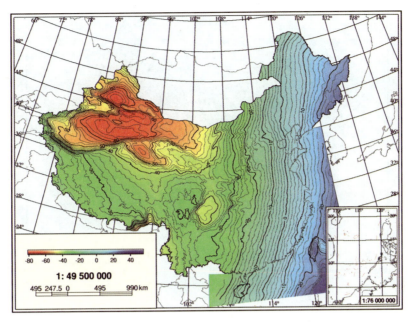

图 2-32　2000 中国似大地水准面

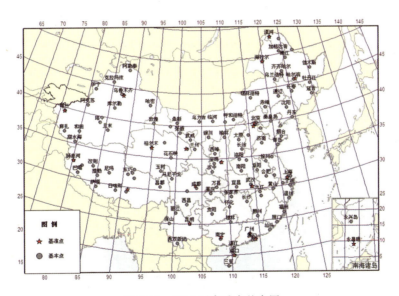

图 2-33　2000 国家重力基本网

3. 2000 国家 GPS 网

2003 年完成了 2000 国家 GPS 网的计算。2000 国家 GPS 网(参见图 2-34)包括了国家测绘局建设的国家高精度 GPS A、B 级网,总参测绘局建设的全国 GPS 一、二级网和中国地壳监测网络工程中的 GPS 基准网、基本网和区域网。2000 国家 GPS 网共有 28 个 GPS 连续运行站,2 518 个 GPS 网点,相对精度为 10^{-7}。

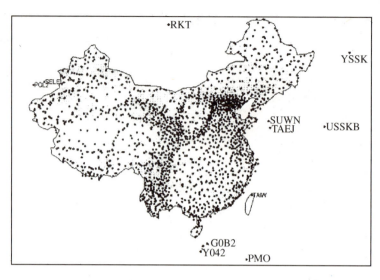

图 2-34　2000 国家 GPS 网

4. 天文大地网和 2000 国家 GPS 网联合平差

平差计算后得到天文大地网近五万点的三维坐标,精度约为 ±0.1m,使我国提供三维坐标的服务水平得到了进一步的提高。

5. 2005 年我国对珠峰高程进行了新的精确测定

除了采用在 1975 年珠峰测高中的经典大地测量技术外,还采用了 GPS、激光测距和雷达测深等现代技术,测得珠峰峰顶雪面海拔高程为 8 847.93m,峰顶雪深为 3.50m(参见图 2-35),由此得到珠峰峰顶岩面海拔高程为 8 844.43m。

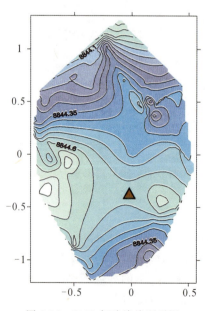

图 2-35　2005 年珠峰峰顶雪深

思 考 题

1. 大地测量学的基本任务是什么?
2. 现代大地测量学有哪些主要特点和基本内容?
3. 大地测量坐标系统有哪几种? 它们相应的主要几何特点是什么?
4. 简要地回顾一下我国近五十年来大地测量的进展。
5. 试对世界时、原子时和协调时的定义作一概括。

参 考 文 献

[1] 中华人民共和国测绘法. 北京:测绘出版社,2002.
[2] 测绘学名词审定委员会测绘学名词. 第2版. 北京:科学出版社,2002.
[3] 陈俊勇. 永久性潮汐与大地测量基准. 测绘学报,2000,29(1):12-16.
[4] 陈俊勇,魏子卿,胡建国,等. 迈入新千年的大地测量学. 测绘学报,2000,29(1),29(2).
[5] 陈俊勇,文汉江,程鹏飞. 中国大地测量学发展的若干问题. 武汉大学学报:信息科学版,2001,26(6).
[6] 暴景阳,章传银. 关于海洋垂直基准的讨论. 测绘通报,2001(6).
[7] 管泽霖,管铮,黄谟涛,翟国君. 局部重力场逼近理论和方法. 北京:测绘出版社,1997.
[8] 管泽霖,管铮,翟国君. 海面地形与高程基准. 北京:测绘出版社,1996.
[9] 郭俊义. 物理大地测量学基础. 武汉:武汉测绘科技大学出版社,1994.
[10] 胡明城,鲁福. 现代大地测量学(上、下册). 北京:测绘出版社,1993,1994.
[11] 孔祥元,郭际明,刘宗泉. 大地测量学基础. 武汉:武汉大学出版社,2001.
[12] 李建成,陈俊勇,宁津生,晁定波. 地球重力场逼近理论与中国2000似大地水准面的确定. 武汉:武汉大学出版社,2003.
[13] 李毓麟,刘经南,葛茂荣,等. 中国国家A级GPS网的数据处理和精度评估. 测绘学报,1996,25(2).
[14] 宁津生,邱卫根,陶本藻. 地球重力场模型理论. 武汉:武汉测绘科技大学出版社,1990.
[15] 宁津生,李建成,晁定波,等. WDM94 360阶地球重力场模型研究. 武汉测绘科技大学学报,1994,19(4).
[16] 朱亮. 珠穆朗玛峰高程测定. 中国科学,1976,19(2).
[17] 陈俊勇,岳建利,郭春喜,等. 2005珠峰高程测定的技术进展. 中国科学,2006,36(3).
[18] 曹顶江. 时间自然基准的建立、发展及现状. 安徽教育学院学报,2002(6).
[19] 管仲成. 空间用原子频率标准. 空间电子技术,1999(4)
[20] 秦运柏. 时间频率的高准确度测量方法. 宇航计测技术,2002(1).
[21] 王义遒. 建设我国独立自主时间频率系统的思考. 宇航计测技术,2004(1).

[22] 海斯卡涅 WA，莫里兹 H. 物理大地测量学. 中译版. 北京：测绘出版社，1979.

[23] Balasubramania N. Definition and Realization of a Global Vertical Datum. Department of Geodetic Science & Surveying, Ohio State University Report，1994，No. 427，1-112.

[24] Boucher C，Altamimi Z. International Terrestrial Reference Frame. GPS World，September 1996.

[25] Moritz H. Geodetic Reference System 1980. Bulletin Geodesique，1980，54(3)：395-405.

[26] Rummel R. Satellite Altimetry in Geodesy and Oceanography. Berlin Heidelberg：Springer-Verlag，1993.

第 3 章 摄影测量学

3.1 概 述

3.1.1 由普通测量理解摄影测量

通过"摄影"进行"测量"就是摄影测量,具体而言,就是通过量测摄影所获得的"影像",获取空间物体的几何信息。它的基本原理来自测量的交会方法(如图 3-1 所示)。在空间物体前面的两个已知位置(称为测站,为方便起见,假定这两个点位于同一水平面上)放置经纬仪,分别在测站 1、2 照准物体同一个点(A),测定它们的水平角、垂直角,这样就可以根据测站的已知坐标($X_1, Y_1, Z_1; X_2, Y_2, Z_2$)与测得的水平角、垂直角($\alpha_1, \beta_1; \alpha_2, \beta_2$),求得未知点 A 的坐标(X, Y, Z)。(其实它就是平面三角中的两角(α_1、α_2)夹一边($\overline{12}$)问题。)

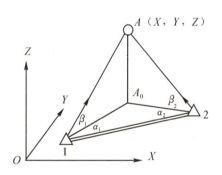

图 3-1 测量学中用经纬仪进行前方交会测定目标点原理

而摄影测量则是在物体前的两个已知位置(称为摄站)用摄影机摄取两张影像(图 3-2(a));左影像(图 3-2(b))与右影像(图 3-2(c)),然后在室内利用摄影测量仪器量测定左、右影像上的同名点(空间同一个点在左、右影像上的像点称为同名点):a_1、a_2 的影像坐标($x_1, y_1; x_2, y_2$),交会得到空间点 A 的空间坐标(X, Y, Z)。

摄影测量的前方交会原理如图 3-3 所示,S_1、S_2 为左、右摄站,p_1、p_2 为摄取的左、右影像,a_1、a_2 为左、右影像上的同名点。通过像点(如 a_1)能获得摄影光线 S_1a_1 的水平角 α、垂直角 β。因此它与经纬仪一样,利用两张影像获得的直线 S_1a_1 与 S_2a_2 也交会空间点 $A(X, Y, Z)$。

(a) 摄影

(b) 左影像

(c) 右影像

图 3-2

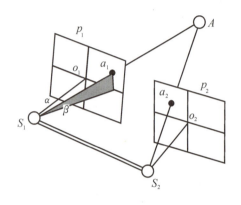

图 3-3 摄影测量的交会

由于左、右影像是同一个空间物体的投影，因此利用影像上任意一对同名点都能交会得到一个对应空间点，例如图 3-2 中对 b_1、b_2 点进行量测、交会，也能得到空间点 B 的坐标。因此，摄影测量不仅仅可以测量一个空间的点，而且能利用影像重建空间的三维物体的模型。一般而言测量是逐"点"的测量，而摄影测量是"面"（影像）的测量。摄影测量可利用在不同位置对同一物体摄取的多张影像（至少两张影像）构建物体的三维模型，人们就能在室内（而不是在实地）对三维模型（而不是对实物）进行测量。

3.1.2 由人的双眼理解摄影测量

眼睛是人们通过影像来观测他周围环境与物体的感知器官。人的眼睛与照相机一样（如图 3-4 所示），它通过晶体（相当于摄影机的物镜）将空间物体成像在视网膜上（相当于数码照相机的 CCD 芯片），然后由视神经传递给大脑。

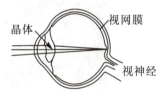

图 3-4 人的眼睛

人（包括动物）多有两只眼睛（双眼），人们也非常习惯于用两只眼睛同时观察物体。但是，人的左、右眼睛所看到的物体是"不一样"的，这可以用手指进行一个非常简单的试验。将我们的左、右手分别前、后放在眼前（图 3-5(a)），先闭上"右眼"，得到左眼看到左、右手指的图像（图 3-5(b)），然后闭上"左眼"，得到右眼看到左、右手指的图像（图 3-5(c)）。比较图 3-5(b) 与图 3-5(c)，发现左、右手指的相对关系不一样。左眼看到的是：右手指在左手指的左边；而右眼看到的是：右手指在左手指的右边。若以左像、左手指为准，右像上的右手指相对于左手指产生了"向右的移位"，这种移位在客观上反映了左、右手指在空间的前、后（深度）差异。

正是这种差异（在摄影测量中称为"左右视差较"）构建了摄影测量的基础，即从不同的角度所获得的影像是不一样的。图 3-6 所示的是一对古墓的左、右影像，称为一个"立体像对"。相对于左边影像而言，右边影像有的部分变"宽"、有的部分变"窄"、有的部分变"少"。

(a) 观测前、后放置的双手　　　(b) 左眼的观测结果　　　(c) 右眼的观测结果

图 3-5　人的双眼观测前、后放置的双手

所有这些"不同",都是由于不同视点的影像之间的"移位"产生。摄影测量就是利用立体像对的影像之间的移位构建立体模型,进行测量。

图 3-6　一个古墓的立体像对

图 3-7 所示为一个围水边坡(大坝)的影像,经过摄像获得多个立体像对,测定大量的点,生成所谓的"点云",构建的围水边坡的三维几何模型。我们可以从不同的角度(不同的视点)对三维几何模型进行观测(图 3-7 所示的是由左、中、右三个视点观察的大坝)。

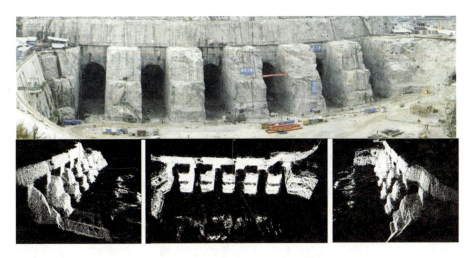

图 3-7　大坝的影像(由左、中、右三面观测的三维模型)

3.1.3 摄影测量的分类

根据对地面获取影像时摄影机安放的位置不同(分别为高空、中空与地面),摄影测量可以分为航空摄影测量、航天摄影测量与地面(近景)摄影测量。其分类可用图 3-8 表示。

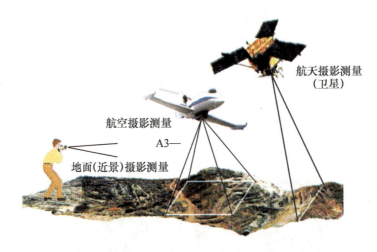

图 3-8　航空、航天、近景摄影测量

摄影测量主要的摄影对象是地球表面,用来测绘国家各种基本比例尺的地形图,为各种地理信息系统与土地信息系统提供基础数据。

1. **航空摄影测量**

航空摄影测量是将摄影机安装在飞机上,对地面摄影,这是摄影测量最常用的方法。图 3-9 表示航空摄影的原理[Konecny,1984]。摄影时,飞机沿预先设定的航线进行摄影,相邻影像之间必须保持一定的重叠度(称为航向重叠),一般应大于 60%,互相重叠部分构成立体像对。完成一条航线的摄影后,飞机进入另一条航线进行摄影,相邻航线影像之间也必须有一定的重叠度(称为旁向重叠),一般应大于 20%。

 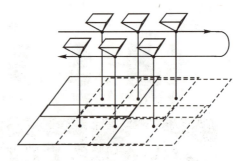

图 3-9　航空摄影的原理图

利用航空摄影测绘地形图,比例尺一般为 1∶5 万、1∶1 万、1∶5000、1∶2000、1∶1000、1∶500 等。其中,1∶5 万、1∶1 万为国家、省级基本地形图,它们常用于大型工程

(如水利、水电、铁路、公路)的初步勘测设计;1∶2000、1∶1000、1∶500 主要应用于城镇的规划、土地和房产管理;1∶5000、1∶2000 一般为大型工程设计用图。

航空摄影测量所用的是一种专门的大幅面的摄影机,称为航空摄影机,影像幅面一般为 230mm×230mm,图 3-10 就是一台应用胶片的常规的光学航空摄影机。21 世纪以来,大幅面的数码航空摄影机开始得到广泛的应用,图 3-11 为数码航空摄影机 UCX 和测绘研究院研制的 SWDC-4。随着数码技术与数字摄影测量的发展,大幅面的数码航空摄影机将逐步替代传统的光学航空摄影机。

图 3-10　光学航空摄影机

图 3-11　数码航空摄影机

2. 航天摄影测量

随着航天、卫星、遥感技术的发展而发展的摄影测量技术,将摄影机(称为传感器)安装在卫星上,对地面进行摄影。特别是近年来高分辨率卫星影像的成功应用,它已经成为国家基本图测图、城市、土地规划的重要数据源。

用于航空、地面摄影的摄影机一般多为框幅式的(frame camera),如图 3-12(a)所示,每次摄影都能得到一帧影像;但是在卫星上应用的多数是由 CCD 组成的线阵摄影机,如图 3-12(b)所示(Mikhail E.M 等,2001),即每一次只能得到一行影像。目前常用的卫星影像及其相应的测图与地图更新比例尺见表 3-1(李德仁,2004)。

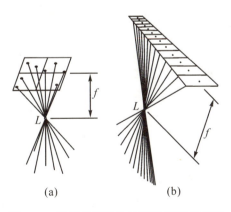
图 3-12　框幅式摄影机与线阵 CCD 摄影机

表 3-1　　　　　　　　　常用卫星影像及其相应的测图与地图更新比例尺

卫星名	地面分辨率	测图比例尺	地图更新比例尺
Landsat 7 ETM	15m/30m	1∶10万～1∶25万	1∶5万～1∶10万
SPOT 1-4	10m/20m	1∶10万	1∶5万
SPOT 5	2.5～5m/10m	1∶5万	1∶2.5万
Ikonos II	1m/4m	1∶1万	1∶5000
Quickbird	0.6m/2.4m	1∶5000～1∶1万	1∶5000

高分辨率卫星影像为我们提供了大量的清晰图像，图 3-13 是由离地球 680km 高空获得的上海东方明珠塔 Ikonos 卫星影像，图 3-14 是由离地球 450km 高空获得的台北故宫 Quickbird 卫星影像。这两种高分辨率的卫星影像已被广泛应用于我国城市规划的各个部门。

图 3-13　上海东方明珠塔 Ikonos 卫星影像　　　　图 3-14　台北故宫 Quickbird 卫星影像

3. 地面(近景)摄影测量

地面(近景)摄影测量是将摄影机安置在地面上进行测量。地面摄影测量既可以利用测量专用的摄影机(称为量测摄影机)进行(图3-15所示为专用于地面摄影的量测摄影机 P31)，也可以利用一般的摄影机(称为非量测摄影机)进行。地面摄影测量可以用来测绘地形图，也可以用于工程测量。图 3-16(a)所示为土方开挖摄影的一个立体像对，图 3-16(b)所示为由此所得数字表面模型(DSM)。

一切用于非地形测量为目标的摄影测量均称为近景摄影测量，它的应用范围很宽，例如工业、建筑、考古、医学测量等。图 3-17 所示为工业零件测量。它是将工业零件置于一个旋转平台上，在计算机控制下，平台一边旋转，CCD 摄像机同时对工业零件进行摄影，获得一个"序列影像"，然后用计算机对它们进行摄影测量处理。图 3-18 为古建筑测量。

图 3-15　地面摄影机 P31

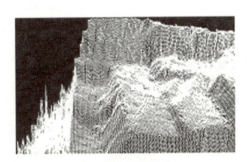

(a) 土方开挖的立体像对　　　　　　　　(b) 数字表面模型

图 3-16

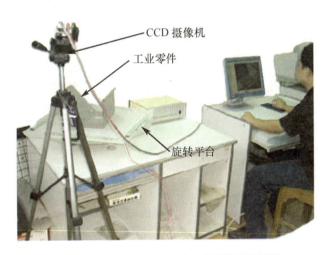

图 3-17　通过 CCD 相机对工业零件进行测量

图 3-18　古建筑测量

3.1.4 摄影测量的三个发展阶段

若从 1839 年尼普斯和达意尔发明摄影术算起,摄影测量学(Photogrammetry)已有 160 多年的历史。1851~1859 年法国陆军上校劳赛达特提出的交会摄影测量,被称为摄影测量学的真正起点。

从空中拍摄地面的照片,最早是 1858 年纳达在气球上进行的。1903 年莱特兄弟发明了飞机,使航空摄影测量成为可能。第一次世界大战期间第一台航空摄影机问世。由于航空摄影比地面摄影具有明显的优越性(如视野开阔、快速获得大面积地区的像片等),航空摄影测量成为 20 世纪以来大面积测制地形图最有效的快速方法。从 30 年代到 70 年代,主要测量仪器工厂所研制和生产的各种类型模拟测图仪器多数是针对航空地形摄影测量。

随着电子计算机的问世,出现了始于 20 世纪 50 年代末的解析空中三角测量(精确测定点位空间三维坐标的摄影测量方法)和解析测图仪与计算机控制的正射投影仪。1957 年,海拉瓦博士提出了利用电子计算机进行解析测图的思想,限于当时计算机的发展水平,解析测图仪经历了近二十年的研制和试用阶段。到了 70 年代中期,电子计算机技术的发展使解析测图仪进入商用阶段,在摄影测量生产中得到广泛的应用。

进入 80 年代,随着计算机的进一步发展,摄影测量的全数字化、完全计算机化、数字摄影测量系统开始研究与发展。进入 90 年代,数字摄影测量系统(主要是工作站)进入实用化阶段。90 年代末数字摄影测量系统开始全面替代传统的摄影测量仪器,摄影测量生产真正步入了全数字化时代。

因此,摄影测量的发展经历了模拟、解析和数字摄影测量三个阶段。三个发展阶段可以用图 3-19 所示的三种典型摄影测量仪器表示。图 3-19(a)为模拟测图仪,它完全依赖于精密的光学机械、结构非常复杂的摄影测量仪器;图 3-19(b)为解析测图仪,此时计算机开始进入摄影测量,它是基于精密的光学机械与计算机的摄影测量仪器;图 3-19(c)为数字摄影测量工作站(digital photogrammetric Workstation,DPW),它是完全没有光学机械、全数字化的摄影测量系统。

(a) 模拟测图仪 A8　　(b) 解析测图仪　　(c) 数字摄影测量系统

图 3-19　摄影测量三个发展阶段的三种典型仪器

值得指出的是,早在 1978 年底,原武汉测绘科技大学名誉校长、中科院资深院士王之卓先生就提出了"全数字自动化测图系统"的研究方案,并开始了数字摄影测量系统的研究,比国际上提出类似方案还要早 3～4 年。目前,由我国研制的数字摄影测量系统 VirtuoZo(武汉大学遥感信息工程学院)与 JX-4A(中国测绘科学研究院)已在我国摄影测量中大规模用于生产,并在国际上得到了认可。随着计算机的发展,数字摄影测量正在进入以网络、集群处理为基础的数字摄影测量网格(DPGrid)时代。

3.1.5 摄影测量的两个基本组成部分

摄影测量虽然已经完全进入数字摄影测量时代,但是不管摄影测量如何发展,摄影测量所要解决的基本问题只有两个:

(1) 被量测的点。在两张(或多张)影像上必须是空间物体上同一个点,即同名点,否则就不能实现正确的交会。在模拟、解析摄影测量时代,这一个要求是由作业员的双眼完成的,并没有列为摄影测量的内容。进入数字摄影测量时代,由计算机自动识别、测定同名点,成为摄影测量的一个重要内容,也是提高摄影测量自动化效率,拓展摄影测量应用领域的关键。

(2) 如何恢复影像在摄影瞬间的方位。由影像上的像点坐标确定对应点的空间坐标,即建立影像与空间物体之间的几何或解析关系,自始至终是摄影测量的主要内容。在模拟摄影测量时代,它由精密的光学—机械模拟实现"影像与空间物体"之间的几何关系。进入解析、数字摄影测量时代,则由计算机实现影像与空间物体之间的解析关系。随着计算机自动提取特征、自动识别、测定同名点等理论和方法进入摄影测量,摄影测量解析关系也得到了拓展。

3.2 摄影测量的一些基本原理

本节首先在理论上回答手指试验的道理(3.2.1);然后介绍影像与地图的关系(3.2.2)。

为测定空间点的坐标,摄影测量的首要任务是恢复影像的方位。那么,影像的方位是什么呢? 影像的方位元素分为两部分,即摄影机内部的方位元素与摄影时摄影的外部的方位元素。3.2.3 介绍摄影的内方位元素,3.2.4 介绍影像的外方位元素,3.2.5 介绍在已知影像的方位元素的情况下,怎样描述影像与空间物体的关系,即共线方程。

3.2.6 介绍摄影测量的一个重要方法:立体观测方法。

3.2.1 影像与物体的基本关系

用手指试验可以分析影像与物体的基本关系。图 3-20 为手指试验的一个概念化图形,左、右手指 A、C 在左、右视网膜(影像)的成像为 a_1、c_1;a_2、c_2。

B 为眼睛(摄影机)之间的距离——(眼)基线;

f 为焦距——物镜中心 S_1、S_2 到影像的垂直距离;

H_A、H_C 为深度(航空摄影测量中称为"航高")——手指到眼基线的距离。

通过 S_2 作 S_1a_1 的平行线,则由图中两个相似三角形可得点 A 的深度与像点的关系:

$$H_A = f \cdot \frac{B}{x'_a - x''_a} = f \cdot \frac{B}{p_a} \tag{3-1}$$

其中 p_a 为 A 点的左右视差 $p_a = x'_a - x''_a$。按上式,像点的左右视差与深度成反比,左右视差大、则深度小,离眼睛近。已知深度 H_A,则由简单的相似三角形,可得空间点 A 的空间坐标(图中,Y 方向没有标出):

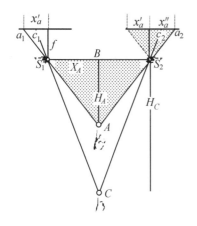

图 3-20 像点与空间的关系

$$X_A = x_a' \cdot \frac{H_A}{f}, \qquad Y_A = y_a' \cdot \frac{H_A}{f}$$

上述一组简单的关系式,描述了影像的像点坐标与空间位置坐标的关系。

同理可得 C 的深度:

$$H_B = f \cdot \frac{B}{x_c' - x_c''} = f \cdot \frac{B}{p_c}$$

将 A、C 两点的深度相减,可得它们之间的深度差(高差):

$$h = H_A - H_C = fB \cdot \frac{p_c - p_a}{p_c \cdot p_a} = fB \cdot \frac{\Delta p}{p_c \cdot p_a}$$

即

$$h \approx H \cdot \frac{\Delta p}{p}$$

Δp 称为左右视差较。空间两点的左右视差较反映了它们的深度差(高差)。高差与左右视差较成正比,这就是为什么空间左、右手指的"前、后"之差,在左、右眼睛中反映为"左、右"的移位。这是"摄影测量"与"计算机立体视觉"的基本依据。

3.2.2 影像与地图的关系

摄影测量的主要目的之一是测绘地形图,显然影像与地形图之间一定存在着密切的关系。事实上,影像是物体的中心投影(如图 3-21 所示),而地图是地面在水平面上垂直(正射)投影的缩小,两者是不同的。由此也可以认为,摄影测量是研究由中心投影(影像)转换为正射投影(地图)、投影变换的科学与技术。

1. 影像图

航空摄影测量中,摄影机在空中对地面摄影,摄影机离地面的高度称为航高 H,当地面水平、影像水平(摄影机主光轴垂直于地面)(如图 3-21(a)所示)时,影像就相当于地图。但是,地图用线画表示,而摄影测量由影像表示的图称为影像图,此时影像图的比例尺为:

$$1 : m = \frac{f}{H} \tag{3-2}$$

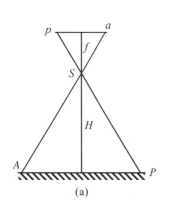
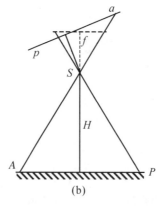
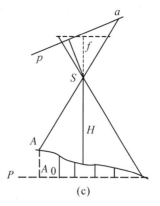

图 3-21 航空摄影时影像与地面的关系

但是,当地面水平(平坦地区)、影像不水平(即主光轴不垂直于水平面)时,如图 3-21(b)所示,就不能将影像视为影像图,只有通过纠正,即将倾斜影像变换为水平影像,才能使它成为影像图;如果地面也不水平(地形有起伏),如图 3-21(c)所示,这时只有通过正射纠正才能将影像变换为影像图。

2. 纠正仪、正射纠正仪

图 3-22 为纠正仪(属模拟摄影测量仪器),用于将平坦地区的影像纠正为影像图。图 3-23 为正射投影仪(属解析摄影测量仪器),用于将不平坦地区(丘陵地区、山区)的影像进行正射纠正为影像图,它又称为正射影像图(DOM)。

图 3-22　纠正仪

图 3-23　正射投影仪

在当今数字摄影测量时代,纠正、正射纠正都直接由计算机的软件实现。

3.2.3　摄影机的内方位元素

从摄影机成像几何的观点,我们可以将一个摄影机理解为一个四棱锥体,其顶点就是摄影机物镜的中心 S,其底面就是摄影机的成像平面(影像),如图 3-24 所示。

摄影中心到成像面的距离,称摄影机的焦距 f。摄影中心到成像面的垂足 O,称为像主点,SO 称为摄影机的主光轴。主点离影像中心点的距离 x_0、y_0 确定了像主点在影像上的位置。f、x_0、y_0 为摄影机的内方位元素。

摄影机的内方位元素就是摄影机的内部的方位元素,它与摄影时,摄影机的位置、姿态无关。如图中摄影机倾斜时,摄影机的内方位元素不变。

内方位元素可以通过摄影机检校(计算机视觉中称为标定)获得。测量专用的摄影机在出厂前由工厂对摄影机进行检校,其内方位元素是已知的,则称为量测摄影机,否则称为非量测摄影机。

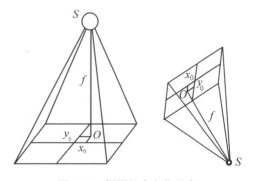
图 3-24　摄影机内方位元素

由于在加工、安装过程中,摄影机的物镜存在一定的误差,使空间平面上直线的影像不是直线,空间一个矩形,其影像不是矩形,这种误差称为物镜的畸变差,如图 3-25(a)所示。

用于测量的摄影机,检校时必须同时测定畸变差参数。一般量测摄影机的畸变差较小,非量测摄影机的畸变差较大。如图 3-25(b)未经畸变差改正的原始影像,水平线发生弯曲;图 3-25(c)经过畸变差改正,水平线弯曲得到明显的改善。

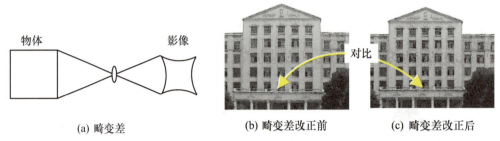

(a) 畸变差　　　　　(b) 畸变差改正前　　　　(c) 畸变差改正后

图 3-25　摄影机物镜的畸变差

3.2.4　摄影机的外方位元素

摄影机内方位元素只能确定摄影光线(如图 3-26 的 Sa)在摄影机内部的方位 α、β,但是它不能确定投影光线 Sa 在物方空间的位置。欲确定投影光线 Sa 在物方空间的位置,就必须确定(恢复)摄取时影像的方位,摄影瞬间的方位称为外方位,它分为摄影机的"位置"与"姿态"两部分(共六个元素):摄影时摄影机在物方空间坐标系中的位置 X_S、Y_S、Z_S;摄影机的姿态角 φ、ω、κ。这六个参数称为摄影机的外方位元素,如图 3-27 所示。

在恢复摄影机的内外方位元素后,投影光线 Sa 通过空间点 A。这样:摄影中心 S、像点 a、空间点 A,三点位于一条直线上,三点共线。

若同时恢复一个立体像对中左、右影像的方位元素,两条投影光线 S_1a_1 与 S_2a_2 就相交于空间点 A,交会得空间点坐标。

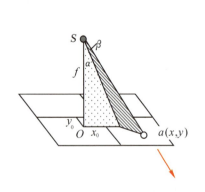

图 3-26　内方位元素的作用

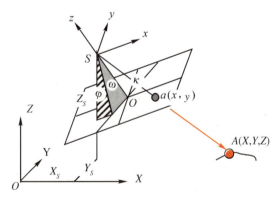

图 3-27　摄影机的外方位元素

3.2.5　共线方程

描述三点(A、S、a)共线的方程,称为共线方程。在模拟摄影测量时代(如图 3-19(a)模拟测图仪 A8),用精密的金属导杆代替投影光线,实现三点共线与空间交会。但是进入解

析、数字摄影测量时代,摄影测量仪器上就没有金属导杆(如图 3-18(b)、(c)所示),用来描述三点共线的共线方程为:

$$
\left.\begin{aligned}
x-x_0 &= -f\frac{a_1\cdot(X-X_S)+b_1\cdot(Y-Y_S)+c_1\cdot(Z-Z_S)}{a_3\cdot(X-X_S)+b_3\cdot(Y-Y_S)+c_3\cdot(Z-Z_S)} \\
y-y_0 &= -f\frac{a_2\cdot(X-X_S)+b_2\cdot(Y-Y_S)+c_2\cdot(Z-Z_S)}{a_3\cdot(X-X_S)+b_3\cdot(Y-Y_S)+c_3\cdot(Z-Z_S)}
\end{aligned}\right\} \tag{3-3}
$$

它描述了像点 $a(x-x_0,y-y_0,-f)$、摄影中心 $S(X_S,Y_S,Z_S)$ 与地面点 $A(X,Y,Z)$ 位于一条直线上,其中 a_1、a_2、a_3、b_1、b_2、b_3、c_1、c_2、c_3 是由三个外方位的角元素 φ、ω、κ 所生成的 3×3 的正交旋转矩阵 **R** 的 9 个元素。

这是摄影测量最基本的方程式,它贯串于整个摄影测量,它是空间后方交会、空中三角测量、数字测图、数字(正射)纠正的基础。

3.2.6 立体观测方法

立体观测方法是摄影测量的一个重要手段。利用立体像对与一对浮动测标,进行"立体观测",测定同名点,是摄影测量的重要方法。下面介绍人造立体与立体观测方法。

1. 天然立体视觉与人造立体视觉

正如前述的手指试验一样,当人们用双眼观测自然界(三维立体环境),如图 3-28 所示,自然界的景物,如 A、B,它们之间有深度差,在左、右眼睛的视网膜上分别产生两个影像,在左眼的影像为 a_1b_1,右眼的影像为 a_2b_2,由于景物的深度不同,使得 $a_1b_1\neq a_2b_2$,它们之差就是左右视差较(Δx-parallax):

$$\Delta p = a_1b_1 - a_2b_2$$

假如人们在人的眼睛处(o_1、o_2)用摄影机对同一景物拍摄两张影像 p_1、p_2,然后将照片放置在双眼前,人们的双眼只能观察到左、右影像(代替直接观测景物),这时眼睛获得视觉效果与天然立体视觉完全一样(图 3-29),这种立体感觉称为"人造立体"。它不仅是立体摄影测量的基础,也是当今的计算机立体视觉与"虚拟现实"的重要基础。

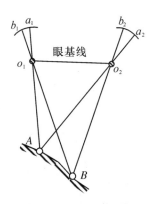

图 3-28 天然立体视觉

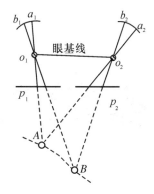

图 3-29 人造立体视觉

2. 人造立体观测的条件与立体观测方法

利用两张具有重叠度的影像,获得立体视觉有一定的条件:(1)分像,即左眼只能看左影像,右眼只能看右影像,而不能同时看到;(2)左右影像必须平行眼睛基线,即不能上下岔开,按摄影测量的术语:影像的上下岔开称为上下视差($y-$parallax)。

欲满足分像条件,具有各种方法,最常用的方法有:

(1) 通过光学系统(如立体反光镜)获得立体视觉,如图 3-30(a)所示,它是通过 4 片反光镜将左右影像分开。大多数的模拟、解析测图仪、坐标仪采用类似的方法实现立体观测,如图 3-30(b)所示的 BC-2 解析测图仪。这种方法也被应用于简单的数字摄影测量系统中,如图 3-30(c)所示的 DVP 数字测图仪,人们就是通过一个反光镜进行立体观测。

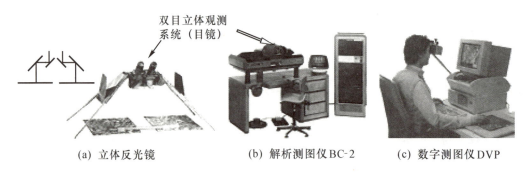

(a) 立体反光镜　　　　(b) 解析测图仪 BC-2　　　　(c) 数字测图仪 DVP

图 3-30　通过光学系统进行分像

(2) 互补色法(anaglyph),一般采用红、绿两种颜色,这两种颜色互为"补色",故称为互补色立体观测法。我们通过 Photoshop 软件处理就能获得这种立体效应。具体方法:首先将左影像处理为红颜色,右影像处理为绿颜色,然后将它们叠合在一起,如图 3-31 所示。当人们戴上一个由红、绿颜色的滤光片组成的眼镜,就能看出立体。这是由于红色影像(左影像)只能通过红色滤光片到达左眼,绿色影像(右影像)只能通过绿色滤光片到达右眼,从而达到左眼看左像、右眼看右像的分像目的。图 3-31 中的红、绿叠合的图像,红与绿影像的左、右岔开,反映左右影像之间存在左右视差较,它反映空间物体的深度不同,存在起伏不平。红、绿叠合的图像还有上、下岔开(上下视差),它不仅仅影响立体观测,同时也说明左、右影像的方位元素还没有得到恢复。

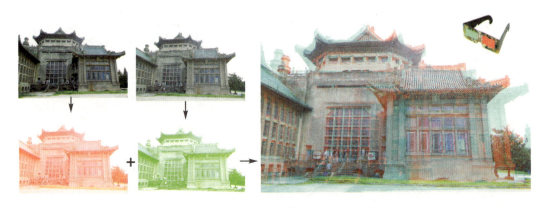

图 3-31　通过互补眼睛进行立体观测(武汉大学图书馆)

(3) 同步闪闭法（synchronized eyewear），影像在计算机屏幕上以高于100帧/s频率交替显示，同时通过红外发射器将信号发射给具有液晶开关的眼镜（crystal eye），液晶开关与计算机显示屏上的影像同步"开"与"关"，实现分像、立体观测的目的。

(4) 偏振光法（polarizing grasses），偏振光眼镜是立体电影常用的方法。在 DPW 中，需在计算机屏幕前安装偏振光屏，当计算机屏幕上交替显示左右影像时，屏幕前的偏振光屏就会产生不同的偏振方向，因此作业员只要戴一个偏振光眼镜，即能观测到立体。

(5) 裸眼立体技术。其基本原理是将左、右影像"按列"分开，合并显示在同一个屏幕上，如图 3-32 所示，然后在它前面覆盖一个光栅，将左右影像分开，分别折射到左、右眼睛，这样就不需要戴专门的眼镜，同样也可以达到分像的目的。利用该技术制造的专用的屏幕，配合由专门的软件生成的专门图像，就能实现裸眼看立体。

上述方法中，第三、第四种方法常用于数字摄影测量系统中，并且前四种方法都需要配戴一副专门的眼镜，实现立体观测，很不方便。而第五种方法不需配戴专门眼镜就能进行立体观测。但它还没有应用于摄影测量。

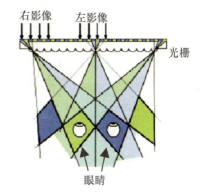

图 3-32　裸眼立体的原理

3.3　恢复（确定）影像方位元素的方法

摄影机的内方位元素是通过摄影机的检校获得，在此我们假定已知摄影机的内方位元素，这样，如何获得影像在摄影瞬间的外方位元素就成为关键。

欲确定影像的外方位元素，必须要利用地面控制点。获得摄影机的外方位元素有很多种方法，但是它们所需要的地面的控制点数量也不同。确定影像的外方位元素：每一张影像单独确定外方位元素（3.3.1 单张影像的空间后方交会）；也可以一个立体像对，同时确定两张影像的外方位元素（3.3.2 立体像对的相对定向与绝对定向）；也可以一次同时确定一条航单、乃至几条航单几十、甚至几百张影像的外方位元素（3.3.3 航带、区域的建立与区域网平差）；以及在摄影过程中由 GPS 或 POS 系统直接确定影像的外方位元素（3.3.4）。

3.3.1　确定单张影像的外方位元素——空间后方交会

普通测量的后方交会是在地面未知点 O 上放置经纬仪（见图 3-33），对三个已知点 A、B、C，分别观测其两个水平角 α、β，求出未知点 O 的平面坐标 (X,Y)。（后方交会在平面三角中是两个圆相交的问题，它们分别是由弦 AB（或 BC）与对应的张角 α（或 β）所确定的圆，两圆的交点即为未知点 O）

摄影测量的后方交会是空间后方交会（见图 3-34），它需利用地面上（至少）三个已知点 $A(X_A,Y_A,Z_A)$、$B(X_B,Y_B,Z_B)$、$C(X_C,Y_C,Z_C)$ 与其影像上三个对应的影像点 $a(x_a,y_a)$、$b(x_b,y_b)$、$c(x_c,y_c)$，解算影像的 6 个外方位元素。因为每个点可以列出两个共线方程（见公式(3-3)),三个已知点可以列出 6 个方程,解得 6 个外方位元素 X_S、Y_S、Z_S、φ、ω、κ。由于测量误差,进行空间后方交会一般需要已知地面上至少 4 个已知控制点,然后采用最小二乘法平差求解 6 个外方位元素。

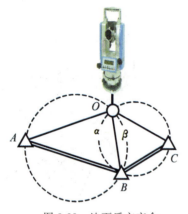
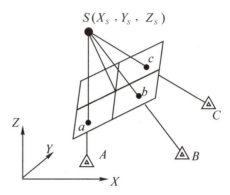

图 3-33 地面后方交会　　　　图 3-34 摄影测量的空间后方交会

3.3.2　确定两张影像的外方位元素

"摄影测量"时"摄影"的"逆"过程,称摄影测量是摄影的"几何反转过程"(如图 3-35 所示)。图 3-35(a)表示摄影的过程,空间点 A "发出的光线"分别成像于左影像 a_1、右影像 a_2,当恢复这两张外方位元素后,左影像 a_1、右影像 a_2 的"投影光线"$S_1 a_1$ 与 $S_2 a_2$ 交会于空间点 A(图3-35(b)),这就是摄影测量的"反转过程"。

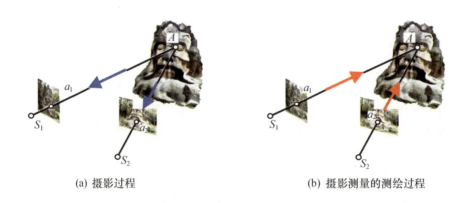

　　(a) 摄影过程　　　　　　　　　　　(b) 摄影测量的测绘过程

图 3-35　摄影过程的"几何反转过程"

同时恢复一个立体像对的两张影像的外方位元素可分为两步进行,即首先进行相对定向,确定两张影像的相对位置,然后再进行绝对定向。

1. 相对定向

确定两张影像的相对位置称为相对定向。相对定向无需外业控制点,就能建立地面立体模型。相对定向的唯一标准是两张影像上所有同名点的投影光线对、对相交,所有同名点光线在空间的交点集合构成了物体的几何模型。确定两张影像的相对位置的元素称为相对定向元素。

在没有恢复两张相邻影像的相对位置之前,同名点的投影光线 S_1a_1、S_2a_2 在空间不相交,两条光线在空间"交叉",如图 3-36 所示,投影点 A_1、A_2 与在 Y 方向的距离 Q 称为上下视差。因此,是消除所有同名点投影光线的上下视差是实现相对定向的标准。

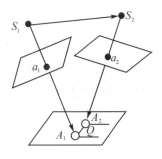

图 3-36 上下视差 Q

确定两张影像的相对位置,没有顾及它们的绝对位置,如图 3-37(a),两个摄影中心 S_1、S_2 的连线——基线是水平的,而图 3-37(b)的基线是不水平的,但是它们都满足相对定向条件,即所有的同名投影光线都在空间"相交",因此它们都已经恢复了两张影像的相对位置。一般确定两张影像的相对位置有两种方法:将摄影基线固定水平,称为独立像对相对定向;将左影像置平(或它的位置固定不变),称为连续像对相对定向。

相对定位有 5 个元素,例如连续像对相对定位元素为:两个基线分量 b_X、b_Y 和右影像的三个姿态角 φ_2、ω_2、κ_2,因此最少需要量测 5 个点上的上下视差。在模拟、解析测图仪上利用如图 3-38 所示的 6 个点位的上下视差进行相对定向。在数字摄影测量系统中,它用计算机的影像匹配替代人的眼睛识别同名点,极大地提高了观测速度,因此数字摄影测量工作站(DPW)所测定的相对定向点数远远超过 6 个点,它同样用最小二乘法平差求解 5 个相对定向元素。

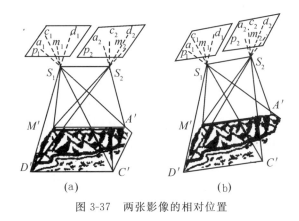

图 3-37 两张影像的相对位置

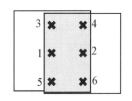

图 3-38 相对定向点位

2. 立体模型的绝对定向

相对定向完成了几何模型的建立,但是它所建立的模型大小(比例尺)不确定、坐标原点是任意的、模型的坐标系与地面坐标系也不一致。为了使所建立的模型能与地面一致,还需利用控制点对立体模型进行绝对定向。绝对定向是对相对定向所建立的模型进行平移、旋转和缩放,如图 3-39 所示。

绝对定向元素有 7 个:X_G、Y_G、Z_G、Φ、Ω、K、λ,其中 X_G、Y_G、Z_G 为模型坐标系的平移;Φ、Ω、K 为模型坐标系的旋转;λ 为模型的比例尺缩放系数。

通过相对定向(5 个元素)建立立体模型,再通过立体模型的绝对定向(7 个元素),可恢

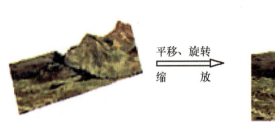 

图 3-39 对模型进行绝对定向

复立体模型的绝对方位(7 个元素),使模型与地面坐标系一致(5+7=12)。同时也恢复了两张影像的外方位元素(2×6=12 个外方位元素),因此,通过相对定向+绝对定向,与两张影像各自进行后方交会恢复两张影像的外方位元素,两者是一致的。

3.3.3 航带、区域模型的建立与区域网平差

尽量减少野外测量工作,是摄影测量的一个永恒的主题。而上述的单张影像的空间后交,一张影像就需要 4 个外业控制点;通过相对定向、绝对定向,两张影像需要 4 个外业控制点。能否整个区域(几十张、甚至几百张影像)也只需要少量的外业实测控制点确定全部影像的外方位元素?这就是空中三角测量与区域网平差的基本出发点。

1. 模型连接、建立航带模型和空中三角测量

如前所述,航空摄影是由单张影像拼接成航单、多条航单拼接成区域。在一条航带内相邻影像具有 60% 重叠,相邻的三张影像之间具有 20% 重叠,这一部分称为"三度重叠区",如图 3-40 所示。模型连接就是利用三度重叠区内的公共点实现的。

相对定向可以使得单个模型内同名光线对对相交,建立几何模型,相邻三张影像通过相对定向,可以分别建立两个几何模型,如图 3-41 所示。但是模型 1 与模型 2 的大小(比例尺)不同,它反映在三度重叠区中的公共点不能交于同一点上,而分别交于 A_1、A_2(见图 3-41),模型 2 比模型 1 小。为了同一模型比例尺,使模型 2、模型 1 的比例尺一致,必须将第三张影像的投影中心 S_3,沿基线 S_2S_3 向外移,使三度重叠区的公共点交于一点(见图 3-42),这就是模型连接。

 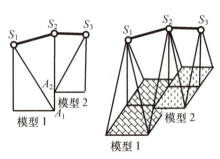

图 3-40 三度重叠区　　　　　　　　图 3-41 两个模型的相对定向

通过相对定向、模型连接可以将整个航带中所有的模型都连接起来,构建成航带模型,如图3-43所示。然后利用布设在航带内少量的控制点(图3-43中表有△的点),进行空中三角测量,就能求得航带内所有影像的方位元素。

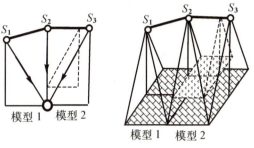

图 3-42　模型连接

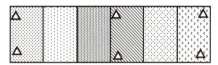

图 3-43　航带模型与空中三角测量

2. 区域自由网的建立与区域网平差

由于航带之间也有20%的重叠度,航带与航带之间也有公共区,利用相邻航带之间公共区的同名点,就能将单航带模型连接起来,构建成区域模型(图3-44)。没有控制点时构建成的区域模型,称为自由网。一般只需要在区域周边布设控制点,通过空中三角、区域网平差,就能确定整个区域内所有影像的方位元素。

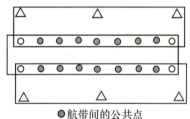

●航带间的公共点

图 3-44　航带法区域网平差

3.3.4　GPS 空中三角测量与 POS 系统的应用

GPS辅助空中三角测量是摄影测量的一个重要发展(袁修孝,2001),其原理如图3-45所示。在航空摄影时需要在地面上设置一个GPS基准站,在飞机上也安置一台GPS,这样就能确定每个影像在摄影瞬间摄影中心的空间坐标,即每张影像外方位元素的三个直线分量(X_S, Y_S, Z_S)。

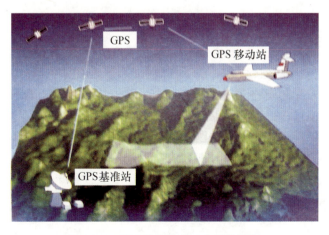

图 3-45　GPS 辅助空中三角测量原理

所谓 POS 系统,除 GPS 外,它还应用 IMU(惯导系统)。POS 系统可以在航空摄影过程中直接测定 6 个外方位元素 X_S、Y_S、Z_S、φ、ω、κ,从而可以极大的减少外业工作,提高摄影测量的效率。

3.4 数字摄影测量与影像匹配

上节主要介绍怎样确定影像的方位元素,但是摄影测量还有一个核心问题就是确定同名点。如何实现确定同名点的自动化,是摄影测量工作者长期追求的目标。进入数字摄影测量后,这一目标正在开始逐步变为现实。

本节将介绍数字影像与数字图像处理、影像匹配原理、核线几何与一维匹配。

3.4.1 数字摄影测量与数字影像

数字摄影测量的基点就是用数字影像替代传统的光学影像,从而可以利用"计算机＋相应的软件",构建数字摄影测量系统,代替沿用了几十年、价格昂贵的精密光学机械——摄影测量仪器,给摄影测量带来了一次最深刻的革命。

数字影像是以按行、列排列的"像素"(pixel)为基本单元,每个像素的行号(I)与列号(J)就是它的坐标 x、y,如图 3-46 所示。由于数字影像的像素大小的数量级多为微米(一般小于 $20\mu m$),所以肉眼看不出像素,但是放大以后就能看到像素(马赛克现象),如图 3-46 所示。

图 3-46　数字影像与像素

每个黑白影像的像素用其"灰度"(gray)表示,一般为 8 位二进制(1 字节),对于彩色图像,每个像素用三个基本颜色(红、绿、蓝)表示,因此彩色影像的每个像素为 3×8(3 字节)。

当今的数字摄影测量,产生数字图像有两个途径,即直接由航空数码相机或通过扫描仪对光学图像进行扫描,如图 3-47 所示。

航空摄影数码摄影机也有像卫星上的传感器一样,采用线阵列 CCD,如图 3-48 所示的 ADS40 就是采用三线阵 CCD 阵列,分别形成前视、下视、后视。飞行过程中一次形成三条航带,再加多光谱(近红外、红、绿、蓝)影像,既可以用于摄影测量,也可用于遥感判读。

通常,对于一幅 230mm×230mm 黑白航空影像,若按像素大小为 20μ 进行扫描(数字化),其数据量为:

$$(230\times 1000/20)^2 \approx 132(MB)$$

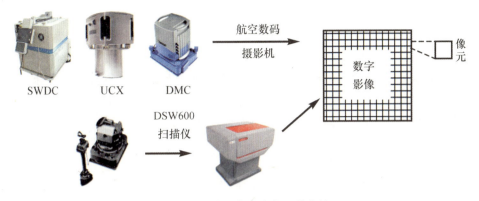

图 3-47 数字影像获取的两种途径

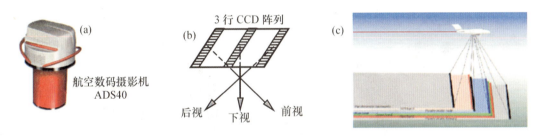

图 3-48 三线阵 CCD 航空摄影机

对于同样大小彩色影像,每个像元还要分成 R、G、B 三色,数据量还要增加 3 倍,一幅图像数据量可达 400MB。因此,数据量大是数字摄影测量的一个特点。

3.4.2 数字图像处理

与传统的光学影像相比,摄影测量一个非常重要的特点是可以直接应用数字图像处理技术,解决摄影测量中的问题,实现摄影测量的自动化。

1. 数字图像处理与目标点的提取

如图 3-49(a)所示的一个原始影像,其中有一个用做控制点的标志点——十字丝"✧"。怎样通过图像处理,将"控制点"自动提取出来?

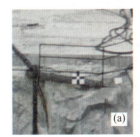   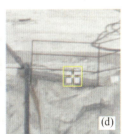

图 3-49 图像处理——目标点的提取

首先通过影像"增强",使目标点"✢"能够在整幅图像中更加"突出"(图 3-49(b)就是对原始图像"增强"的结果);然后根据目标点"✢"的特征——在正方形的"白色"底版上的一个"黑色"十字,可编辑相应的软件,将目标点提取出来(图 3-49(c)就是目标点提取的结果:在黑色的背景中出现亮点,亮点的中心就是目标所在的位置);最后是精确定位(图 3-49(d)就是目标点精确定位的结果),其定位精度可以达到"子像素"级,即计算求得的目标点的坐标精度小于 1 个像素。

显然,这种目标点的自动提取在模拟、解析摄影测量中是无法实现的,同时也可以看出,数字摄影测量已经在很大程度上拓展了自己的学科范围。

2. 数字图像几何变换与灰度重采样

摄影测量需要对图像的几何形状进行处理,例如图像的平行、旋转、缩放、影像纠正等。图 3-50 所示为如何对一个图像 p 进行平行旋转变换,得到新的图像 P。

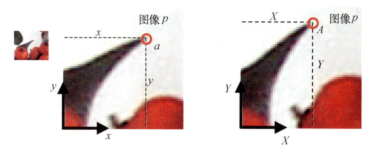

图 3-50　图像的平行-旋转

欲获得图像 P,只要求得图像 P 上任意一点(像元)的灰度 $G(X,Y)$。这就要对图像 p 进行几何变换。数字图像几何变换的基本步骤是:

(1) 由图像 P 上的像元 A 的坐标 (X,Y),按平行—旋转变换:

$$x=(X-X_0) \cdot \cos\theta-(Y-Y_0) \cdot \sin\theta$$
$$y=(Y-Y_0) \cdot \cos\theta+(X-X_0) \cdot \sin\theta$$

求得图像 p 上对应点 a 的坐标 (x,y);

(2) 由点 a 的坐标 (x,y) 在图像 p 得到其灰度 $g(x,y)$;

(3) 最后将 $g(x,y)$ 赋予 $G(X,Y)$,即 $G(X,Y)=g(x,y)$;

(4) 按上述方法,获得所有图像 P 上所有像元的灰度,从而就实现图像 p 到图像 P 的变换。

图 3-51　像元重采样

当所求的原始影像上像点 a 的坐标 (x,y) 不是正数,即像点 a 不在像素的中心(如图 3-51 所示),此时 a 点的灰度 $g(x,y)$ 就需要由图周边的几个像元的灰度内插,这个过程就是"灰度重采样"。

3.4.3　影像匹配原理

影像匹配就是自动确定"同名点",实现摄影测量的自动化。为便于理解,我们首先用"数字识别"为例说明影像匹配原理。

现有一组数字：4,6,8,3,怎样用计算机自动的识别它们呢？众所周知,共有10个数字,待识别的数字一定是其中的一个。为此,我们首先建立10个数字"模板",如图3-52所示,然后将待识别数字(4,6,8,3)的每一个数字与10个模板逐一"套合",套合最佳就是识别的结果。由图可以看出,4与模板4套合最佳,这就是识别结果。套合就是"匹配",判断最佳匹配的准则很多,其中最简单算法是：统计套合的"影像块"中所有像素的"灰度差的绝对值的总和"为最小,即

$$\sum \left| g_{模板} - g_{数字} \right| = \min$$

就是"最佳套合"。同样可用以按上述过程识别数字6,8,3。

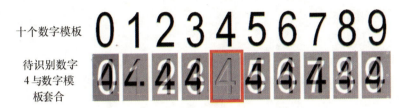

图3-52 数字识别原理

影像匹配的原理与上述数字识别的过程基本相同。例如,左影像有一个明显点(目标点)a_1,怎样由计算机在右影像上确定其同名点a_2？

影像匹配的基本步骤为：

(1) 在左影像上以目标点a_1为中心,取一块影像的灰度建立一个目标区,如图3-53所示的目标区的大小为5×5的灰度阵列；

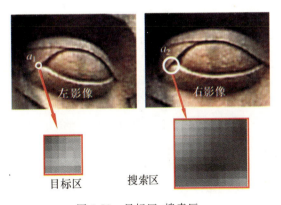

图3-53 目标区、搜索区

(2) 预测a_1在右影像上的同名点a_2可能的位置及其范围；

(3) 取预测的范围大小的灰度阵列,组成一个搜索区,搜索区范围一定大于目标区；

(4) 将目标区叠合在搜索区的初始位置上,计算其"灰度差的绝对值的总和"：

$$SDG_{x,y} = \sum \left| g_{目标} - g_{搜索} \right|$$

(5) 依次在x方向、y方向移动目标区,每移动一次就计算一个SDG；

(6) 比较所有的 SDG，当 SDG＝min，该位置就是 a_1 在右影像上确定其同名点 a_2。如图 3-54，当 $\mathrm{d}x=2$，$\mathrm{d}y=1$ 时，这就是的同名点 a_2 位置。

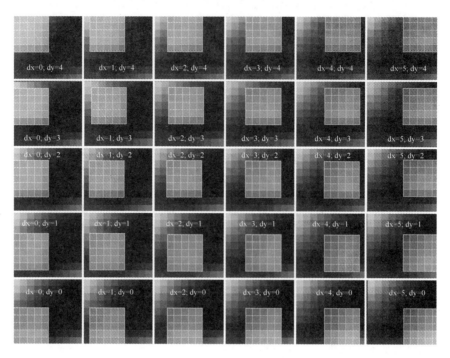

图 3-54　影像匹配原理

影像匹配的原理非常简单，它已经在数字摄影测量中得到广泛的应用，但其应用中的问题还远远没有得到完全解决，仍然是一个世界难题。

由于上述搜索的过程是在 x、y 两个方向上进行，因此它称为"二维匹配"。

3.4.4　立体像对的核线与一维匹配

二维影像匹配计算量大。但是，当求得立体像对的相对位置后，就可能将二维匹配转化为一维匹配。核线是数字摄影测量、计算机视觉中的一个十分重要的概念（如图 3-55 所示）。

核点：两个影像的摄影中心的连线（基线 B）与影像的交点 e_1、e_2。

核面：通过基线 B 所作的平面；

核线：核面与影像的交线；

同名核线：同一核面与左、右影像的交线。图 3-55 就是实际影像上的一对同名核线。由图 3-56 可以看出，同名核线上所有的点都是同名点，它们交会空间点都在核面与地面的交线上。如图 3-56，像点 a_1、a_2 交会于地面点 A。

确定同名核线后，搜索同名点的问题，就由原来的二维搜索变成一维搜索，这时搜索区的宽度与目标区的宽度相等，如图 3-57 所示。同名点搜索只需在一个方向（x 方向）进行，因此可以极大地节省计算时间。

图 3-55 同名核线

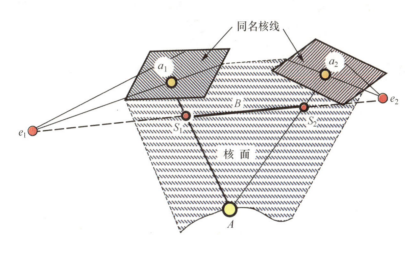

图 3-56 核线几何

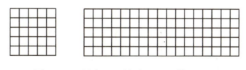

图 3-57 目标区、搜索区(一维匹配)

3.5 摄影测量的应用

当前,摄影测量的最大的应用仍然是测绘地形图,上述的相对定向、模型连接、空中三角测量、区域网量测等都是摄影测量生产的重要内容。除此以外,摄影测量还可以应用于国防和经济建设,如土地、矿山、水利、水电资源调查、规划,城市规划,工程设计,考古等领域。

3.5.1 数字高程模型与等高线测绘

1. 等高线与等高线测绘

在地形图上,一般用等高线表示地形(起伏)。位于同一等高线上的点,其高程相等(图3-58)。相邻等高线的高程之差称为等高距。等高距与地形图的比例尺、地区类型有关,比例尺愈小,则等高距愈大。为了方便,一般等高线称为首曲线,每隔 4 条等高线绘制一条加粗曲线——计曲线,在计曲线上加的高程值称为高程注记。

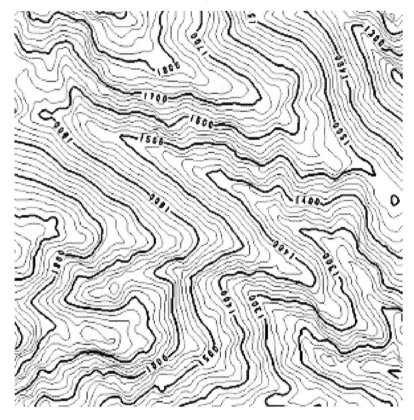

图 3-58 用等高线表示地形

在摄影测量所建立的地面模型上测绘等高线,一般是保持高程(Z)为常数(脚盘不同),连续转动左、右手轮,并保持目镜中的测标永远贴在地面模型上,这样物方点的运动轨迹就是等高线。

2. 数字高程模型(DEM)

表达地面起伏还常用数字高程模型(Digital Elevation Mode, DEM)。数字地面模型主要有方格网与三角网两种形式。

(1) 方格网(grid)形式

方格网形式就是将地平面 XY 平面分成格网,格网的间隔 ΔX、ΔY 是固定的,因此表达地面的形态只需按格网的行、列号记录每个点的高程 Z,如图 3-59 所示。

在数字摄影测量中 DEM 的方格网点一般由影像匹配获得,也可以由等高线内插获得。

方格网形式 DEM 有很多应用,如生成等高线、正射纠正、土方计算等。但是,方格网形式 DEM 也有其缺点。由于网格点是规则排列,格网点不一定落在地形特征线上,而 DEM 是将相邻两个 DEM 点之间的地形视为线性变换,因此它不能有效地表达地形特征线(如山脊线、山谷线、陡坎等)、人工地貌(如堤坝)。图 3-60 表示 DEM 网格点跨越陡坎的情况。

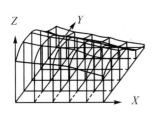 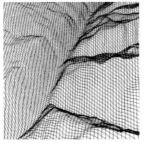 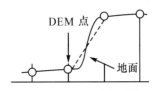

图 3-59　DEM 的方格网形式　　　　　图 3-60　DEM 跨越陡坎

(2) 三角网 (TIN) 形式

地形特征点指的是地形的坡度变化点。若将结构相同的邻近特征点连接起来,则构成地形特征线——山脊线、山谷线等(如图 3-61 所示)。显然,利用地形特征线能最有效地表示地形。TIN 就是将离散点按一定的规则连接成三角网(如图 3-62 所示)。TIN 不仅仅被应用在测绘,而且在工程设计、GIS 关系分析等方面都有广泛的应用。

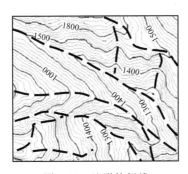 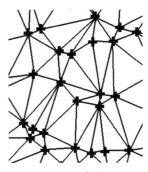

图 3-61　地形特征线　　　　　　　图 3-62　三角网 TIN

DEM 的方格网(grid)与三角网(TIN)格式各有优缺点,不同的形式有不同的应用。

3.5.2　数字纠正、正射纠正

数字纠正(如图 3-63 所示)本质上就是一个图像的几何变换,它与上述的平移-旋转变换几乎一样,其差别仅仅在于用共线方程代替前面的平移-旋转公式。具体步骤如下:

(1) 由点地面点 A 的坐标(X,Y,Z),用共线方程,求得影像上对应 a 的坐标$(x、y)$;
(2) 由点 a 的坐标(x,y),利用图像点 a 四周进行灰度内插,求得点 a 灰度的 $g(x,y)$;
(3) 最后将 $g(x,y)$ 赋予水平面 A_0 的灰度 $G(X,Y)$,即 $G(X,Y)=g(x、y)$;
(4) 按此过程,求得水平面上所有点的灰度,正射纠正也就完成,获得正射影像。

当地面不水平($Z\neq$常数)时就是正射纠正,否则就是一般的纠正。

将等高线与正射影像图叠合在一起,它既能表达地物的"细部",又能表示地形,如图 3-64 所示。

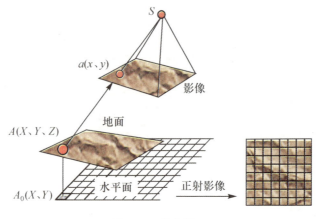

图 3-63 数字纠正

图 3-64 带等高线的正射影像图

3.5.3 三维景观影像

人们感知世界都是通过眼睛的中心投影,当人们不断改变视点的位置与视线的方向就能得到不同的景观。而摄影测量就是一门由二维影像重建三维空间模型的学科。利用有限的影像重建三维景观,供人们在虚拟环境中从不同的视点观测三维世界,是数字摄影测量的重要内容。

传统的摄影测量只能用二维的地形图、影像图来表达,但是进入数字摄影测量时代,可以用影像表示的三维模型地形。如图 3-65 所示,由左、右两张航空影像产生 DEM、制作正射影像图,然后由 DEM 和正射影像图合成三维地面模型。

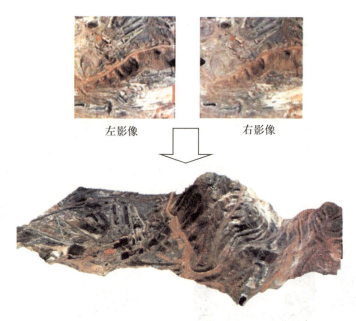

图 3-65　由航空影像重建三维地面景观模型

特别是由于计算机图形学及其相应的软件的发展,利用软件 OpenGL 就能使人们实时地改变视点由各个角度观测所建立的三维景观,因而摄影测量是当代科学虚拟现实(VR)技术的重要组成部分。建设中的三峡大坝三维景观(如图 3-66 所示)就是由当时的航空摄影测量生成的,它可以完整地记录三峡大坝的建设历程。

图 3-66　建设中的三峡大坝三维景观

3.5.4 基于影像的三维建模

基于摄影测量与计算机视觉的技术正在越来越广泛地应用于各个领域。其基本的原理是首先利用摄影的影像，构建三维数字表面模型（Digital Surface Model，DSM）。如图3-67所示，对青铜器摄取一组影像（图(a)是其中一张），由它构建其数字表面模型，图(b)是由它们生成的"点云"（point clouds），并将它连接构建TIN。最后将青铜器的影像的"纹理"映射到由点云构成的空间三角网上，就能建立空间物体的三维模型。

图3-68所示为一只鞋子的三维模型，可以由任意一个视点观测，其结果就像"照片"一样，这就是所谓"与照片一样真实的三维建模"（photorealistic 3D modeling）。

 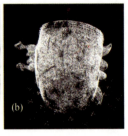 

图3-67　青铜器及其点云　　　　　图3-68　鞋的三维模型（www.3dsom.com）

3.5.5 城市建模

随着城市信息化的发展，数码城市与城市建模越来越受到重视。其基本原理还是利用DSM与相应的影像结合，实现城市建模。如图3-69所示是由"航空影像＋数码相机"建立的数码城市；图3-70是由摄像机的录像建立的武汉大学信息学部的数码校区。

图3-69　"航空影像＋数码相机"建立的数码城市

图 3-70 由摄像机的录像建立的
武汉大学信息学部数码校区

3.6 数字摄影测量与计算机视觉

摄影测量与遥感是测绘学科的一个分支,因而与测绘学的其他分支学科有很密切的联系。但是,当摄影测量进入完全的计算机化时代,它必然与计算机的有关学科(如计算机图形学、模式识别、计算机视觉等)也有着密切的关系。

计算机立体视觉同样是一门由二维影像认知空间物体三维信息的学科。"计算机视觉的研究目标是使计算机具有通过二维图像认知三维环境信息的能力,这种能力将不仅使机器感知三维环境中物体的几何信息,包括它的形状、位置、姿态、运动等,而且能对它们进行描述、存储、识别与理解"(马颂德,张正友,1998),事实上,计算机专家也同样对数字摄影测量中影像匹配、语义信息(地物)的提取等方面进行了大量的研究。

计算机图形学近期发展的基于图像的绘制(image based rendering)与摄影测量发展同样有密切的关系。如图 3-71 所示是由单张影像重建的伯克利钟楼(Paul E. Debevec,1996),它与摄影测量正在进行的城市建模(city modeling)研究密切相关。

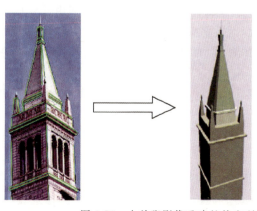

图 3-71 由单张影像重建的伯克利钟楼

虽然计算机视觉、计算机图形学等学科中许多理论与算法对数字摄影测量有重要的参考价值,但由于两个学科的背景不同、应用对象和要求也不同,两者的差异是必然的,与此同时两者的结合也是必然的,而且会越来越紧密。

3.7 数字摄影测量的发展与展望

摄影测量从 20 世纪 90 年代进入数字摄影测量时代,发展迅速,如获取原始数据的种类与方法,数字摄影测量理论与应用等。

3.7.1 信息获取的种类与方法

过去摄影测量的"传感器"就是摄影机,用于获取影像,但近年来与摄影测量有关的传感器有了迅速的拓展,除能获取影像外,还可以直接获得影像的外方位元素、数字表面模型等。

1. 影像的获取
- 高分辨率的遥感影像及其定位参数(RPC)文件的应用。只要极少量的外业控制点,就能迅速生成正射影像图(1∶5 000～1∶10 000),它在城市、土地的变迁、规划中正在得到越来越广泛的应用。
- 航空数码摄影机＋多光谱影像的发展。航空数码摄影机的影像灰度可达 12 bits,对太阳阴影部分的影像可清晰辨认,在城市大比例尺测图领域受到了广泛的认同。

2. 影像外方位元素的直接获取

利用 GPS 测定航空摄影机摄影中心坐标与惯性量测系统(Inertial Measurement Unit,IMU)测定影像的姿态,构成的 POS 系统,能够在航空摄影过程中直接测定影像的外方位元素。

3. 数字表面模型(DSM)的直接获取

利用空中对地的激光扫描(Light Detection And Ranging,Lidar)可以直接获得地面的 DSM,精度可达 15～20cm。Lidar 数据的获取已经日益受到重视,应用越来越广泛。

3.7.2 数字摄影测量理论的发展

长期以来,摄影测量是依靠人眼利用"点测标"的相对运动,对"两张"相邻影像所构成的立体像对进行立体观测,测定其"同名点",由此带来了一些"限制",而且长期以来这些限制已经被视为"经典戒律"。到目前为止,数字摄影测量基本上是利用计算机代替"人眼"进行立体观测,实现上述目标的自动化,而数字摄影测量下一步的发展,将突破上述限制,即:计算机的视觉不限制于"双眼"的立体观测,而可以实现"多目"视觉;计算机的视觉并不限于影像之间的匹配;计算机的视觉也不限于"点"的匹配,还会有除"识别"以外的其他功能。总之,数字摄影测量的理论发展应从计算机的视觉特点出发,为数字摄影测量的理论与实践的发展提供了崭新的契机。

3.7.3 数字摄影测量发展的展望

总之,数字摄影测量是一门相对年轻的学科[Schenk,1999]。由于它利用计算机替代"人眼",使得数字摄影测量无论在理论上还是在实践中都将得到迅速发展,而且它正在与新的传感器(如激光扫描仪)和其他的测量仪器(如 GPS、全站仪)等迅速地结合起来,必将在新的应用领域得到发展。数字摄影测量工作站(DPW)也正在向着数字摄影测量网格(DP-Grid)发展,整个摄影测量正在向实时(或准实时)的方向发展。

思 考 题

1. 什么是摄影测量?为什么摄影测量能够测绘地形图?
2. 为什么必须要有"从不同地方摄取的两张"影像,我们才能看到"立体"?对"两个不同的地方"有没有要求?
3. 什么是摄影测量的方位元素?如何获得?
4. 为什么计算机能够代替人眼在不同的影像上确定"同名点"?
5. 什么是"虚拟现实"?为什么摄影测量技术能够用于"虚拟现实"技术?

参 考 文 献

[1] 陈述彭,童庆禧,郭华东. 遥感信息机理研究. 北京:科学出版社,1998.
[2] 黄世德. 航空摄影测量学(上册). 北京:测绘出版社,1984.
[3] 李德仁. 抓好地球空间信息的数据源. 地理空间信息,2004(1).
[4] 王之卓. 摄影测量原理. 北京:测绘出版社,1979.
[5] 袁修孝. GPS 辅助空中三角测量原理及应用. 北京:测绘出版社,2001.
[6] Ackermann F. Digital image correlation: performance and potential application in photogrammetry. The Photogrammetric Record. 1984,11 (64).
[7] Atkinson K B. Close Range Potogrammetry and Machine Vision, J. W. Arrosmith Ltd, Bristol,1996.
[8] Paul E, Debevec Camillo J. Taylor and Jitendra Malik:Modeling and Rendering Architecture from Photographs:A hybrid geometry- and image-based approach, the SIGGRAPH 96 conference proceedings,1996.
[9] Konecny G, Lehmann G. Photogrametrie, Walter de Gruyter,1984.
[10] Mikhail E M,Bethel J S, MeGlone J C. 2001:Modern Photogrammetry,John Wiley & Sons. Inc.
[11] Toni Schenk. Digital Photogrammetry, Laurelville, OH:TerraScience, 1991(1).

第4章　地图制图学

4.1　地图的基本概念

4.1.1　地图的特性

地图以特有的数学基础、地图语言和抽象概括法则表现地球或其他星球自然表面的时空现象,反映人类的政治、经济、文化和历史等人文现象的状态、联系和发展变化。它具有以下的特性:

1. 可量测性

由于地图采用了地图投影、地图比例尺和地图定向等特殊数学法则,人们可以在地图上精确量测点的坐标、线的长度和方位、区域的面积、物体的体积和地面坡度等。

2. 直观性

地图符号系统称为地图语言,它是表达地理事物的工具。地图语言由符号、色彩和注记构成,它能准确地表达地理事物的位置、范围、数量和质量特征、空间分布规律以及它们之间的相互联系和动态变化。利用地图可以直观、准确地获得地理空间信息。

3. 一览性

地图是缩小了的地面表象,它不可能表达出地面上所有的地理事物,需要通过取舍和概括的方法只表示出重要的物体,舍去次要的物体,这就是地图制图综合。地图制图综合能使地面上任意大小的区域缩小制图,正确表达出读者需要的内容,使读图者能一览无遗。

4.1.2　地图的内容

地图的内容由数学要素、地理要素和辅助要素构成。

1. 数学要素

它包括地图的坐标网、控制点、比例尺和定向等内容。

2. 地理要素

根据地理现象的性质,大致可以区分为自然要素、社会经济要素和环境要素等。自然要素包括地质、地球物理、地势、地貌、水系、气象、土壤、植物、动物等现象或物体;社会经济要素包括政治行政、人口、城市、历史、文化、经济等现象或物体;环境要素包括自然灾害、自然保护、污染与保护、疾病与医疗等。

3. 辅助要素

它是指为阅读和使用地图者提供的具有一定参考意义的说明性内容或工具性内容。主要包括图名、图号、接图表、图廓、分度带、图例、坡度尺、附图、资料及成图说明等。

4.1.3 地图的分类

地图分类的标志很多,主要有地图的内容、比例尺、制图区域范围、使用方式等。

1. 按内容分类

地图按内容可分为普通地图和专题地图两大类。

普通地图(如图 4-1 所示)是以相对平衡的详细程度表示水系、地貌、土质植被、居民地、交通网、境界等基本地理要素。

图 4-1 普通地图(局部)

专题地图是根据需要突出反映一种或几种主题要素或现象的地图。图 4-2 所示为某旅游地图(局部)。

图 4-2 某旅游地图(局部)

2. 按比例尺分类

地图按比例尺分类是一种习惯上的做法。在普通地图中,按比例尺可分为:

大比例尺地图:比例尺≥1∶10 万的地图;

中比例尺地图:比例尺 1∶10 万~1∶100 万之间的地图;

小比例尺地图:比例尺≤1∶100 万的地图。

93

3. 按制图区域范围分类

按自然区划可分为:世界地图、大陆地图、洲地图等。

按政治行政区划可分为:国家地图、省(区)地图、市地图、县地图等。

4. 按使用方式分类

桌面用图:能在明视距离阅读的地图,如地形图、地图集等。

挂图:包括近距离阅读的一般挂图和远距离阅读的教学挂图。

随身携带地图:通常包括小图册或折叠地图(如旅游地图)。

4.2 地图的数学基础

4.2.1 地图投影

1. 地图投影的基本概念

将地球椭球面上的点投影到平面上的方法称为地图投影。按照一定的数学法则,使地面点的地理坐标(λ,φ)与地图上相对应的点的平面直角坐标(x,y)建立函数关系为:

$$x = f_1(\lambda,\varphi)$$
$$y = f_2(\lambda,\varphi)$$

当给定不同的具体条件时,就可得到不同种类的投影公式,根据公式将一系列的经纬线交点(λ,φ)计算成平面直角坐标(x,y),并展绘于平面上,即可建立经纬线平面表象,构成地图的数学基础。

2. 地图投影变形

由于地球椭球面是一个不可展的曲面,将它投影到平面上,必然会产生变形。这种变形表现在形状和大小两方面。从实质上讲,是由长度变形、方向变形引起的。

3. 地图投影分类

地图投影的种类繁多,通常是根据投影性质和构成方法分类。

1) 地图投影按变形性质分类

按变形性质地图投影可分为等角投影、等面积投影和任意投影。

(1) 等角投影

它是指地面上的微分线段组成的角度投影保持不变。适用于交通图、洋流图和风向图等。

(2) 等面积投影

它是指保持投影平面上的地物轮廓图形面积与实地相等的投影。适用于对面积精度要求较高的自然社会经济地图。

(3) 任意投影

它是指投影地图上既有长度变形,又有面积变形。在任意投影中,有一种常见投影即等距离投影。该投影只在某些特定方向上没有变形,一般沿经线方向保持不变形。任意投影适用于一般参考图和中小学教学用图。

2) 地图投影按构成方法分类

按构成方法地图投影可分为几何投影和非几何投影。

(1) 几何投影

以几何特征为依据,将地球椭球面上的经纬网投影到平面上、圆锥表面和圆柱表面等几何面上,从而构成方位投影、圆锥投影和圆柱投影(如图4-3所示)。

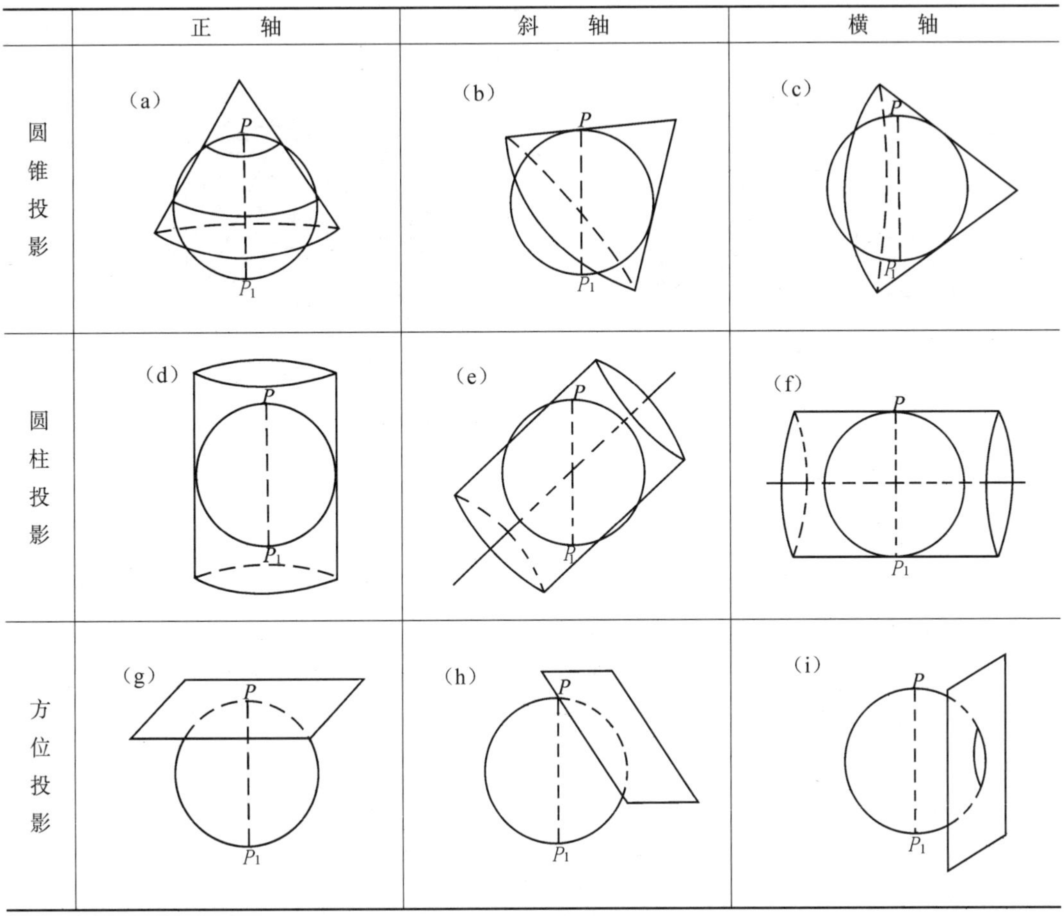

	正 轴	斜 轴	横 轴
圆锥投影	(a)	(b)	(c)
圆柱投影	(d)	(e)	(f)
方位投影	(g)	(h)	(i)

图 4-3 几何投影的类型

方位投影:以平面作为投影面的投影。根据投影面和地球体的位置关系不同,有正方位、横方位和斜方位几种不同的投影。

圆锥投影:以圆锥面作为投影面的投影。在圆锥投影中,有正圆锥、横圆锥和斜圆锥几种不同的投影。

圆柱投影:以圆柱面作为投影面的投影。有正圆柱、横圆柱和斜圆柱几种不同的投影。

(2) 非几何投影

根据制图的某些特定要求,选用合适的投影条件,用数学解析方法确定平面与球面点与点间的函数关系。按经纬线形状,可将其分为伪方位投影、伪圆锥投影、伪圆柱投影和多圆锥投影。

4. 双标准纬线正等角割圆锥投影

我国1∶100万地形图采用双标准纬线正等角圆锥投影。假设圆锥轴和地球椭球体旋转轴重合,圆锥面与地球椭球面相割,将经纬网投影于圆锥面上展开而成(如图4-4所示)。圆锥面与椭球面相割的两条纬线,称为标准纬线。我国1∶100万地形图的投影是按纬度划分的,从0°开始,纬差4°一幅,共有15个投影带,每幅经差为6°。

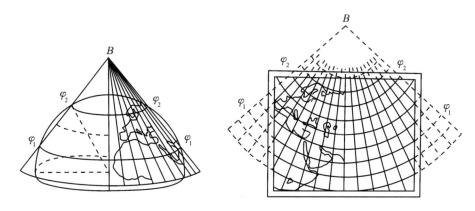

图4-4 双标准纬线正等角割圆锥投影

4.2.2 地图定向

1. 地形图定向

为了地图使用的需要,规定在≥1∶10万的各种比例尺地形图上绘出三北方向。(图4-5)

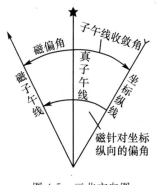

图4-5 三北方向图

1) 真北方向

过地面上任意一点,指向北极的方向叫真北。对一幅图,通常把图幅的中央经线的北方向作为真北方向。

2) 坐标北方向

纵坐标值递增的方向称为坐标北方向。大多数地图上的坐标北方向与真北方向不完全一致。

3) 磁北方向

实地上磁北针所指的方向叫磁北方向。它与真北方向并不一致。

其他比例尺地形图都是以北方定向。

2. 一般地图定向

一般地图也尽可能地采用北方定向。但是,有时制图区域的形状比较特殊,用北方定向不利于有效利用标准纸张,此时也可以采用斜方位定向。

4.2.3 地图比例尺

地图上某线段的长度与实地的水平长度之比,称为地图比例尺,即

$$1/M = l/L$$

式中:M是比例尺分母,l是图上线段长度,L是实地的水平长度。

地图比例尺通常有数字式、文字式和图解式等形式。

1. 数字式

可以用比的形式如:1：50000,1：5万,也可以用分数式,如:1/50 000、1/100 000 等。

2. 文字式

用文字注释的方法表示。如:十万分之一,图上 1cm 相当于实地 1km。

3. 图解式

用图形加注记的形式表示,最常用的是直线比例尺(如图 4-6 所示)。小比例尺地图上,往往根据不同经纬度的不同变形,绘制复式比例尺,又称经纬线比例尺,用于不同地区的长度量算(如图 4-7 所示)。

地图上通常采用几种形式配合表示比例尺的概念,常见的是数字式和图解式的配合使用。

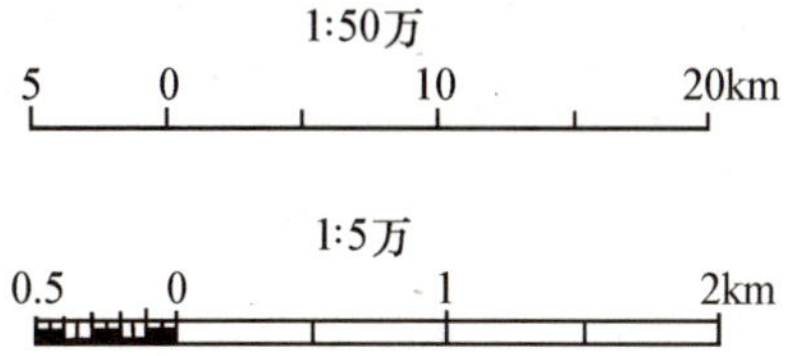

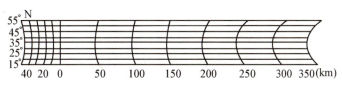

图 4-6 直线比例尺

图 4-7 经纬线比例尺

4.3 地图语言

客观世界的物体错综复杂,经过分类、分级进行抽象,用特定的符号表示在地图上,不仅能直观地表达物体,而且能反映物体的本质规律。

4.3.1 地图符号

地图符号根据空间事物的抽象特征可以分为点状符号、线状符号、面状符号和体积符号(见图 4-8)。

图 4-8 地图符号的分类

1. 点状符号

地图符号所代表的概念是位于空间的点。符号的大小与地图比例尺无关但有定位特征,例如测量控制点、矿产地等符号。

2. 线状符号

地图符号所代表的概念是位于空间的线。符号长度与地图比例尺有关。例如,河流、道路等。

3. 面状符号

地图符号所代表的概念是位于空间的面。符号的范围与地图比例尺有关。例如水域范围、林地范围等。

4. 体积符号

地图符号所代表的概念是位于空间体。符号可以表示具有体积特征的物体。例如,等高线表示地势,等温线表示空间气温分布。

另外地图符号按比例尺关系可分为不依比例尺符号、半依比例尺符号和依比例尺符号。

地图符号有形状、尺寸、色彩、方向、亮度和密度六个基本变量。其中,形状、方向、亮度和密度可归纳为图形,地图主要依据符号的图形、尺寸和色彩来反映事物的数量和质量。地图符号尺寸的大小与地图用途、地图比例尺和读图条件有关。作为挂图用的教学图,符号应粗大些;作为科学参考用的地图,符号应精细些。要充分利用色彩的象征意义,设计地图符号颜色。例如,水系用蓝色,森林用绿色,地貌用棕色。

4.3.2 地图色彩

地图上色彩作为一种表示手段,主要是运用色相、亮度和饱和度的不同变化与组合,结合人们对色彩感受的心理特征,建立起色彩与制图对象之间的联系。色相主要表示事物的质量特征,如淡水用蓝色,咸水用紫色。亮度和饱和度主要表示事物的数量特征和重要程度。地图上重要的事物符号用浓、艳的颜色,次要的事物符号用浅、淡的颜色。

4.3.3 地图注记

地图注记是地图语言的重要组成部分,通常分为名称注记、说明注记、数字注记和图外注记等。名称注记说明各种地物的名称;说明注记说明各种地物的种类和性质;数字注记说明地物的数量特征,如高程、水深、桥长等;图外注记包括图名、比例尺等。地图注记的要素包括字体、字大(字号)、字色、字隔、字位、字向和字顺等,它们使注记具有符号性意义。

根据被注物体的特点,注记有水平字列、垂直字列、雁行字列和屈曲字列四种布置方式(如图4-9所示)。注记布置方式是由字位、字隔、字向和字顺决定的。对点状地物,其注记多以水平字列或垂直字列方式;线状地物用水平字列、垂直字列、雁行字列或屈曲字列沿线状地物的中心线排列;面状地物则选择中部或沿面状地物伸展的方向,以不同的字列注出。地图注记布置方式能在一定程度上表现被注物体的分布特征。

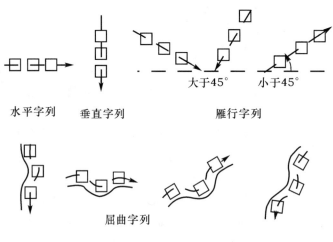

图4-9 注记排列方式

4.4 普通地图编制

4.4.1 普通地图要素的表示

1. 海洋要素的表示

海洋要素主要包括海岸和海底地貌。海岸的表示海岸线通常以蓝色实线表示。低潮线用点线概略地绘出。潮浸地带上各类干出滩在相应范围内填绘各种符号表示其分布范围和性质。海底地貌用水深注记、等深线、分层设色和晕渲等方法表示。水深注记是水深点深度注记的简称。水深是根据"深度基准面"自上而下计算的。等深线是等深点的连线。分层设色是在等深线的基础上每相邻两根或几根之间加颜色表示海底地貌的起伏。通常,用不同深浅的蓝色来区分各层,水深加大,蓝色加深。海底地貌晕渲详见陆地地貌的表示。

2. 陆地水系的表示

陆地上各水系物体总称为陆地水系,简称水系。在编图时,水系是重要的地性线之一,常被看做是地形的"骨架"。水系包括井、泉及贮水池,河流、运河及沟渠,湖泊、水库及池塘、水系附属物等。井、泉及贮水池在地图上一般只能用记号性蓝色符号表示其分布位置。河流、运河及沟渠在地图上都是用线状符号配合注记来表示。当河流较宽或比例尺较大时,用蓝色的细实线符号(水涯线)表示河流两岸岸线,水域用浅蓝色表示。在小比例尺地形图上,大多数河流用蓝色单线表示,单线的粗细渐变反映河流的流向和形状。运河及沟渠在大比例尺地形图上,用蓝色平行双线表示,水域用浅蓝色。在小比例尺地形图上,用等粗实线表示。湖泊、水库及池塘用蓝色实线配合浅蓝色水部表示,时令湖用蓝色虚线表示。湖水的性质用颜色区分,如用浅蓝色和浅紫色分别表示淡水和咸水。水库根据水域面积的大小分别用依比例尺符号和不依比例尺符号表示。

3. 地貌的表示

地貌的主要表示方法有:晕渲法、等高线法和分层设色法等。晕渲法根据假定光源对地面照射产生的明暗程度,用浓淡的墨色或彩色沿斜坡渲绘阴影,造成明暗对比,显示地貌的起伏、形态和分布特征,这种方法称为地貌晕渲法(如图 4-10 所示)。

图 4-10 地貌晕渲图

等高线是地面上高程相等点的连线,可以反映地面高程、山体、谷地、坡形、坡度和山脉走向等地貌基本形态。由等高线可量算地面点的高程、地表面积、地面坡度和山体的体积。等高线分为首曲线、计曲线、间曲线和助曲线。首曲线(基本等高线)用细实线表示;计曲线(加粗等高线)用加粗的实线表示,通常每隔4条基本等高线加粗1条;间曲线(半距等高线)用长虚线表示;助曲线(辅助等高线)用短虚线表示(见图4-11)。根据地面高程划分的高程层,逐"层"设置不同的颜色,称为地貌分层设色法(见图4-12)。

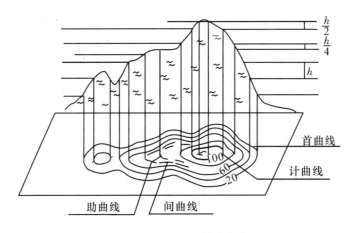

图 4-11 地形图上的等高线

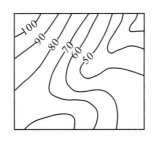 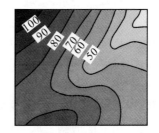

图 4-12 等高线图和分层设色图

4. 居民地的表示

在普通地图上要表示居民地的形状、建筑物的质量、行政等级和人口数等。在大比例尺地形图上,可以区分各种建筑物的质量特征。随比例尺的变小,表示建筑物质量特征的可能性随之减少。表示居民地行政等级的方法主要有两种:用地名注记的字体、字大和注记下方加辅助线表示;用居民地圈形符号形状和尺寸的变化表示。居民地的人口数通常是通过圈形符号形状和尺寸的变化表示,在大比例尺图上用字体和字大表示。

5. 交通网的表示

交通网是各种交通运输的总称。它包括陆地交通、水路交通、空中交通和管线运输等几类。

1)陆地交通

陆地交通主要包括铁路、公路和其他道路。在大中比例尺地形图上,铁路用黑白相间的花线符号来表示,用尺寸区分窄轨和标准轨。在小比例尺地图上,铁路用黑色实线表示。公路用双线符号,配合符号宽窄、线划的粗细、色彩的变化表示,用说明注记表示路面性质和宽度。其他道路用实线、虚线、点线并配合线画的粗细表示。

2) 水路交通

水路交通主要区分为内河航线和海洋航线两种。用短线表示河流通航的起讫点等。海洋航线由港口和航线组成,港口用符号表示,航线用蓝色虚线表示。

3) 空中交通

在普通地图上,空中交通主要表示航空站,一般不表示航空线。

4) 管线运输

管线运输主要包括运输管道和高压输电线两种。运输管道用线状符号加说明注记表示。高压输电线用线状符号加电压等说明注记表示。

6. 境界的表示

境界分为政区境界和其他境界。政区境界包括国界、省界、市界和县界等。其他境界包括地区界、停火界和禁区界等。境界用不同结构、不同粗细与不同颜色的点线符号表示。

7. 土质、植被的表示

土质泛指地表覆盖层的表面性质;植被是地表植被覆盖的简称。土质和植被是一种面状分布的物体。地图上用地类界、说明符号、底色和说明注记配合表示。地类界是指不同类别的地面覆盖物体的界线,用点线符号表示。

4.4.2　普通地图的制图综合

地图的基本任务是以缩小的图形来表示客观世界。地图只能以概括、抽象的形式反映出制图对象的带有规律性的类型特征,而将那些次要、非本质的物体舍弃,这个过程叫制图综合。

1. 地图制图综合的基本方法

地图制图综合主要有选取和概括两个基本方法。

1) 制图物体的选取

选取是指从大量的制图物体中选出较大的或较重要的物体表示在地图上,舍掉次要的物体。如选取较大的或较重要的居民地、河流、道路。

选取的顺序是实施正确选取的重要保障。选取的顺序一般为:①从主要到次要;②从高等级到低等级;③从大到小;④从整体到局部。

选取的方法通常有资格法和定额法。资格法是按一定的数量或质量指标作为选取的资格而进行选取。如把6mm长度作为河流的选取标准,大于6mm的河流均应选取。定额法是规定出单位面积内应选取的物体数量。

2) 制图物体的概括

制图物体的概括主要包括制图物体的形状、数量特征和质量特征的概括。

制图物体的形状概括就是通过删除、夸大、合并等方法来实现的。

(1) 删除

制图物体中的碎部图形,在缩小后图上无法清晰表示时应予删除。如河流、等高线上的小弯曲,居民地、湖泊轮廓上的小弯曲等(见图4-13)。

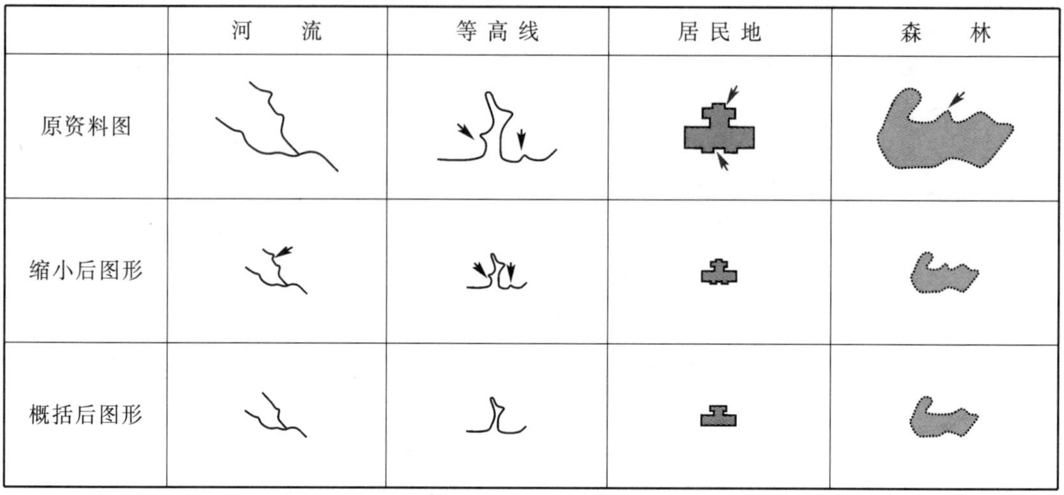

	河 流	等高线	居民地	森 林
原资料图				
缩小后图形				
概括后图形				

图 4-13　形状概括中图形碎部的删除

（2）夸大

有时为了显示和强调制图物体的特征,需要夸大一些本来应删除的碎部。如河流、居民地、道路、等高线等物体上的一些特殊弯曲,它们虽然小于选取的标准,也应夸大表示。

（3）合并

随地图比例尺的缩小,制图物体的图形及间隔缩小到不能区分时,可以采用合并物体细部的方法来反映物体的主要特征。如居民地合并街区等(如图 4-14 所示)。

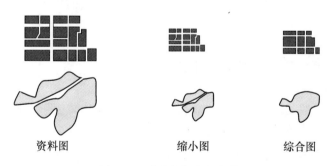

图 4-14　形状概括中的合并

制图物体数量特征的概括一般地表现为长度、密度、高度、深度、坡度、面积等数量标志的改变且变得比较概略。

制图物体质量特征的概括一般地表现为类别、等级的减少。通常用合并和删除的方法来减少分类、分级。

2. 地图制图综合模型

随着地理信息科学和技术的发展,地图制图综合模型为自动地图制图综合打下了坚实基础。地图制图综合模型主要有选取指标模型、结构选取模型和图形化简模型。

1）选取指标模型

用数学模型确定缩小后的新编地图的地物选取数量,可提高地图制图综合质量和科学性。选取指标模型主要有图解计算法、方根模型、数理统计模型和分形模型。

2) 结构选取模型

确定选取具体地图制图物体的模型。根据制图物体的结构关系,从大比例尺资料图上的制图物体中寻找出更重要的一部分物体表示在新编地图上。从地物的层次关系(等级关系)、空间关系(毗邻与包含)和拓扑关系(邻接和关联)等方面来解决具体选取哪些物体的问题。结构选取模型主要有等比数列法、模糊数学模型、图论模型和人工神经网络模型。

3) 图形化简模型(算法)

对已选取的制图物体的平面图形进行化简,并保持平面图形的主要形状特征的数学模型(算法)。图形化简模型(或算法)主要有数学形态学模型、分形模型、小波模型和道格拉斯(Douglas)算法。

4.4.3　普通地图设计

1. 设计前的准备工作阶段

(1) 深入研究新编地图的目的、用途和服务对象。这是决定地图内容详细程度及进行地图设计的主要依据。

(2) 对国内外同类地图进行分析评价。

(3) 收集、分析、评价制图资料。

(4) 认真研究制图区域的地理特征。这是正确进行地图制图综合,准确地表现区域特点的关键。

2. 正式编辑设计工作阶段

(1) 明确规定地图的任务和质量要求。

(2) 设计地图的数学基础。设计选择地图投影,确定地图比例尺及经纬网密度,计算经纬网交点的平面直角坐标。

(3) 地图内容的选择。根据地图的用途、比例尺和区域特点,对地图要表达的内容进行选择确定,并进行分类、分级。

(4) 设计地图符号和注记。对地图符号的图形、尺寸、颜色进行设计和试验;对地图注记字体、字大、字色等进行设计和试验。

(5) 设计地图制作的工艺方案。主要包括:数据输入,地图的数学基础的建立,资料补充,数据处理,地图符号和注记的配置,数据输出。用框图表示流程。

(6) 地图制图综合的规定。规定各要素的选取指标、概括原则和程度。

(7) 地图的图面配置设计。图名的位置、字体、字大,图廓的配置方法,附图、移图、图例、比例尺的配置等。

4.4.4　普通地图编制过程

1. 地图设计阶段

为地图编制工作的实施,进行总体设计和地图其他内容设计,包括地图制图资料和数据的收集。

2. 地图制作阶段

1）数据输入

将作为编图的资料如地图资料、影像、照片等进行扫描输入计算机，或直接将地图数据（包括 GIS 数据库地图数据、野外全数字测量地图数据、全数字摄影测量地图数据，GPS 数据，DLG 数据等）、图像数据（如遥感影像数据）输入计算机。

2）数据处理

通过对数据的加工处理，建立起新编地图的数据。通常在相应的图形软件下，自动生成地图数学基础，并进行输入的地图图像缩小、地图图像和地图数据的匹配，图形数据的矢量跟踪，地图制图综合，如果投影不同，要进行地图数据的投影变换。此外，还要进行一些地理数据的图形表达和图面设计等工作，诸如地图符号、地图注记的配置，添加专题内容，制作图表，处理影像数据、照片和文字，进行色彩填充、图面配置、地图数据的编辑等，最后得到新编地图数据。

3）数据输出

数据输出是将地图数据变成可视的模拟地图形式。地图数据输出有多种方式：①直接在计算机屏幕上显示地图；②将地图数据传输给打印机，打印机喷绘彩色地图；③把地图数据传输给激光照排机发出供制版印刷用的四色软片；④把地图数据传送到数字式直接制版机（Computer-to-Plate，CTP）制成直接上机印刷的印刷版；⑤数字式直接印刷机可直接把地图数据转换成印刷品彩色地图，又称数字印刷（Digital Printing）。

4.5 专题地图编制

专题地图主要由地理基础底图和专题内容构成，地理基础底图显示制图要素的空间位置和区域地理背景，专题内容是专题地图上表示的主题。

4.5.1 专题地图的分类

专题地图按内容可分为自然地图、社会经济地图、环境地图和其他专题地图。

1. 自然地图

反映自然要素或现象的地理分布及其相互关系的地图，如地质图、地球物理图、地势图、地貌图、气象图、水文图、土壤图、动物地理图等。

2. 社会经济地图

反映各种社会经济现象或事物的特征、地理分布和相互联系的地图。如行政区划图、人口图、城市地图、历史地图、文化地图、经济地图等。

3. 环境地图

反映环境的污染、自然灾害、自然生物保护与更新、疾病与医疗地理方面的内容。

4. 其他专题地图

主要有航海图、航空图、宇航图、旅游图和教学图。

4.5.2 专题地图的表示方法

专题地图的主要表示方法有 10 种。

1. 定点符号法

定点符号法用于表示呈点状分布的要素。它是用各种不同图形、尺寸和颜色的符号表示现象的分布及其数量和质量特征,符号定位于现象所在的位置上。

2. 线状符号法

线状符号用于表示呈线状或带状的要素。如河流、海岸线、交通线断层线等。线状符号用不同的图形和颜色表示现象的数量和质量特征,也可反映不同时期的变化。

3. 质底法

质底法是用不同的底色或花纹区分全制图区域内各种现象的质量差别,图面被各类面状符号所布满。(如图4-15所示)

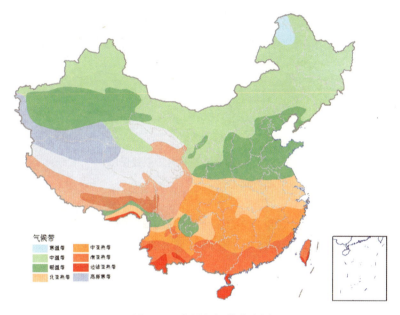

图4-15 中国气候带分布图

4. 等值线法

等值线是专题现象数值相等的各点的连线。如等高线、等温线、等压线等。等值线法是利用一组等值线来表示某专题现象数量特征的一种方法。

5. 定位图表法

定位图表法是将某地点的统计资料,用图表形式表示该地点某种现象的数量特征及其变化的一种方法。

6. 范围法

范围法是用轮廓线、晕线、注记和符号等表示某种现象在一定范围内的分布状况的方法,如森林的分布、棉花的分布等。

7. 点数法

点数法是用一定大小和形状相同的点表示现象的分布范围、数量和密度的方法。

8. 分区统计图表法

把制图区域分成若干个区划单位,根据各区划单位的统计资料制成统计图表绘在相应的区划单位内,表示现象的总和及其动态变化的方法称为分区统计图表法(如图4-16所示)。

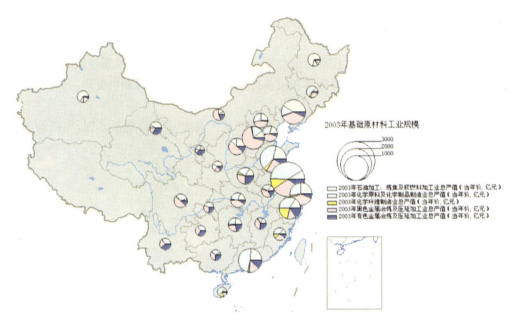

图4-16　中国基础原材料工业规模图

9. 分级统计图法

分级统计图法是按照各区划单位的统计资料,根据现象的相当指标划分等级,然后依据级别填绘深浅不同的颜色,表示各区划单位间数量上的差异的一种方法(如图4-17所示)。

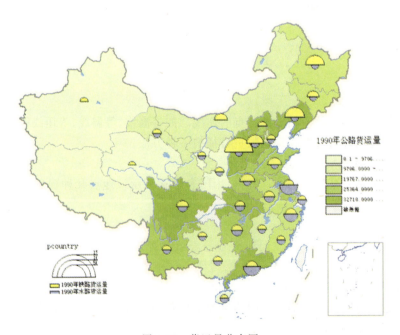

图4-17　货运量分布图

10. 运动线法

运动线法用不同宽度与长度的箭形符号表示现象的运动方向、路线、数量和结构特征。

4.5.3 专题地图的设计与编制

1. 专题地图的设计

专题地图的设计内容主要包括：

(1) 确定地图的图幅大小、比例尺、地图投影等；

(2) 资料收集、分析和处理；

(3) 表示方法的选择、图面配置设计、地图符号和颜色的设计；

(4) 设计书的编写。

2. 专题地图的编制过程

1) 地图设计阶段

为地图编制工作的实施进行总体设计和地图其他内容设计，包括地理基础底图、作者原图的设计、地图制图资料和数据的收集。

2) 地图制作阶段

(1) 数据输入

将作为编图的资料如作者原图、地理基础地图、照片、影像等扫描输入计算机或直接将地图、图像数据和统计数据输入计算机。

(2) 数据处理

在相应的图形软件下，自动生成地图数学基础，输入的地图图像(如作者原图、地理基础地图)、匹配，图形数据的矢量跟踪，地图符号、地图注记的配置，添加专题内容，制作图表；输入影像数据、照片和文字，进行色彩设计、图面配置，得到新编地图数据。

(3) 数据输出

计算机将地图数据传输给打印机，打印机喷绘地图；传输给激光照排机发出供制版印刷用的四色软片。同样，可把地图数据传送到数字式直接制版机和数字式直接印刷机。

4.6 卫星影像地图编制

在卫星影像上进行平面位置几何纠正和影像增强，再绘制详细的地理要素，称为卫星影像地图。卫星影像地图的制作一般都在计算机或工作站上进行，并配合图像处理系统生成地图。

1. 卫星数据的几何纠正

以已知控制点的平面坐标与对应像元位置为依据，采用多项式建立变换方程进行数据的几何纠正。一般要选取 6~10 个控制点，控制点和影像上的同名点位置选择要容易辨认且要均匀分布。

2. 像元亮度值的重采样

几何纠正及图像投影变换后，输出像元网格结构发生了变化，即像元的大小、形状、相互几何关系产生变化，所以必须对输出像元亮度值重新分配，即按规格网重新采样，改善和提高影像质量。

3. 影像镶嵌

由于相邻卫星图像的辐射特性和时相不同,不同幅影像的亮度值会不一致。当相邻影像镶嵌后,色调会有较大出入,因此要进行像元的线性拉伸或亮度直方图的匹配,消除图像拼接时不协调的色调差异。

4. 彩色合成

彩色合成时,选择三个波段的图像,一个赋予红色,一个赋予绿色,一个赋予蓝色,所得结果为假彩色。卫星影像图是一种通用的图像,若选用 TM5—红色、TM4—绿色、TM3—蓝色合成,不仅信息量丰富,且成图后植被为绿色,给人以一种真实感。

5. 多种信息复合

不同传感器接收的影像数据,其光谱分辨率和空间分辨率不同,如果将它们的长处结合起来,在位置上相互配准,就可提高地面分辨率,产生高质量图像。复合影像的生成,首先要对多光谱影像进行内插,使它和全色影像具有相同的像元密度,然后进行多项式的几何纠正和对全色影像重采样,最后进行多光谱影像和全色波段的辐射校正和影像灰阶配准。

6. 地理要素矢量数据的建立

影像地图主要是将点状、线状的地理要素矢量化后,然后配置适当数量的注记。卫星影像图的地理要素矢量化是在屏幕上参照地形图进行影像的点状、线状的要素的矢量化。要注意点、线符号的镂空让位,地图数据成图的规律是注记压点、点压线;一般是根据设计书进行地物选取、勾绘,判读影像可根据形状、大小、图形、阴影、位置、纹理、类型等变量进行。影像地图主要的地理要素是道路、境界、地名注记、居民地注记、水系注记、山峰注记等,有时要增加河流要素。

7. 卫星影像地图的产品输出

卫星影像地图产品输出的主要形式是喷墨彩色地图、纸质印刷地图。如果需要少量的产品,可通过彩色喷墨绘图仪输出;大批量的卫星影像地图产品,需要用激光照排机输出四色软片,然后再制版印刷。

4.7 地图集编制

地图集是围绕特定的主题与用途,在地学原理指导下,运用信息论、系统论,遵循总体设计原则,经过对各种现象与要素的分析与综合,形成具有一定数量地图的集合体。

4.7.1 地图集的特点

地图集有如下特点:

(1) 地图集是科学的综合总结。国家或区域性地图集,是衡量该国家或地区经济、科技发展水平的综合性标志之一。地图集编制质量能反映该国家地图学科的综合水平。

(2) 地图集是科学性与艺术性相结合的成果。各类地图在科学性上的要求是共同的,而在艺术处理上,地图集就有更多的空间体现编图人员的创意。

(3) 地图集主题具有系统、完备的内容。应当紧扣主题,选取必须的、相关的图幅,对不同的专题要作详尽的图形表达。

(4) 地图集的内容、形式的统一协调性。地图内容的统一协调,地图投影、比例尺、表示方法、色彩、注记、图面配置等统一协调。

(5) 编图程序及制印工艺复杂。由于地图集的图幅内容、数量及参加编图的人员很多，因此，组织好编图程序，制定科学、合理的制印工艺方案，是十分复杂的。

4.7.2 地图集的分类

地图集可根据制图区域范围、内容特征、用途分类。

按制图区域范围不同，地图集可分为世界地图集、洲地图集、国家地图集、省、市地图集。

按内容特征不同，地图集可分为普通地图集、专题地图集和综合性地图集。我国的《中华人民共和国国家地图集》就是特大型综合性地图集。

按用途不同，地图集可分为教学地图集、旅游地图集、军事地图集等。

4.7.3 地图集的设计与编制

1. 地图集的设计

设计地图集的开本(确定图幅幅面)；地图集的内容设计与确定；确定地图比例尺；地图集各图幅的编排顺序；设计各图幅的地图类型和表示方法；设计地图投影；设计地理底图；图面配置设计；图式图例设计；地图集的整饰设计。

2. 地图集的编制

地图集的编制过程也分数据输入、数据处理和数据输出等阶段。由于地图集的编制是一项综合性很强的工程，因此要做好统一协调工作。地图集的统一协调工作主要包括：总体设计的统一整体观点，采用统一的原则设计地图内容，对同类现象采用共同的表示方法和统一规定的指标，采用统一协调的制图综合原则、地理基础底图和地图集的整饰。

4.8 电子地图

电子地图是20世纪80年代利用数字地图制图技术而形成的地图新品种。它以数字地图为基础，并以多种媒体显示地图数据的可视化产品。电子地图可以存放在数字存储介质上，例如硬盘 CD-ROM、DVD-ROM 等。电子地图可以显示在计算机屏幕上，也可以随时打印输出到纸张上。电子地图均带有操作界面，界面友好。电子地图一般与数据库连接，能进行查询、统计和空间分析。

4.8.1 电子地图的特点

1. 动态性

电子地图是使用者在不断与计算机的对话过程中动态生成的。使用者可以指定地图显示范围，自由组织地图上要素。

电子地图具有实时、动态表现空间信息的能力。电子地图的动态性表现在两个方面：①用时间维的动画地图来反映事物随时间变化的真动态过程，并通过对动态过程的分析来反映事物发展变化的趋势，如植被范围的动态变化、水系的水域面积变化等；②利用闪烁、渐变、动画等虚拟动态显示技术来表示没有时间维的静态信息，以增强地图的地态特性。

2. 交互性

电子地图的数据存储与数据显示相分离。当数字化数据进行可视化显示时,地图用户可以对显示内容及显示方式进行干预,如选择地图符号和颜色。

3. 无级缩放

电子地图可以任意无级缩放和开窗显示,以满足应用的需求。

4. 无缝拼接

电子地图能容纳一个地区可能需要的所有地图图幅,不需要进行地图分幅,是无缝拼接,利用慢游和平移可阅读整个地区的大地图。

5. 多尺度显示

由计算机按照预先设计好的模式,动态调整好地图载负量。比例尺越小,显示地图信息越概略;比例尺越大,显示地图信息越详细。

6. 地理信息多维化表示

电子地图可以直接生成三维立体影像,并可对三维地图进行拉近、推远、三维慢游及绕 X、Y、Z 三个轴方向的旋转,还能在地形三维影像上叠加遥感图像,逼真地再现地面。运用计算机动画技术,可产生飞行地图和演进地图。飞行地图能按一定高度和路线观测三维图像(如图 4-18 所示),演进地图能够连续显示事物的演变过程。

图 4-18　飞行地图

7. 超媒体集成

电子地图以地图为主体结构,将图像、图表、文字、声音、视频、动画作为主体的补充融入电子地图中,通过各种媒体的互补,弥补地图信息的缺陷。

8. 共享性

数字化使信息容易复制、传播和共享。电子地图能够大量无损失复制,并且通过计算机网络传播。

9. 空间分析功能

用电子地图可进行路径查询分析、量算分析和统计分析等空间分析。

4.8.2 电子地图的技术基础

电子地图涉及的技术众多,其中硬件技术发展非常迅速,要充分利用新的硬件技术;在软件方面,综合应用数字地图制图技术、地理信息系统技术和计算机技术,实现数字地图信息在多硬件平台上的传输与显示。

1. 多维信息可视化技术

数字地图制图技术使地图的三维化和动态化成为可能。三维地图首先表现为地形的立体化,其次是符号、注记等的立体化。透视三维和视差三维是地图立体化的两种形式,前者通过透视和光影效果来达到三维效果。动态地图有时间动态和空间动态。时间动态是同一区域在时间上的动态发展表现效果;空间动态是区域上观察视点移动产生的动态效果。

2. 导航电子地图技术

导航电子地图是在普通的电子地图上增加了 GPS 信号处理、坐标变换和移动目标显示功能。导航电子地图的特点是加入了车船等交通工具这样的移动目标,使得电子地图表示要始终围绕交通工具的相关位置显示进行;关注区域、参考框架、比例尺等随着交通工具的位置的移动而改变。

3. 多媒体电子地图技术

多媒体电子地图在以不同详细程度的可视化数字地图为用户提供空间参照的基础上,可表示空间实体的空间分布,通过链接的方式同文字、声音、照片和视频等多媒体信息相连,从而为用户提供主体更为生动和直接的信息展现。

4. 嵌入式电子地图技术

嵌入式软件开发技术是基于 WindowCE 等掌上型电脑操作系统的软件开发技术。基于该项技术可开发基于掌上计算机(个人数字助理 PDA)的电子地图。嵌入式电子地图携带方便,与现代通信及网络联系密切。本身具有数据量小、占用资源少的特点,可将电子地图及软件存储在闪卡上,也可通过网络下载;它与 GPS 结合,还具有实时定位和导航的功能。

5. 网络电子地图技术

网络电子地图是地图信息的一种新的分发和传播模式。它的出现使地图能够摆脱地域和空间的限制,实现远距离的地图产品实时共享。

4.8.3 电子地图种类

选择适当的硬件平台及系列软件的支持,即可形成不同形式的电子地图产品(如图4-19所示)。

1. 单机或局域网电子地图

存储于计算机或局域网系统的电子地图,一般作为政府、城市管理、公安、交通、电力、水

图 4-19 电子地图的硬件和软件关系结构图

利、旅游等部门实施决策、规划、调度、通信、监控、应急反应等的工作平台。

2. CD-ROM 或 DVD-ROM 电子地图

主要用于国家普通电子地图(集)、省市普通电子地图(集)、城市观光购物电子地图,旅游观光电子地图、交通导航电子地图等。

3. 触摸屏电子地图

主要用于机场、火车站、码头、广场、宾馆、商场、医院等公共场所及各级政府和管理机构的办公大楼,为人们提供交通、旅游、购物和政府办公办文信息。

4. 个人数字助理(PDA)电子地图

个人数字助理(PDA)电子地图携带方便,具备 GPS 实时定位、导航、无线通信网络功能,目前显示出其广阔的应用前景。

5. 互联网电子地图

互联网电子地图在国际互联网上发布电子地图,供全球网络使用者查询阅读,广泛用于旅游。

4.8.4 电子地图设计

电子地图的用途不同,所反映的地理信息也有差异;具备地图资料的差异和所使用工具的不同,都会影响电子地图的设计。但是,电子地图的设计仍然应遵循一些原则。电子地图设计的基本原则是内容的科学性、界面的直观性、地图的美观性和使用的方便性。因此,电子地图应重点从界面设计、图层设计、符号设计和色彩设计等方面来考虑。

1. 界面设计

界面是电子地图的外表,一个专业、友好、美观的界面对电子地图是非常重要的。界面友好主要体现在其容易使用、美观和个性化的设计上。界面设计应尽可能简单明了,增加操作提示以帮助用户尽快掌握地图的基本操作,通过智能提示的方式简化操作步骤。

2. 图层显示设计

电子地图的显示区域较小,如果不进行视野显示控制和内容分层显示,读者很难得到有用信息。一般来说,重要信息先显示,次要信息后显示。随着比例尺的放大与缩小而自动显示或关闭某些图层,以控制图面载负量,使图面清晰易读。

3. 符号与注记设计

电子地图符号设计要遵循精确、综合、清晰和形象的原则,要体现逻辑性与协调性。符号的尺寸要根据视距和屏幕分辨率来设计,一般不随着地图比例尺的变化而改变大小。合理利用敏感符号和敏感注记,减少图面载负量。特别重要的要素可以使用闪烁符号。

4. 色彩设计

电子地图的色彩设计主要是色彩的整体协调性。地图内容的设色以浅淡为主时,界面的设色则应以较暗的颜色,以突出地图显示区;反之,界面的设色以浅淡的颜色。点状符号和线状符号必须以较强烈的色彩表示。注记色彩应与符号色彩有一定的联系,可以用同一色相或类似色,尽量避免对比色。在深色背景下注记的设色可浅亮些,而在浅色背景下注记的设色要深一些。

4.9 空间信息可视化

可视化是一种将抽象数据转化为几何图形的计算方法,以便研究者能够观察其模拟和计算的过程与结果。可视化包括图像的理解和综合,用来解释输入计算机中的图像。它主要研究人和计算机怎样协调一致地接受、使用和交流视觉信息。

空间信息可视化是运用计算机图形学、地图学和图像处理技术,将空间信息输入、处理、查询、分析以及预测的数据和结果,用符号、图形、图像,结合图表、文字、表格、视频等可视化形式显示,并进行交互处理的理论、方法和技术。空间信息可视化为人们提供了一种空间认知工具,在提高空间数据复杂过程分析的洞察效果、多维多时相数据显示等方面,将有效地改善和增强空间地理环境信息的传播能力。

空间信息可视化形式主要有地图、多媒体地学信息、三维仿真地图和虚拟环境等。

1. 地图可视化

地图有纸质地图、电子地图等形式。纸质地图是由空间数据库中提取数据制作国家基本比例尺地形图和各种地图、地图集;根据社会经济统计数据经加工处理制作的统计地图也属于纸质地图。电子地图是空间数据最主要的一种可视化形式,通常显示在屏幕上。电子地图具有纸质地图的形式,便于用户使用,其最大特点是动态化和可交互性。动态的可视化,确实比静态图面更生动,用动态地图反映不同时刻的某一主题现象的变化,让读者自己形成动态的心象,认识发展的内在规律。交互可以改变比例尺、视角、方向,使图形发生变化。

2. 多媒体地学信息可视化

多媒体地学信息是使用文本、表格、声音、图像、图形、动画、视频等各种形式逻辑地联结并集成为一个整体概念,综合、形象地表达空间信息。多媒体形式能够真实地表示空间信息某些特定方面,是表示空间信息的重要形式。

3. 三维仿真地图可视化

三维仿真地图是基于三维仿真和计算机三维真实图形技术而产生的三维地图。三维仿真地图是表示地质体、矿山、海洋、大气等地学真三维数据场的重要手段。

4. 虚拟环境

虚拟环境是利用虚拟现实技术在空间数据库支持下构建虚拟地理环境(图 4-20)。虚拟现实是通过头灰式的三维立体显示器、数据手套、三维鼠标、数据衣、立体声耳机等,使人完全沉浸在计算机生成创造的一种特殊三维图形环境中,并且可以操作控制三维图形环境,实现特殊的目的。虚拟现实技术将用户与计算机视为一个整体,通过各种直观的工具将信息可视化,用户直接置身于这种三维信息空间中自由地操作各种信息。虚拟现实向人们提供一个与现实生活世界极为相似的虚拟世界。多感知性(视觉、听觉、触觉、运动等)、沉浸感、交互性、自主感是虚拟现实技术的四个重要特征。由于虚拟环境的可交互、可量测和可感知的特点,它在国民经济建设、国防、教育、科研和文化等方面得到广泛的应用。

图 4-20　虚拟生态景观

利用空间信息可视化技术可将时空数据的空间分析过程和分析结果直观、形象地传递给用户,增强分析过程和结果的可理解性,为空间行为决策提供科学依据。

4.10　地图的应用

4.10.1　常规地图的应用

地图在经济建设、国防军事、科学研究、文化教育等领域都得到广泛的应用,已成为规划设计、分析评价、预测预报、决策管理、宣传教育的重要工具。

1. 在国民经济建设方面应用

(1) 各种资源的勘测、规划、开发和利用。

(2) 各项工程建设的选址、选线、勘察、设计和施工。
(3) 国土整治规划、环境监测、预警与治理。
(4) 各级政府和管理部门将地图作为规划和管理的工具。
(5) 城市建设、规划与管理。
(6) 交通运输的规划、设计与管理。
(7) 水利、工业、农业、林业等其他领域的应用。

2. 在国防建设方面应用

(1) 地图是"指挥员的眼睛",各级指挥员在组织计划和指挥作战时,都要用地图研究敌我态势、地形条件、河流与交通状况、居民情况等,确定进攻、包围、追击的路线,选择阵地、构筑工事、部署兵力、配备火力等。
(2) 国防工程的规划、设计和施工。
(3) 利用数字地图对巡航导弹制导。
(4) 空军和海军利用地图确定航线,寻找打击目标;炮兵利用地图量算方位、距离和高差进行发射。

3. 在科学研究方面应用

(1) 地学、生物学等学科可以通过地图分析自然要素和自然现象的分布规律、动态变化以及相互联系,从而得出科学结论和建立假说,或作出综合评价与进行预测预报。例如,我国地质学家根据地质图分析,确定石油地层,从而找到大庆油田。
(2) 地震工作者根据地质构造图、地震分布图等作出地震预报。
(3) 土壤工作者根据气候图、地质图、地貌图、植被图研究土壤的形成。
(4) 地貌工作者根据降雨量图、地质图、地貌图研究冲击平原与三角洲的动态变化。
(5) 地质和地理学家利用地图开展区域调查和研究工作。

4. 在其他方面应用

(1) 旅游地图和交通地图是人们旅行不可缺少的工具。
(2) 国家疆域版图的主要依据。
(3) 利用地图进行教学、宣传,传播信息。
(4) 利用地图进行航空、航海、宇宙导航。
(5) 利用地图分析地方病与流行病,研究发病制定防治计划。

4.10.2 电子地图的应用

作为信息时代的新型地图产品,电子地图不仅具备地图的基本功能,在应用方面还有其独特之处。

1. 在导航中的应用

电子地图可帮助人们选择行车路线,制定旅行计划。电子地图能在行进中接通全球定位系统(GPS),将目前所处的位置显示在地图上,并指示前进路线和方向。在航海中,电子地图可将船的位置实时显示在地图上,并随时提供航线和航向。船进港口时,可为船实时导航,以免触礁或搁浅。在航空中,电子地图可将飞机的位置实时显示在地图上,也可随时提供航线、航向。

2. 在规划管理中的应用

电子地图不仅能覆盖其规划管理的区域,而且内容的现势性很强,并有与使用目的相适宜的多比例尺的专题地图。可在电子地图上进行距离、面积、体积、坡度等量算分析,可进行路径查询分析和统计分析等空间分析,能满足现代规划管理的需要。

3. 在旅游交通中的应用

电子地图可将旅游交通的有关的空间信息通过网络发布给用户,也可以通过机场、火车站、码头、广场、宾馆、商场等公共场所的触摸屏电子地图,为人们提供交通、旅游、购物信息。通过多媒体电子地图可了解旅游点基本情况,帮助人们选择旅游路线,制定最佳的旅游计划。

4. 在军事指挥中的应用

电子地图与卫星系统链接,指挥员可从屏幕上观察战局变化,指挥部队行动。电子地图系统可安装在飞机、战舰、装甲车、坦克上,随时将自己所在的位置实时显示在电子地图上,供驾驶人员观察、分析和操作,同时将自己所在的位置实时显示在指挥部电子地图系统中,使指挥员随时了解和掌握战局情况,为指挥决策服务。电子地图还可以模拟战场,为军事演习、军事训练服务。

5. 在防洪救灾中的应用

防洪救灾电子地图可显示各种等级堤防分布、险段分布和交通路线分布等详细信息,为各级防汛指挥部门具体布置抗洪抢险方案,如物资调配、人员安排、分洪区群众转移、安全救护等提供科学依据。

6. 在其他领域的应用

农业部门可用电子地图表示粮食产量和各种经济作物产量情况,各种作物播种面积分布,为各级政府决策服务。气象部门将天气预报电子地图与气象信息处理系统相链接,把气象信息处理结果可视化,向人们实时地发布天气预报和灾害性的气象信息,为国民经济建设和人们日常生活服务。

4.11 地图制图学的发展趋势

4.11.1 数字地图制图技术的发展

数字地图制图技术是 20 世纪 90 年代随着计算机和激光技术的发展而产生的新技术。数字地图制图技术以地图、统计数据、实测数据、野外测量数据、数字摄影测量数据、GPS 数据、遥感数据等为数据,以电子出版系统为平台,使地图制图与地图印刷融为一体,给地图生产带来了革命性变化。

研究多数据源的地图制图技术方法,设计制作各种新型数字地图产品(如,真三维地图),采用数字地图制图技术与地理信息系统技术编制国家电子地图集,建立国家地图集数据库与国家地图集信息系统是今后的主要发展方向。

4.11.2 地图学新理论的不断探索

近年来,信息论、模型论、认知论等理论引进地图学,使地图学理论有了很大发展,形成了许多地图学新理论。地图信息论是研究以地图图形显示、传输、转换、存储、处理和利用空间信息的理论。地图传输论是研究地图信息传输过程和方法的理论。地图模型论是用模型论方法来认识地图的性质，解释地图的制作和应用的理论。地图符号论是研究地图符号系统及其特性与使用的理论。地图感受论是研究地图视觉感受的基本过程和特点，分析用图者对地图感受的心理、物理因素和地图感受效果的理论。地图认知论是研究人类如何通过地图对客观环境进行认知和信息加工，探索地图设计制作的思维过程，并用信息加工机制描述、认识地图信息加工处理的本质。

4.11.3 地图自动制图综合的发展趋势

地图自动制图综合是世界地图科学研究的难题之一，其研究重点主要表现在以下几个方面。

1. 地图制图综合的智能化

对地图制图综合的机理和基本理论的解释，直到现在还没有明确的答案，这是由于地图制图综合问题包含了太多艺术性和集约性，使得专家的知识和技术很难用数学模型和算法描述。人工神经元网络可以通过训练学会地图制图综合的机理和基本理论，有可能为解决自动地图制图综合提供一个直接的途径。

2. 基于现代数学理论和方法的空间数据的多尺度表达

分形理论、小波理论和数学形态学等现代数学理论和方法，能有效地描述图形形状及其复杂程度的变化，建立图形形状变化与尺度变化数量关系，为地图制图综合过程的客观性和模型化提供数学依据。

3. 集模型、算法、规则于一体的自动制图综合系统

多年的研究结果表明，单纯用模型、算法或规则来解决自动地图制图综合问题是无济于事的。在现有基础上，以模型作为宏观控制的基础；用算法组织地图制图综合的具体过程；规则在微观上作为基于算法制图综合的补充，在宏观上对模型和算法的运用起智能引导的作用。

4.11.4 空间信息可视化的发展趋势

空间信息可视化是地图制图学的新拓展点，将来研究主要集中在以下几个方面。

(1) 运用动画技术制作动态地图，用于涉及时空变化的现象的可视化分析。

(2) 运用虚拟现实技术进行地形仿真，用于交互式观察和分析，提高对地形环境的认知效果。

(3) 用于空间数据的质量检测，运用图形显示技术进行空间数据的不确定性和可靠性的检查。

(4) 可视化技术用于视觉感受及空间认知理论的研究，空间信息可视化可对知识发现和数据挖掘的过程和结果进行图解验证，选择恰当的视觉变量和图解方式将其表现出来，供研究者形成心象和视觉思维。

(5) 运用虚拟环境来模拟和分析复杂的地学现象过程，支持可视和不可视的地学数据解释、未来场景预见、虚拟世界主题选择与开发、虚拟世界扩展及改造规划、虚拟社区设计与规划、虚拟生态景观规划、虚拟城市与虚拟交通规划、人工生命与智慧体设计、虚拟景观数据

库构建、虚拟景观三维镜像构建、大型工程和建筑的设计、防灾减灾规划、环境保护、城市规划、数字化战场的研究和作战模拟训练、协同工作和群体决策等,同时它也可以用于地理教育、旅游和娱乐等。

思 考 题

1. 地图有哪些特性?这些特性是如何形成的?
2. 地图编制内容有哪些?
3. 电子地图有哪些特点?有哪些技术基础?
4. 空间信息可视化有哪些形式?
5. 简述地图制图学与地理信息系统的联系与区别。

参 考 文 献

[1] 祝国瑞等. 地图学. 武汉:武汉大学出版社,2004.

[2] 廖克. 现代地图学. 北京:科学出版社,2003.

[3] 陈述彭. 地图学:地学的探讨(第二卷). 北京:科学出版社,1990.

[4] 高俊. 地图学四面体——数字化时代地图学的诠释. 北京:测绘学报,2004,33(1):6~11.

[5] 王家耀,陈毓芬. 理论地图学. 北京:解放军出版社,2000.

[6] 何宗宜. 地图数据处理模型的原理与方法. 武汉:武汉大学出版社,2004.

[7] 蔡孟裔等. 新编地图学教程. 北京:高等教育出版社,2002.

[8] Robinson A H, et al. Elements of Cartogrophy. 6th ed. John Wiley & Sons Inc,1995.

[9] MacEachren A M, Taylor D R F. Visualization in Modern Cartography,Pergamon,1994.

第 5 章 工程测量学

5.1 概 述

5.1.1 工程测量学的含义

工程测量学主要研究在工程建设各个阶段所进行的与地形及工程有关的信息的采集和处理、工程的施工放样及设备安装、变形监测分析和预报等的理论、技术与方法,以及研究对与测量和工程有关的信息进行管理和使用。它是测绘学在国民经济建设和国防建设中的直接应用。

工程建设主要包括:工业与民用建筑、铁路、公路、桥梁、隧道、水利工程、地下工程、管线工程以及城市和矿山建设等。一般来说,工程建设分为规划设计、施工建设和运营管理三个阶段。

工程测量学的研究应用领域既有相对的稳定性,又是不断变化的。总的来说,它主要包括以工程建筑为对象的工程测量和以机器、设备为对象的工业测量两大部分。在技术方法上可划分为普通工程测量和精密工程测量。工程测量学的主要任务是为各种工程建设提供测绘保障,满足工程所提出的各种要求。精密工程测量代表着工程测量学的发展方向。工程测量的特点是服务范围很广,不同工程对测量的要求变化无穷。测量工程师需具备深厚的专业知识和丰富的相关学科知识,有缜密而创新的思维。

现代工程测量已经远远突破了为工程建设服务的狭窄概念,而向所谓的"广义工程测量学"发展,认为:"一切不属于地球测量、不属于国家地图集范畴的地形测量和不属于官方的测量,都属于工程测量"。

5.1.2 工程测量学的发展概况

工程测量学是一门从人类生产实践中逐渐发展起来的历史悠久的学科。早在公元前27世纪建设的埃及大金字塔,其形状与方位都很准确,说明当时就已有了放样的工具和方法;我国早在两千多年前的夏商时代,为了治水就开始了水利工程测量工作。司马迁在《史记》中对夏禹治水有这样的描述:"陆行乘车,水行乘船,泥行乘橇,山行乘檋,左准绳,右规矩、载四时,以开九州,通九道,陂九泽,度九山。"就是当时的工程勘测情景。

我国是世界上采矿业发展最早的国家,据《周礼》记载,在周朝就已建立了专门的采矿部门,当时很重视矿体形状,并使用矿产地质图来辨别矿产的分布。我国四大发明之一的指南针,从司南、指南鱼算起,有两千多年的历史,对矿山测量和工程勘测有很大的贡献。在国外,公元前1世纪,希腊学者格罗·亚里山德里斯基对地下测量和定向进行了叙述。1556年德国出版了《采矿与冶金》一书,专门论述开采中用罗盘测量井下巷道的一些问题。

工程测量学的发展也受到了战争的促进。中国战国时期修筑的午道,公元前210年秦始皇修建的"堑山堙谷,千八百里"直道,古罗马构筑的兵道,以及公元前218年欧洲修建的通向意大利的"汉尼拨通道"等,都是著名的军用道路。修建中要进行地形勘测、定线测量和隧道定向开挖测量。中华民族伟大象征的万里长城修建于秦汉时期,这一规模巨大的防御工程,从整体布设到实地修筑,都要进行详细的勘察测量和施工放样工作。

工程测量学的发展在很长的一段时间内是非常缓慢的。直到20世纪初,由于西方的第一、二次技术革命和工程建设规模的不断扩大,工程测量学才受到人们的重视,并发展成为测绘学的一个重要分支。以核子、电子和空间技术为标志的第三次技术革命,使工程测量学获得了迅速的发展。20世纪50年代,世界各国在建设大型水工建筑物、长隧道、城市地铁中,对工程测量提出了一系列要求。20世纪60年代,空间技术的发展和导弹发射场建设促使工程测量进一步发展。20世纪70年代以来,高能物理、天体物理、人造卫星、宇宙飞行、远程武器发射等,需要建设各种巨型实验室,从测量精度和仪器自动化方面都对工程测量提出了更高的要求。20世纪末,人类科学技术不断向着宏观宇宙和微观粒子世界延伸,测量对象不仅限于地面,而是深入地下、水域、空间和宇宙,如核电站、摩天大楼、海底隧道、跨海大桥、大型正负电子对撞机等。由于仪器的进步和测量精度的提高,工程测量的领域日益扩大,除了传统的工程建设三阶段的测量工作外,在地震观测,海底探测,巨型机器、车床、设备的荷载试验,高大建筑物(电视发射塔、冷却塔)变形观测,文物保护,甚至在医学上和罪证调查中,都应用了最新的精密工程测量仪器和方法。

从工程测量学的发展历史可以看出,它的发展始终与当时的生产力水平同步,大型特种精密工程建设和对测绘所提出的越来越高的要求是工程测量学发展内在的动力。

5.2 工程建设各阶段的测量工作

5.2.1 规划设计阶段

每项工程建设都必须按照自然条件和预期目的进行规划设计。在这个阶段中的测量工作,主要是测绘各种比例尺的地形图,另外还要为工程、水文地质勘探以及水文测验等进行测量。对于重要工程(如某些大型特种工程)或地质条件不良地区(如膨胀土地区)的工程建设,则还要对地层的稳定性进行观测。

这里以长江三峡水利枢纽工程为例进行说明。该工程规模之大、技术之复杂、综合效益之显著、历时之久都堪称世界之最。大坝总长2 309.47 m,最大坝高181 m,总混凝土工程量约1 600万 m^3,库容393亿 m^3,装机26台,总功率1 820万 kW。永久船闸是目前世界上规模最大、水头最高的双线连续5级船闸,年单向通过能力为5 000万吨,船闸人工边坡的最大坡高高达170 m。茅坪溪防护坝顶长1 062 m,最大坝高104 m。

对于像三峡水利枢纽工程这样的超级大型建设(见图5-1),规划设计阶段的测量历时长达数年或更长,除了大坝选址需要做许多测量供方案比选外,还要作数千千米的水库淹没调查与测量,计算不同设计坝高下的库容、淹没面积、搬迁人口等,还要进行河道比降、纵断面、横断面测量,流速、流量、水深等水文测量,区域和局部的地质测量。对大坝选址的比选区和库区的不良地质区段,要作地形变监测。图5-2是某大型电站工程下游的滑坡监测区示意图,其中Ⅱ区的变形最大,规划设计阶段的监测资料是水电工程大坝选址的重要依据。

所测绘的各种比例尺的地形图、地质图、水文图以及其他调查与测量资料，是工程各类设计的基础。在这个意义上，人们把测绘人员比作工程建设的尖兵。

图 5-1　长江三峡水利枢纽工程示意图

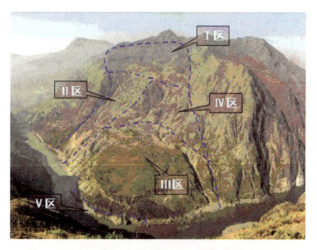

图 5-2　某电站下游的滑坡监测区示意图

工程规划设计阶段所用的地形图一般比例尺较小，可直接使用1∶1万～1∶10万的国家地形图系列。对于一些大型工程，往往需要专门测绘区域性或带状性地形图，一般采用航空摄影测量方法测图。而对于1∶1 000～1∶5 000比例尺的局部地形图或带状地形图，大多采用地面测量的模拟法白纸成图或机助法数字成图。

工程测量中的地形测绘还包括水下(含江、河、库、湖、海等)地形测绘和各种纵横断面图测绘。

5.2.2　施工建设阶段

工程建设的设计经过论证、审查和批准之后，即进入施工阶段。这时，首先要根据工地的地形、地质情况，工程性质及施工组织计划等，建立施工测量控制网；然后，再按照施工的要求,采用不同的方法,将图纸上所设计的抽象几何实体在现场标定出来,使之成为具体几何实体,这就是常说的施工放样。施工放样的工作量很大,是施工建设阶段最主要的测量工作。施工期间还要进行施工质量控制,对于施工测量来说,主要是几何尺寸的控制,例如高耸建筑物的竖直度、曲线、曲面型建筑的形态、隧道工程的断面等。为了监测工程进度,测绘人员还要作土、石方量测量,还要进行竣工测量,变形观测以及设备的安装测量等,其中,机器和设备的安装往往需要达到计量级精度,为此,往往需要研究专门的测量方法和研制专用的测量仪器和工具。施工中的各种测量是施工管理的耳目,监控着工程质量、工程加固措施的制定乃至施工设计的部分改变都需要测量提供实时、可靠的数据。

仍以三峡水利枢纽工程为例,它的施工测量控制网最先采用边角网,在施工期间要进行多次重复观测。高程控制采用一等水准测量将国家高程引测到坝区。工作基点通常为离建筑物较近或在基础部位设置的深埋双金属标或测温钢管标。软弱夹层等地质缺陷监测也是通过设置钢管标组来实现的。永久性建筑物采用一等水准测量精度施测垂直位移。大坝的上下游一个相当大的范围都要测绘1∶1 000～1∶500乃至更大比例尺的地面和水下地形图,供技术、施工设计之用。从大坝进出及坝区交通布设、导流围堰施工、大坝基础开挖,厂房、溢洪闸、船闸、副坝施工,到后勤管理及生活区建设,无不需要经常而繁杂的施工测量工作。起重机、闸门、水轮机发电机组以及升船机等大型机器设备的安装、调校,需要精密工程测量来保障。每天的挖填土石方、浇筑混凝土方都需要准确地测量计算;在施工建设阶段,为全面、准确地掌握工程各建筑物(含基础与边坡岩体)及近坝区岸坡在施工、蓄水过程中的性状变化和安全状态,要建立三峡工程安全监测系统并作包含高边坡、建筑物及基础两大部分的各种变形监测,以及近坝区地壳形变监测与滑坡监测。外部要布设变形监测网,在重要部位布置变形监测目标点,进行周期性的观测。三峡工程水平位移监测全网、简网均为一等边角网,其设计精度为位移量中误差不大于±2 mm,网点和目标点均采用带强制归心的砼墩。内部布设了纵横交错的多层观测廊道,安置了包括测量水平位移、垂直位移、坝体挠度、坝基倾斜,接缝和裂缝开合度的成千上万的各种仪器和传感器。在工程进行的中后期,需要作竣工测量,绘制竣工图。

5.2.3 运行管理阶段

在工程建筑物运营期间,为了监视工程的安全和稳定的情况,了解设计是否合理,验证设计理论是否正确,需要定期地对工程的动态变形如水平位移、沉陷、倾斜、裂缝以及震动、摆动等进行监测,即通常所说的变形观测。为了保证大型机器设备的安全运行,要进行经常性的检测和调校。为了对工程进行有效的维护和管理,要建立变形监测系统和工程管理信息系统。

以三峡水利枢纽工程为例,其变形观测的内容、方法和仪器包括:

(1) 混凝土建筑物及基础变形:正、倒垂线。

(2) 大坝和永久船闸闸墙水平位移:引张线与正、倒垂线联合,真空激光位移测量系统(其中坝顶一套全长2 005 m,测点99个)。

(3) 茅坪溪防护土石坝的坝面水平位移:视准线法(经纬仪小角法)。

(4) 高边坡深层岩体(排水洞监测支硐)的水平位移:伸缩仪、专门的精密量距带尺。

(5) 岩体深部重要断层、裂隙的错动:活动式钻孔倾斜仪。

(6) 永久船闸高边坡变形,水平向多点位移计。

(7) 垂直位移：用精密水准测量建立基准点和工作基点，用液体静力水准测量监测建筑物基础的垂直位移，设置竖直传高仪器将高程从坝面传递到坝腰、坝基，从永久船闸闸面传递到基础。

(8) 挠度与倾斜/转动：采用一线多测站式正垂线。

(9) 裂缝和接缝：测缝计。

(10) 其他测量方法：全球定位系统(GPS)、测量机器人(Georobot)。

5.2.4 典型的工程测量问题

隧道(洞)贯通是一个典型的工程测量问题，对于山岭铁路隧道，进口(J)到出口(C)之间对向开挖，要求在贯通面的竖直和水平方向上正确贯通(如图 5-3(a)、(b))，否则将出现所谓"穿袖子"的情形(如图 5-3(c)、(d))。若出现"穿袖子"情形，须修改设计，必然造成工程损失。洞内外平面与高程施工控制测量以及定线放样，是指导隧道开挖和正确贯通的保障，为此，需要进行有关工程控制网布设、平差计算和工程放样等测绘工作。

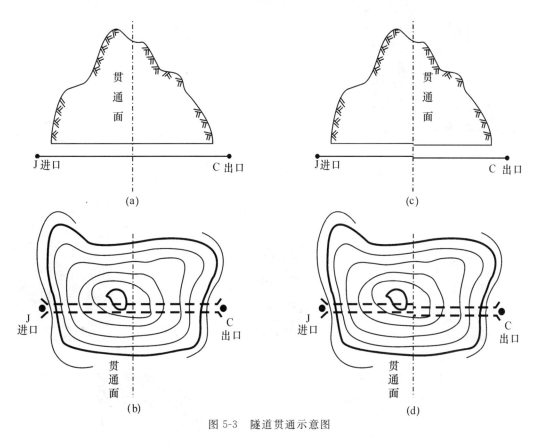

图 5-3 隧道贯通示意图

5.3 工程测量的仪器和方法

工程测量最基本的任务可概括为两点：一是确定现实世界中被测对象上任意一点在某一坐标系中用二维或三维坐标来描述的位置，二是将设计的或具体的物体根据已知数据安置在现实空间中的相应位置。前者称为测量,后者称为放样或测设。测量和放样都是使用工程测量的仪器和方法通过获取角度、距离、高差等观测量来实现的。

5.3.1 工程测量仪器

工程测量仪器是测量角度、边长、高差等几何量和空间位置(坐标)的常规测量仪器、现代测量仪器以及专用仪器的总称。

1. 角度测量仪器

角度是测量的最基本元素之一,包括水平角和竖直角。水平角是一点到两目标点的方向线垂直投影在水平面上所构成的角度;竖直角是一点到目标点的方向线与水平面的夹角,若方向线在水平面之上,竖直角为正,称仰角;否则,竖直角为负,称俯角。竖直角也称垂直角或高度角。方向线与铅垂线的夹角称为天顶距。天顶距与垂直角的起始方向相差90°。方向线与真北方向之间的夹角为方位角,方位角的起始方向为真北方向在水平面上的投影。

角度测量的仪器主要是经纬仪,经纬仪分为光学经纬仪和电子经纬仪两大类;测量方位角的仪器称陀螺经纬仪。目前,光学经纬仪逐渐被电子经纬仪所取代,单纯的电子经纬仪也较少了,主要把电子测角和测距集成在一起,成为电子全站仪(见图5-4)。测量机器人是电子全站仪的极品,具有自动识别和照准目标的功能,可实现测量和数据处理的自动化,将测量机器人安置在观测房内,可实现持续、全自动化的变形监测(见图5-5)。把陀螺经纬仪与全站仪集成在一起,成为陀螺全站仪(见图5-6)。

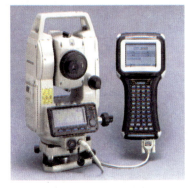

图 5-4 电子全站仪

(a) Trimble S6 DR

(b) Leica TCA 2003

(c)

(d)

(e)

图 5-5 测量机器人

(a)　　　　　　　　　图 5-6　陀螺全站仪　　　　　　　(b)

2. 距离测量仪器

距离也是最基本的观测量元素之一。距离分两点间的连线距离(斜距)、两点间连线在水平面上的投影(平距)、一点到一平面(或一条直线)的垂直距离(偏距)等。一般是指斜距,这种距离测量主要有三种方法:直接丈量法、视距测量法和物理测距法。直接丈量法就是用皮尺、钢尺或铟瓦线尺直接在地面上丈量两点间的距离,精度有高有低;视距测量法是利用装有视距丝装置的测量仪器(如经纬仪、水准仪等)配合标尺,利用相似三角形原理,间接测定两点间距离,这种方法的精度较低。物理测距法是利用光波或电磁波的波长与时间的关系来测定两点间的距离。例如,应用最多的电磁波测距法,是通过电磁波的传播速度和测定电磁波束在待测距离上的往返传播时间来计算待测距离的。利用光的干涉原理研制的双频激光干涉仪是目前距离测量仪中精度最高的一种,它能在较差的环境中达到 5×10^{-7} 左右的测量精度,测程可达数十米,适合于高精度工程测量以及对测距仪、电子全站仪的检测。三维激光扫描仪(见图 5-7)本质上也是一种测角和距离测量的仪器,可对被测对象在不同位置进行扫描,通过极坐标测量原理快速地获取物体在给定坐标系下的三维坐标,经坐标转换和建模,可输出被测对象的各种图形和数字模型,还能直接转换到 CAD 成图。车载、机载激光扫描仪将成为 21 世纪地面数据采集的主要手段。

  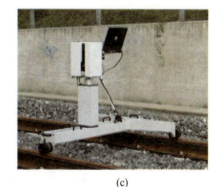

(a)　　　　　　　　　(b)　　　　　　　　　(c)

图 5-7　激光扫描仪

全球定位系统(GPS)是距离测量的最大法宝,用 GPS 技术可测量地球空间中任意两点间的距离。这两点可在地面上,也可在空中(如飞机上),从数米(或更小)到数千千米(或更大),如图 5-3 中的 J、C 两点。更有甚者,还可确定两点间的方向。图 5-8 为 GPS 接收机。

(a)

(b)

图 5-8　GPS 接收机

两点间连线在水平面上的投影(平距)一般要同时测量斜距和高度角通过计算得到,最常用的仪器是经纬仪和全站仪。

一点到一平面(或一条直线)的垂直距离(偏距)在许多精密工程测量的实践中遇到。这种偏距测量工作的特点是垂直距离一般较小,如不超过几米,绝对精度很高,如几十个微米。测量偏距的仪器有用带探测器的尼龙丝准直系统、带有跟踪接收机的激光准直系统等。

3. 高程测量仪器

高程测量,即高差测量,主要有几何水准测量、液体静力水准测量和电磁波测距三角高程测量等方法。其中几何水准测量和三角高程测量原理参见第 2 章的相关内容。图 5-9 是测量自动化程度更高的电子水准仪。而液体静力水准测量是直接利用静止液体表面求两点高差的方法。

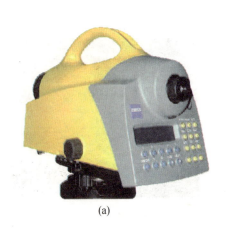
(a)

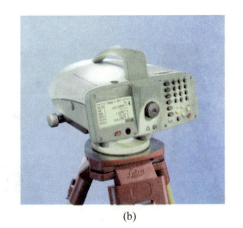
(b)

图 5-9　电子水准仪

两点间的高差及其变化也可以用倾斜仪测量。目前倾斜仪的种类很多,大体可以分为"短基线"倾斜仪和"长基线"倾斜仪两种。前者一般用垂直摆锤或水准管气泡作为参考线;后者一般根据静力水准测量的原理做成。

4. 坐标测量仪器

电子全站仪、激光扫描仪和 GPS 接收机能获取被测点在某一给定坐标系下的坐标。

5. 其他测量设备

上面是最主要的测量仪器,其中大部分为通用仪器。在工程测量中还有许多专用仪器,可用于微小角度,距离和高差及其变化量的测量,也可测量平行度、光滑度、铅直度、厚度、倾斜度、水平度等。此外还有一些与测量值的改正、计算和处理有关的其他量需要获取,如温度、气压、湿度、水位、渗流、渗压、应力、应变等。除测量仪器外,还有各种各样的配套设备,如强制对中装置、基座、照准标志和棱镜等(见图 5-10)。

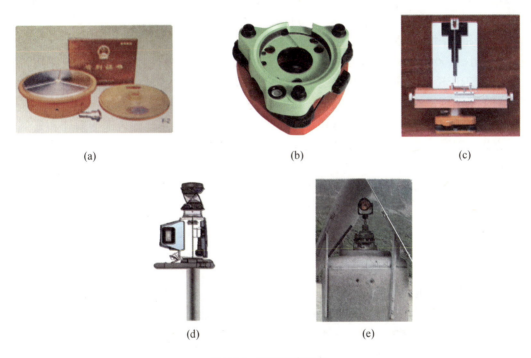

图 5-10　测量配套设备

5.3.2　工程测量方法

1. 常规测量方法

指用常规的或现代的测量仪器测量方向(或角度)、边长和高差等观测量所采用方法的总称。通过由方向(或角度)、边长等观测量连接的,由三角形、大地四边形、中点多边形、边角同测的多边形环构成的各种平面网,在确定的坐标系下,可根据已知点坐标按严密的平差方法解算得到未知点的平面坐标。最常用的方法有:极坐标法、直角坐标法、交会法、网平差法以及由基本方法派生的其他各种方法;通过由高差观测量连接的,由结点和环线构成的高程网,可根据已知点高程按严密的平差方法解算得到未知点的高程。

2. 摄影测量方法

摄影测量方法主要用于三维工业测量和特殊的工程测量任务,其精度主要取决于像点坐标的量测精度和摄影测量的几何强度。前者与摄影机和量测仪的质量、摄影材料质量有关,后者与摄影站和变形体之间的关系以及变形体上控制点的数量和分布有关。在数据处理中采用严密的光束法平差,将外方位元素、控制点的坐标以及摄影测量中的系统误差如底片形变、镜头畸变作为观测值或估计参数一起进行平差,可以进一步提高变形体上被测目标点的精度。目前,像片坐标精度可达 $2\sim4~\mu m$,目标点精度可达摄影距离的十万分之一。

3. 特殊测量方法

作为对常规大地测量方法的补充或部分代替,这些特殊测量方法特别适合于工业测量中的设备安装、调校和变形监测。这些方法的特点是:操作特别方便简单,精度特别高(许多时候是精确地获取一个被测量值的变化,而对被测量值本身的精度要求不很高)。下面仅择几种典型方法予以说明。

1) 短距离测量方法

对于小于 50 m 的距离,由于电磁波测距仪的固定误差所限,根据实际条件可采用机械法。如 GERICK 研制的金属丝测长仪,是将很细的金属丝在固定拉力下绕在铟瓦测鼓上,其优点是受温度影响小,在上述测程下可达到优于 1 mm 的精度。

对于建筑预留缝和岩石裂缝这种更小距离的测量,一般采用预埋内部测微计和外部测微计方法。测微计通常由金属丝或铟瓦丝与测表构成,其精度可优于 0.01 mm。

2) 准直测量法

水平基准线通常平行于被监测物体,如大坝、机器设备的轴线。偏离水平基准线的垂直距离测量称准直测量。基准线可用光学法、光电法和机械法产生。

光学法是用一般的光学经纬仪或电子经纬仪的视准线构成基准线,也采用测微准直望远镜的视准线构成基准线。若在望远镜目镜端加一个激光发生器,则基准线是一条可见的激光束。光学法准直测量有测小角法、活动觇牌法和测微准直望远镜法。

光电法是通过光电转换原理测量偏距的,最典型的是三点法波带板激光准直。激光器点光源中心、光电探测器中心和波带板中心三点在一条直线上,根据光电探测器上的读数可计算出波带板中心偏离基准线的偏距。

机械法是在已知基准点上吊挂钢丝或尼龙丝(亦称引张线)构成基准线,用测尺游标、投影仪或传感器测量中间的目标点相对于基准线的偏距。

3) 铅直测量法

以过基准点的铅垂线为垂直基准线,沿铅垂基准线的目标点相对于铅垂线的水平距离(称偏距)可通过垂线坐标仪、测尺或传感器得到。与水平基准线一样,可以用光学法、光电法或机械法产生。例如,两台经纬仪过同一基准点的两个垂直平面的交线即为铅垂线。用精密光学垂准仪可产生过底部基准点(底向垂准仪)或顶部基准点(顶向垂准仪)的铅垂线。光学法仪器中加上激光目镜,则可产生可见铅垂线。机械法主要是克服风和摆动的影响,最常用的机械法是正、倒垂线法(测量装置见图 5-11、图 5-12)。

正垂线法:主要包括悬线装置、固定与活动夹线装置、观测墩、垂线、重锤、油箱等。固定夹线装置是悬挂垂线的支点,应安装在人能到达之处,以便于调节垂线的长度或更换垂线。

图 5-11 正锤装置

图 5-12 倒锤装置

支点在使用期间应保持不变。活动夹线装置为多点夹线法观测时的支点。垂线是一种直径为 1~2.5 mm 的高强度且不生锈的金属丝。重锤是用金属制成砝码形式的使垂线保持铅垂状态的重物。油箱的作用是保持重锤稳定。

倒垂线法：它是利用钻孔将垂线一端的连接锚块深埋到基岩之中，从而提供了在基岩下一定深度的基准点，垂线另一端与一浮体箱连接，垂线在浮力的作用下拉紧，始终静止于铅直的位置，形成一条铅直基准线。倒垂线的位置与工作基点相对应，利用安置在工作基点上的垂线坐标仪可测定工作基点相对于倒垂线的坐标，比较其不同观测周期的值，可求得工作基点的位移。

4）液体静力水准测量法

该方法基于伯努利方程，即对于连通管中处于静止状态的液体压力满足伯努利方程。按该原理制成的液体静力水准测量仪或系统可以测两点或多点之间的高差，其中的一个观测头可安置在基准点上，其他观测头安置在目标点上，进行多期观测，可得各目标点的垂直位移。这种方法特别适合建筑物内部（如大坝）的沉降观测，尤其是适用于用常规的光学水准仪观测较困难且高差又不太大的情况。目前，液体静力水准测量系统采用自动读数装置，可实现持续监测，监测的目标点可达上百个，同时也发展了移动式系统，测量的高差可达数米。

5）倾斜测量法

挠度曲线为相对于水平线或铅垂线（称基准线）的弯曲线，曲线上某点到基准线的距离称为挠度。例如,在建筑物的垂直面内各不同点相对于底点的水平位移就称为挠度。大坝在水压作用下产生弯曲,塔柱、梁的弯曲以及钻孔的倾斜等,都可以通过正、倒垂线法或倾斜测量方法获得挠度曲线。高层建筑物在较小的面积上有很大的集中荷载,从而导致基础与建筑物的沉陷,其中不均匀的沉陷将导致建筑物倾斜,局部构件发生弯曲而引起裂缝。这种倾斜和弯曲将导致建筑物的挠曲。建筑物的挠度可由观测不同高度处的倾斜来换算求得,大坝的挠度可采用正垂线法测得。

两点之间的倾斜也可用测量高差或水平位移,通过两点间距离进行计算间接获得。用测斜仪可直接测出倾角。测斜仪包括摆式测斜仪、伺服加速度计式测斜仪以及电子水准器等。采用电子测斜仪可进行动态观测。

6) 振动(摆动)测量法

对于塔式建筑物,在温度和风力荷载作用下,其挠曲会来回摆动,从而需要对建筑物进行动态观测——振动(摆动)观测。对于特高的房屋建筑,也存在振动现象。例如美国的帝国大厦,高102层,观测结果表明,在风荷载下,最大摆动达7.6 cm。为了观测建筑物的振动,可采用专门的光电观测系统,该方法的原理与激光准直相似。

5.4 工程控制网的布设

5.4.1 控制网的坐标系

对于平面来说,工程控制网中采用的坐标系有国家坐标系、城市坐标系和工程坐标系。国家坐标系一般是1954北京坐标系或1980西安坐标系,已知点的坐标是某3°或6°带的高斯平面直角坐标。城市坐标系所采用的椭球不一定是参考椭球,中央子午线也不一定是国家3°带的中央子午线。工程测量中的工程坐标系采用最多的是独立平面直角坐标系,即选一个自定义投影带,采用与测区平均高程面相切且与参考椭球面相平行的椭球面,通过测区中部的子午线作为中央子午线,所建立的工程控制网是不与大地测量控制网相联系的专用网。

5.4.2 控制网的作用和分类

工程控制网的作用是为工程建设提供工程范围内统一的参考框架,为各项测量工作提供位置基准,满足工程建设不同阶段对测绘在质量(精度、可靠性)、进度(速度)和费用等方面的要求。工程控制网具有控制全局、提供基准和控制测量误差积累的作用。工程控制网与国家控制网既有密切联系,又有许多不同的特点。工程控制网分类如下:

(1) 按用途分:测图控制网、施工测量控制网、变形监测网、安装测量控制网;
(2) 按网点性质分:一维网(或称水准网、高程网)、二维网(或称平面网)、三维网;
(3) 按网形分:三角网、导线网、混合网、方格网;
(4) 按施测方法划分:测角网、测边网、边角网、GPS网;
(5) 按基准分:约束网、自由网;
(6) 按其他标准划分:首级网、加密网、特殊网、专用网。

下面按用途介绍各类工程控制网。

1. 测图控制网

测图控制包括平面控制和高程控制两部分。测图平面控制网的作用在于控制测量误差的累积，保证图上内容的精度均匀和相邻图幅正确拼接。测图控制网的精度是按测图比例尺的大小确定的，通常应使平面控制网能满足 1∶500 比例尺测图精度要求。四等及以下各级平面控制的最弱边边长中误差不大于图上 0.1 mm，即实地的中误差不大于 5 cm。测图控制网一般应与国家控制点相连。对于小型或局部工程，也可将首级测图控制网布成独立网。

测图高程控制网，通常采用水准测量或电磁波测距三角高程的方法建立。

2. 施工控制网

施工平面控制网应根据总平面设计和施工地区的地形条件布设。目前，大多数施工平面控制网都采用 GPS 技术建立。对于建立特高精度的网，则采用地面边角网或与 GPS 网相结合的办法，使两者的优势互补。

相对于测图控制网来说，施工平面控制网具有以下特点：

(1) 控制的范围较小，控制点的密度较大，精度要求较高。

(2) 使用频繁。对控制点的稳定性、使用的方便性以及点位在施工期间保存的可能性等有更高的要求。

(3) 受施工干扰大。

(4) 控制网的坐标系与施工坐标系一致。

(5) 投影面与工程的平均高程面一致。

(6) 有时分两级布网，次级网可能比首级网的精度高。

图 5-13 是隧道洞外 GPS 平面控制网的例子，长隧道(洞)一般可近似作为直线型处理，在进、出口线路中线上布设进、出口点(J、C)，进、出口再各布设 3 个定向点(J_1、J_2、J_3 和 C_1、C_2、C_3)，进、出口点与相应定向点之间应通视。取独立的工程平面直角坐标系，以进口点到出口点的方向为 X 方向，与之相垂直的方向为 Y 方向。贯通面位于隧道中央且与 Y 方向平行。

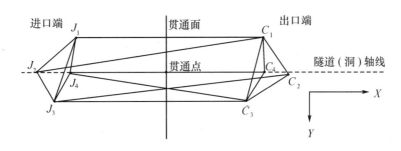

图 5-13 隧道洞外 GPS 平面控制网布设示意图

施工高程控制网通常也分为两级布设。首级高程控制网采用二等或三等水准测量施测，加密高程控制网则用四等水准测量。

对于起伏较大的山岭地区(如水利枢纽地区)，平面和高程控制网通常单独布设。对于平坦地区(如工业场地)，平面控制点通常兼作高程控制点。

3. 变形监测网

变形监测网由参考点和目标点组成。一个网可以由任意多个网点组成,但至少应由一个参考点、一个目标点(确定绝对变形)或两个目标点(确定相对变形)组成。参考点应位于变形体外,是网的基准,目标点位于变形体上。变形体的变形由目标点的运动描述。变形监测网分一维网、二维网和三维网。

变形监测网的坐标系和基准的选取应遵循以下原则:变形体的范围较大且形状不规则时,可选择已有的大地坐标系统。将监测网与已有的大地网联测或将大地控制网点直接作为参考点。由于变形监测网的精度有时高于国家大地控制网的精度,与大地网点连接时,为了不产生尺度上的紧张,应采用无强制的连接方法,即一维网只固定一个点,二、三维网再固定一个定向方向。

对于那些具有明显结构性特征的变形体,最好采用基于监测体的坐标系统。该坐标系统的坐标轴与监测体的主轴线重合、平行或垂直,这时目标点的变形恰好在某一坐标方向上。

图 5-14 是一个大坝变形监测网。网中有五个目标点(9,10,11,12,13)布设在拱坝的背水面上,1,2,3,4,5 五个点为工作基点,6,7,8 三个点为具有保护作用的基准点。目标点、工作基点和基准点构成网,通过周期观测可得到目标点相对于基准点的位移。

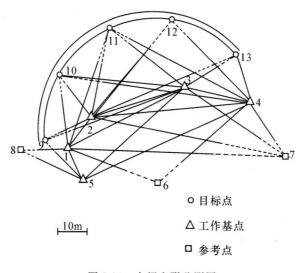

图 5-14 大坝变形监测网

4. 安装测量控制网

安装测量控制网通常是大型设备构件安装定位的依据,也是工程竣工后建筑物和设备变形观测及设备调整的依据。它们一般在土建工程施工后期布设。控制网点的密度和位置应能满足设备构件的安装定位要求,点位的选择不受地形、地物、图形强度等的影响,而要考虑设备的位置和数量、建筑物的形状、特定方向的精度要求等。安装测量控制网通常是一种微型边角网,边长较短,一般从几米至一百多米。整个网由形状相同、大小相等的基本图形组成。

对于直线形的建筑物,可布设成直伸形网;对于环形的地下建筑物,可布设成各种类型的环形网,如直接在环形隧道内建立微型四边形构成的环形网或测高环形三角形网;对于大型无线电天线,可布设成辐射状控制网。

5.4.3 控制网的设计

1. 网的质量准则

网的质量准则主要是精度、可靠性、建网费用。对于变形监测网,它还包括灵敏度。

精度准则常采用的有点位精度、相对点位精度、特征值以及主元等指标。实际应用中,只需计算点位精度和相对点位精度就足够了。点位精度与基准的位置有关,对于独立网来说,最好是将最靠近网的重心的点作为已知点,以通过该点的最接近中心线的方向作为起始方向,这样可保证点位精度在数值上达到最小。实际上,应将相对点位精度或最弱边精度作为精度准则,因为它们是与基准的位置无关的不变量。无论是独立网还是约束网,只有在相同的基准下进行精度比较才有意义。

控制网的可靠性是指发现观测值粗差的能力(内部可靠性)和抵抗观测值粗差对平差结果影响的能力(外部可靠性)。

建网费用与网的精度、可靠性要求有关:精度要求越高,则所用仪器设备越贵,建网费用越高;可靠性要求越高,则观测越多,建网费用也越高。

变形监测网的灵敏度是指在特定方向的精度。

网的质量准则与网的图形、观测值种类、精度和数量观测方案密切相关。

2. 网的优化设计

工程控制网优化设计是指用最优的指标(费用、精度、可靠性、灵敏度等)达到目的、满足要求。

网的优化设计方法有两种:解析法和模拟法。

解析法适于各类设计,它是通过数学方程的表达,用最优化方法解算。零类设计采用S-变换法;一类设计中的最佳点位确定常采用变量轮换法、梯度法等;二类和三类设计主要采用数学规划法。

模拟法优化设计是借助测量工作者的实践经验和专业知识,为了得到优化解,要多次进行网的模拟,其过程为:

——提出设计任务和经过实地踏勘的网图。

——从一个认为可行的起始方案出发,用模拟的观测值进行网平差,计算出各种精度和可靠性值,需要时用图形显示出来。

——对成果进行分析,找出网的薄弱部分,并对观测方案进行修改。某些情况下要增加新点和新的观测方向,还要结合实地踏勘确定。

——对修改的网再作模拟计算、分析、修改,如此重复进行。

对于上述的模拟优化过程,只需适当的平差程序即可进行。由于重复计算量大,中间计算结果应尽可能直观,最好采用人机交互方式进行。

网的优化设计是一个迭代求解过程,它包括以下内容(见图 5-15):提出设计任务;制定设计方案;方案评价;方案优化。

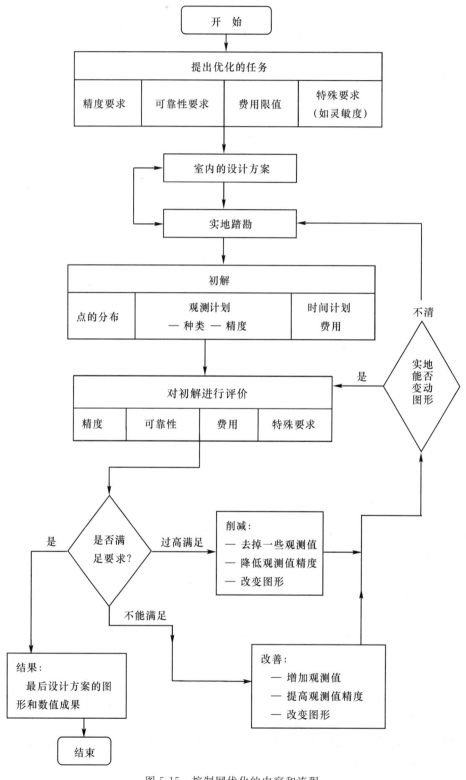

图 5-15 控制网优化的内容和流程

设计任务必须由测量人员与应用单位共同拟订。通常是后者提出要求,测量人员将这些要求具体化。每一个优化任务指标都必须表示为数值上的要求。例如,对于控制大面积的测图控制网,必须提出单位面积上应布设的控制点点数和尽可能均匀的精度;而对于施工控制网和变形监测网,通常要求在某些方向上具有较高的精度,而点的分布则需根据某些边界条件来考虑。

设计方案包括网的图形和观测设计方案,观测设计方案系指每个点上所有可能的观测。它是通过室内设计和野外踏勘制定的。制定时需考虑参加的人员、使用的仪器以及测量的时间,须作经济核算,整个花费不能超过与业主单位所达成的总经费。

方案评价按精度和可靠性准则进行,还应考虑费用和灵敏度。对于费用较高的网应从多方面进行评价。

方案优化主要是对网的设计进行修改,以期得到一个接近理想的优化设计方案。

5.4.4 控制网的数据处理

控制网的数据处理内容包括:控制网的优化设计、控制测量内外业作业的一体化及数据处理自动化中的外业数据采集、检查、数据传输、数据转换、内业数据处理、观测值粗差探测与剔除、方差分量估计、控制网平差和控制网的数据管理,此外还包括闭合差计算、贯通误差影响值估算、网图显绘、报表打印以及叠置分析等。

控制网平差除了求坐标未知数的最佳估值外,还包括总体精度、点位精度、相对点位精度以及未知数函数精度的计算、坐标未知数协方差阵的谱分解、主分量分析、网的内部和外部可靠性计算,以及变形监测网灵敏度计算等。

5.5 施工放样与设备安装测量

5.5.1 施工放样概述

施工放样的任务是将图纸上设计的建(构)筑物的平面位置和高程,按设计要求、以一定的精度在实地标定出来,作为施工的依据。施工放样包括平面位置和高程放样,又分直线放样、曲线放样、曲面放样和形体放样,即点、线、面、体的放样。其中,点放样是基础,放样点必须满足特定的条件:如在一条给定的直线或曲线上,或在已知曲面上且空间形状符合设计要求。放样与测量的原理相同,使用的仪器和方法也相同,只是目的不一样。测量是把具体物体或目标点的位置用坐标的形式确定下来,需要时标示在图上,而放样是把图上设计的物体按确定的尺寸或坐标在实地标定下来。放样方法分直接放样法和归化法放样。直接放样法是根据放样点的坐标计算放样元素,用逐渐趋近法把放样点的位置在实地标定下来;归化法放样是先用直接放样法作近似放样,再用测量的方法测出放样点的坐标,将计算的放样点的理论坐标与实测坐标相比较,由差值可归化改正到理论位置。归化法是一种精密的放样方法。两种放样方法都包括以下各种方法:极坐标法、直角坐标法、各种交会法(如方向交会、距离交会、方向距离交会)、偏角法、偏距法、投点法等。采用的仪器除常规的光学经纬仪、电子经纬仪、光学水准仪、电子水准仪以及电子全站仪外,还有一些专用仪器,目前 GPS 技术也可用于工程的施工放样。

5.5.2 施工放样方法

1. 直接放样方法

1) 高程放样

可采用几何水准法或电磁波测距三角高程法放样,一般用水准仪或电子全站仪进行。如图 5-16 所示,用电子全站仪放样 B 点的高程,在 O 处架设全站仪,后视已知点 A(目标高为 l),测得 OA 的距离 S_1 和垂直角 α_1,从而得全站仪中心的高程为:

$$H_O = H_A + l - \Delta h_1$$

然后测得 OB 的距离 S_2 和垂直角 α_2,从而得 B 点(目标高也为 l)的高程为:

$$H_B = H_O + \Delta h_2 - l = H_A - \Delta h_1 + \Delta h_2$$

将测得的 B 点高程 H_B 与设计值比较,可得到放样高程点 B。

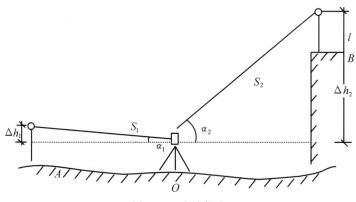

图 5-16 全站仪法

2) 角度和距离放样

放样角度实际上是从一个已知方向出发放样出另一个方向,使它与已知方向间的夹角等于预定角值。用经纬仪或电子全站仪可很容易地进行角度放样。

距离放样是将图上设计的已知距离在实地上标定出来,即按给定的一个起点和方向标定出另一个端点。它可根据要求精度用量尺丈量或用光电测距仪、电子全站仪方便地进行。

3) 点位放样

工程建筑物的形状和大小常通过其特征点在实地标示出来,如矩形建筑的四个角点、线型建筑物的转折点等,因此点位放样是建筑物放样的基础。点的平面位置放样是最常用的,主要方法是极坐标法、交会法、直接坐标法。放样点位时应有两个以上的控制点,且放样点的坐标是已知的,通过距离和角度来放样待定点。

(1) 极坐标法

如图 5-17 所示,设 A、B 为已知点,P 为放样点。在 A 点上架设经纬仪,先放样角 β,在角的方向上标定 P' 点,再从 A 点出发沿 AP' 放样距离 S,即得放样点 P。

(2) 交会法

距离交会法如图 5-18 所示。需要先根据坐标计算放样元素 S_1、S_2,然后在现场分别以两个已知点为圆心,以相应的距离 S_1 和 S_2 为半径用钢尺作圆弧,两弧线的交点即为放样点的位置。

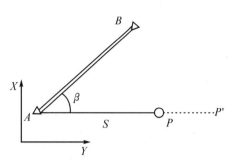

图 5-17 极坐标法

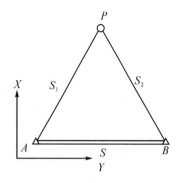

图 5-18 距离交会法(前方交会)

角度(方向)交会法如图 5-19 所示。放样元素是两角度 β_1、β_2,它们可按已知点和待放样点的设计坐标计算得到。放样时,在两个已知点上分别架设经纬仪,分别放样相应的角度,两经纬仪视线的交点即待放样点 P 的平面位置。

(3)坐标法

极坐标法放样需要事先根据坐标计算放样元素,而坐标放样法不需要事先计算放样元素,只要提供坐标就行。坐标放样可采用电子全站仪或 GPS 接收机的实时动态定位法 GPS RTK 进行。

将电子全站仪架设在已知点 A 上,只要输入测站已知点 A、后视已知点 B 和待放样点 P 的坐标,瞄准后视点定向,按下反算方位角键,则仪器自动将测站与后视的方位角设置在该方向上。然后按下放样键,仪器自动在屏幕上用左右箭头提示,将仪器往左或往右旋转,可使仪器到达设计的方向线上。接着通过测距离,仪器将自动提示棱镜前后移动,直到放样出设计的距离,就完成点位的放样。

在实际工作中,往往采用自由设站法进行放样,这时全站仪不必架设在已知点上,而是架设在一个便于观测的地方,如图 5-20 所示的 S 点,通过对已知点 A、B、C 的方向后方交会、距离后方交会或方向距离后方交会,可得到 S 点的坐标,输入待放样点 P 的坐标,可按前述方法完成放样点 P 的标定。

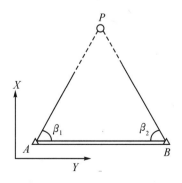

图 5-19 角度(方向)交会法(前方交会)

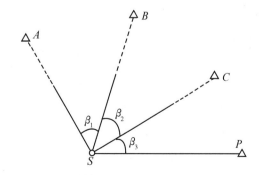

图 5-20 自由设站法

GPS RTK适合顶空障碍小的空旷地区,需要一台基准站接收机、一台流动站接收机和用于数据传输的电台。将基准站的相位观测数据及坐标信息传送给流动站,经实时差分处理可得流动站实时坐标,与设计值相比较可得到放样点的位置。

4) 直线和铅垂线放样

直线放样非常简单,可用经纬仪或电子全站仪采用正、倒镜法(盘左、盘右)进行,可放样出直线。

在高层和高耸建筑物或地下的建筑物施工中,为保证建筑物的垂直度而经常采用铅垂线放样。一般有:

(1) 经纬仪+弯管目镜法:卸下经纬仪的目镜,装上弯管目镜,使望远镜的视线指向天顶,通常使照准部每旋转90°向上投一点,这样就可得到四个对称点,中点即为铅垂线的点。

(2) 光学铅垂仪法:光学铅垂仪是专门用于放样铅垂线的仪器,仪器有上、下两个目镜和两个物镜,可以向上或向下作垂直投影,垂直精度为1/40 000。

(3) 激光铅垂仪:高精度激光铅垂仪可以同时向上或向下发射垂直激光,用户可以很直观地找到它的垂直激光点,垂直精度为1/30 000。

2. 归化法放样

归化法放样也包括角度放样、点位放样、直线放样等,这里介绍一种构网联测的归化放样方法。在高精度的施工放样中,施工控制点通常采用带有强制对中盘的观测墩。通过构网联测平差后,可将控制点归化到某一特定的方向或特定位置,便于架设仪器直接放样;也可以将控制点与用直接放样法得到的粗略放样点一起构网联测,平差后,可求得各粗略放样点的归化量,再将放样点归化改正到设计位置。

3. 特殊施工放样方法

对于一些特殊的工程,如建造大佛,就需要采用摄影测量的方法;对超长型跨海大桥,其定位必须采用网络RTK法放样;而对某些不规则的建筑物,可综合一些常规技术进行放样。

5.5.3 曲线测设

将设计的曲线从图纸放样到地面的工作称曲线测设。曲线包括圆曲线、缓和曲线、复曲线和竖曲线等(见图5-21)。圆曲线又分单曲线和复曲线两种。单曲线具有单一半径;复曲线具有两个或两个以上不同半径。最常见的是带缓和曲线的圆曲线。铁路的曲线测设要求精度较高,常用的方法有偏角法、切线支距法、坐标法和极坐标法等。

5.5.4 三维工业测量

为了进行工业设备的安装和检校,测量人员的主要任务是根据设计和工艺的总要求,将大量的工艺设备构件按规定的精度和工艺流程的需要安置到设计的位置、轴线、曲面上,同时在设备运转过程中进行必要的检测和校准,上述测量工作称三维工业测量。

工业设备的安装大到高能粒子加速器磁铁安装准直、大型水轮发电机组安装调试、民用客机整体安装、飞船对接,小到一般工业部件的组装等,涉及的服务领域多、部门广,工艺和精度要求也不相同,因此对工程测量的服务提出了很高的要求。针对不同的服务对象,安装测量涉及的测量仪器、设备和方法也不相同,特别是需要使用一些专用的测量工具等,在测

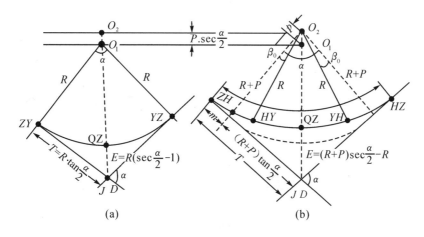

图 5-21 圆曲线和带缓和曲线的圆曲线

量难易程度和测量时间长短方面也存在很大的差异。有些安装测量精度可能达到计量的极限,安装工作伴随工程建设的全过程,有时甚至需要几年的时间。

工业测量系统按硬件一般分为经纬仪交会测量系统、极坐标测量系统(包括全站仪测量系统、激光跟踪测量系统、激光雷达/扫描测量系统)、摄影测量系统、距离交会测量系统和关节式坐标测量机五大类。其测量原理分别为极坐标、角度前方交会、距离前方交会和空间支导线。

经纬仪交会测量系统是由两台以上高精度电子经纬仪构成的空间角度前方交会测量系统。它是在工业测量领域应用最早和最多的一种系统。图 5-22 是电子经纬仪空间角度前方交会测量原理图。

极坐标测量系统的硬件是全站仪、激光跟踪仪和激光扫描仪。测量原理为极坐标方法,只需要测量一个斜距和两个角度就可以得到被测点的三维坐标。

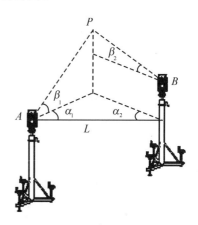

图 5-22 电子经纬仪空间角度前方交会

摄影测量系统在工业测量中的应用一般称为近景摄影测量、非地形摄影测量等。它经历了从模拟、解析到数字的变革,硬件也从胶片/干版相机发展到数字相机。近景摄影测量是通过两台高分辨率的相机对被测物同时拍摄,得到物体的 2 个二维影像,经计算机图像匹配处理后得到精确的三维坐标。距离交会测量系统是通过距离交会测量得到三维坐标的系统。距离测量可以得到更高的精度,而且纯距离测量的仪器结构设计要简单一些,因此基于距离测量的坐标测量方法在中、长距离上有突出的优越性。由于其测量原理与 GPS 相近,在工业厂房内应用时,也称之为室内 GPS 系统(Indoor GPS)。

关节式坐标测量机是利用空间支导线的原理实现三维坐标测量功能的。它也是非正交系坐标测量系统中的一类。

工业测量系统软件是工业测量系统的重要组成部分和系统应用的关键。针对不同的测量系统,国内外已有多个商业化的系统软件。虽然各系统硬件不同,应用领域有所区别,但软件的基本功能大部分是相同的。

5.5.5 竣工测量

在工业与民用建筑新建或扩建、改建以及运营管理的过程中,往往需要进行竣工测量。竣工测量要描述工程建筑场地的地形地物情况,标示地上(包括架空)和地下各种建(构)筑物的相关位置,形成竣工现状图和有关资料,目的是要让设计、施工和生产管理人员掌握工程建筑场地及全部建(构)筑物的现状。竣工测量资料既是工程的技术档案,又是生产管理和将来改、扩建的重要依据。一般在下述情况下,需要作竣工测量:

(1)原有工程改、扩建时,若无原有工程建(构)筑物的竣工测量资料,则必须重新取得其平面及高程位置,为改、扩建工程设计提供依据。

(2)对新建工程,为了检验设计的正确性,满足生产管理和变形观测的需要,须提交竣工图。若为分期施工,则每一期工程竣工后,应提交该期工程的竣工图,以便作为下期工程设计的依据。有的工程建筑(如地下管线)则需要在施工过程中及时测定。

竣工测量必须考虑以下原则:

(1)坐标系统应与原有的保持一致;

(2)充分利用已有的设计、施工和测量资料,保证前后衔接;

(3)要有足够的精度。

竣工现状图的内容:要求标示出地面、地下和架空的各建(构)筑物的位置,标示工程建筑场地的地形地物情况,还要在图上标示出重要细部点的坐标、高程等元素。当1:500比例尺图难以标示时,可作分图或更大比例尺的辅助图。

施测竣工现状图的要求:

(1)图幅大小主要取决于实际需要,一般多采用 50 cm×50 cm 的图幅。可采用实测现状或以复制、转绘、透写等手段作总图编绘。

(2)图的比例尺主要应考虑图面负荷、用图方便及图解精度,一般选择1:500的比例尺,与设计总平面的比例尺一致。

(3)竣工图的坐标和高程系统应与原有的系统保持一致。

在实测数据不完善的情况下,应根据已有的设计资料、施工测量资料逐步形成竣工总图。对于正在施工的新建工程而言,应编绘竣工总图。

5.6 工程变形监测分析与预报

5.6.1 变形监测的目的和内容

1. 变形监测概述

变形是指被监测对象(变形体)的空间位置随时间发生变化的形态和特征。工程的变形则是由于修建工程而发生的建筑物本身及环境的变化。变形体一般包括工程建筑物、技术设备以及其他自然或人工对象,如古塔与电视塔、桥梁与隧道、船闸与大坝、大型天线、车船与飞机、油罐与储矿仓、崩滑体与泥石流、采空区与高边坡、城市与灌溉沉降区域等。变形可分为变形体自身或内部的伸缩、错动、弯曲和扭转变形，以及变形体的整体平移、转动、升降和倾斜变形四种。变形又分非周期变形、周期变形两类，可用静态变形、似静态变形、运动变形以及动态变形模型描述。

变形监测是对被监视的对象或物体进行测量以确定其空间位置随时间的变化特征。变形分析分为变形的几何分析和物理解释。几何分析在于确定变形量的大小、方向及其变化，即变形体形态的动态变化。物理解释在于确定引起变形的原因，确定变形的模式。实际变形分析中可将两种方法结合起来进行综合分析预报。对于工程的安全来说，监测是基础，分析是手段，预报是目的。同时，变形监测属于多学科的交叉领域，涉及测绘、工程、地质、水文、应用数学、系统论和控制论等学科的知识。

2. 变形监测的目的

变形监测的目的主要为以下三个方面：

（1）安全保证。通过重复或持续监测，发现异常变化，以便及时处理，防止事故发生。

（2）积累资料。检验设计是否合理，作为以后修改设计方法、制定设计规范的依据。

（3）为科学试验服务。

为了能达到上述目的，对变形监测的精度要求很高，要求达到当时仪器、方法、技术的最高精度。

3. 变形监测的内容

变形监测的内容包括：工程建筑物的水平位移、垂直位移、倾斜、挠度、接缝与裂缝、地形形变（如滑坡）监测等。表 5-1 为以大坝为例所进行的变形监测的内容和精度要求。

表 5-1　　　　　　　　　　大坝变形监测的内容和精度要求

项　目				位移中误差限值
水平位移	坝体	重力坝		±1.0 mm
		拱坝	径向	±2.0 mm
			切向	±1.0 mm
	坝基	重力坝		±0.3 mm
		拱坝	径向	±1.0 mm
			切向	±0.5 mm
坝体、坝基垂直位移				±1.0 mm
坝体、坝基挠度				±0.3 mm
倾斜	坝体			±5.0″
	坝基			±1.0″
坝体表面接缝与裂缝				±0.2 mm
近坝区岩体	水平位移			±2.0 mm
	垂直位移	坝下游		±1.5 mm
		库区		±2.0 mm
滑坡体和高边坡	水平位移			±0.3～3.0 mm
	垂直位移			±3.0 mm
	裂缝			±1.0 mm

5.6.2 变形监测方案设计

1. 变形监测网设计

变形监测网由参考点和目标点组成。网的布设,坐标系和基准的确定,各目标点在变形体上的位置以及精度要求等,是变形监测网设计要考虑的重要问题。监测网都要作多期重复观测,所以要求每一期的观测方案、观测方法(如所使用的仪器乃至观测员)和精度保持不变,这样可以抵消各周期所存在的系统误差影响。中途改变测量方法和观测方案时,应在一个观测周期同时使用新旧方法,以确定两种方法间的系统性差别。

2. 变形监测方案设计

变形监测方案设计包括:测量方法的选择、监测网布设、测量精度和观测周期的确定等。测量方法选择应考虑:

1) 测量精度的确定

对于监测网而言,确定出各目标点坐标或坐标差的要求精度后,由于不能直接测量坐标,因此,要通过模拟计算将坐标精度转化为观测值的精度。确定观测元素(如方向、距离、高差、GPS基线边长等)的测量精度。为偏于安全,模拟计算时要留有余地,测量精度应有一定富余。

2) 观测周期和一个周期内观测时间的确定

观测周期及观测周期数的确定取决于变形的类型、大小、速度及观测的目的。在工程建筑物建成初期,变形速度较快,观测周期应多一些,随着建筑物趋向稳定,可以减少观测次数,但仍应坚持长期观测,以便能发现异常变化。一个周期内观测时间的确定,表示一周期中所有的测量工作须在允许的时间间隔内完成,否则观测周期内的变形将被歪曲。

3) 监测费用的确定

总的监测经费可分成以下几方面:建立监测系统的一次性花费;每一个观测周期的花费;维护和管理费。

4) 其他考虑和选择

在监测时,变形体不能被触及,更不准人在上面行走,否则将影响其变形形态,在这种情况下,许多测量方法都不能采用;只有在一定的时候才能到达变形体,而大多数时间在变形体上工作都有特别的危险性时,许多测量方法也不能采用;当变形量达到一定量值时,将对变形体本身或环境造成巨大危害,但这种危害可通过事先报警而避免或减小时,宜采用自动化的持续监测系统;有的变形监测实施时有极高的技术要求,可能造成其他工作的停顿,从而将造成经济损失,这一点在选择测量方法时可能起决定性的作用;有的变形监测任务仅在于将变形体的原始状态保存下来,一旦该监测对象发生了变化,须通过测量来比较和证明所发生变化的情况,这时宜采用摄影测量方法。

5.6.3 变形观测数据处理

变形观测数据可分为两种:一种是监测网的周期观测数据处理;另一种是各监测点上的某一种特定监测数据的处理,如某一方向上的位移值,该点的沉降值、倾斜值以及其他与变形监测有关的量(如气温、体温、水温、水位、渗流、应力、应变等)。变形观测数据处理方法分统计分析法和确定函数法。统计分析法基于大量的观测数据,具有后验性质;确定函数法将变形与受力结合起来,具有后验性质。有时需要将两种方法结合起来,以取长补短。

1. 监测网数据处理

变形体的位移由其上离散的目标点相对于参考点的变化来描述,参考点和目标点之间通过边角或高差观测值连接。由参考点组成的网称参考网。对参考网进行周期观测的目的在于检查参考点是否都是稳定的。通过检验,选出真正的稳定点作为监测网的固定基准,从而可确定监测体上目标点的变形,以及确定其他特征监测点(如倒垂点、引张线或坝内导线端点)变形的时间空间特性。参考点稳定性分析,目标点位移量计算,变形模型的建立、检验以及参数估计,是监测网数据处理的重要内容。其中,参考点稳定性分析方法主要有平均间隙法、最大间隙法以及卡尔曼滤波法。

2. 监测点上特定监测数据的处理

1) 绘制变形过程曲线法

通过对用各种方法获取的观测值进行完整性、可靠性检查,剔除粗差,处理离群观测值后,采用绘制变形过程曲线的方法作变形的趋势分析与预报。

2) 回归分析法

回归分析是处理变量之间相关关系的一种数理统计方法。将变形体当做一个系统,各目标点上所获取的变形(称为效应量,如位移、沉陷、挠度、倾斜等)为系统的输出,影响变形体的环境量(称为影响因子,如水压、温度等)作为系统的输入。输入称自变量,输出称因变量。只要对它们进行了长期大量的观测,则可以用回归分析方法近似地估计出因变量与自变量,即变形与变形影响因子之间的函数关系。根据这种函数关系,解释变形产生的主要原因,即变形受哪些因子的影响最大;同时也可以进行预报,即自变量取预计值时因变量就是变形的预报值。回归分析同时也给出估计精度。

3) 其他方法

如时间序列分析法、频谱分析法、卡尔曼滤波法、有限元法、人工神经网络法、小波分析法和系统论方法等,在此不一一叙述。

5.6.4 变形观测资料整理和成果表达

1. 资料整理

变形观测资料包括自动采集或人工采集的各种原始观测数据。对原始观测资料进行汇集、审核、整理、编排,使之集中化、系统化、规格化和图表化,并刊印成册,称为观测资料整理。其目的是便于应用分析、向使用单位提供资料和归档保存。资料整理的主要内容包括搜集资料、审核资料、图表整理和编写成果说明等。

2. 成果表达

表格是一种最简单的表达形式,可用它直接列出观测成果或由之导出的变形。表格的设计编排应清楚明了,一般可按建筑阶段或观测周期编排。变形值与同时获取的其他影响量(如温度、水位等数据)可一起表达。表格和图形应配合得当,表达的形式取决于变形的种类和研究的目的。应结合实际情况设计具有特色的最好表达形式。

5.7 不动产测绘

不动产测绘是测绘学科的重要部分,其测绘成果具有法律效力,按行业来看,从事不动产测绘与管理的部门和人员最多。不动产测绘所采用的理论、技术与方法和工程测量学的基本相同,如果学了工程测量学,应该完全能理解和胜任不动产测绘的各项工作。本节主要概括地介绍不动产测绘的一些基本概念和主要内容。

5.7.1 不动产测绘的概念

不动产(俗称房地产)是指具有权属性质的地块和其上建(构)筑物的总称。不动产与地籍有非常密切的关系。不动产测绘一般称地籍测绘。"地籍"一词的原意为"国家为征收土地税而建立的土地登记册簿",它的严格定义是:对国家监管的、以权属为核心、以地块为基础的土地及其附着物的权属、位置、数量、质量和利用现状等用数据、图表表示的基本信息的集合。地籍有地理性功能、经济功能、产权保护功能、土地利用规划和管理功能、决策与管理功能。按发展阶段可划分为税收地籍、产权地籍和多用途地籍(也称现代地籍)。按特点和任务可划分为初始地籍和日常地籍。初始地籍是指在某一时期内,对其行政辖区内全部土地进行全面调查后,最初建立的册簿和地籍图。日常地籍是对土地分布、数量、质量、权属及其利用的动态变化进行修正和更新。按土地的分布可划分为城镇地籍和农村地籍。城镇地籍的对象是城镇,农村地籍的对象是城镇郊区及农村。前者一般采用1:500的大比例尺地籍图,后者一般采用1:2000比例尺的地籍图。

我国和埃及、希腊、罗马等文明古国都存在古老的地籍记录。当时的地籍是一种以土地为对象的征税簿册,这也就是税收地籍阶段。到了18世纪,土地利用更加多元化,出现了农业、工业、居民地等用地类型。测量技术的发展,使地块的精确定位、面积计算和图形描述成为可能。地籍的内容包含了土地及其上附着物的权属、位置、数量和利用类别。19世纪,出现了城市地皮紧张和土地交易兴隆的状况,产生了在法律上保护产权的要求,地籍又担当起产权保护的任务,产生了产权地籍。进入20世纪,由于人口增长及工业化等因素,地籍涉及房地产管理、土地开发整理、法律保护、财产征税等各种规划设计和政府决策,于是形成了多用途地籍。

5.7.2 不动产测绘的内容

1. 地籍调查

地籍调查是对土地及其附着物的位置、权属、数量、质量和利用现状等基本情况进行的技术性工作。地籍调查的内容主要有:土地权属调查、土地利用现状调查、土地等级调查和房产调查。地籍测量是地籍调查的最重要的技术手段。地籍调查应遵循以下原则:实事求是的原则;符合地籍管理的原则;符合多用途的原则;符合国家土地、房地产和城市规划等有关法律的原则。地籍调查的程序包括调查准备,调查的组织方案和技术方案,收集资料,外业测量,内业工作,检查验收和成果整理。

1) 土地权属调查

土地权属调查包括土地所有权调查和土地使用权调查。调查内容有宗地位置、界线、四至关系、权属性质、行政界线以及相关地理名称等。具体还包括土地权属来源,权属主名称,取得土地时间,土地位置、利用状况和级别,填写调查表,绘制宗地草图等。地籍调查中,地块是指一个连续的区域,并可辨认出同类属性的最小的土地空间。在我国,习惯用"宗地"来描述土地权属主的用地范围。宗地是一个"地块",其空间位置是固定的,边界是明确的。

2) 土地利用现状调查

土地利用现状调查是指在全国范围内,为查清现状用地的数量及其分布而进行的土地资源调查,分概查和详查两种。土地利用现状与土地分类体系有关。我国土地利用现状采用两级分类,如城镇土地分为一级10类,二级24类。

3) 土地等级调查

土地等级调查包括对土地的质量、性状和等级进行评价。土地质量是土地相对于特定用途表现效果的优良程度。为了正确反映土地质量的差异,采用"等"和"级"两个层次的划分体系。土地性状调查是指对土地自然属性及土地利用的社会经济属性的调查。城镇土地分等定级方法主要有:多因素综合评定法;级差收益测算评定法;地价分区定级方法。农用土地采用自然和经济评定综合法,即按土地的自然条件计算土地的潜力,用土地利用系数将土地潜力转化为现实产出水平,最后用土地经济系数衡量土地收益差异。

4) 房产调查

房产调查主要是对房屋情况的调查,包括房屋的权属、位置、数量、质量和利用现状。房屋的权属包括权利人、权属来源、产权性质、产别、墙体归属、房屋权属界线草图等项。房屋的位置包括房屋的坐落、层次。房屋的质量包括层数、建筑结构、建成年份。房屋的数量包括建筑占地面积、建筑面积、使用面积、共有面积、产权面积、宗地内的总建筑面积(简称总建筑面积)、套内建筑面积等。房屋的利用现状指房屋现在的使用状况。房产调查时要进行房产要素编号,共有面积的分摊,建筑面积计算等。在现场调查中,要在草图中记上门牌号、街坊名称、业主(单位)名称、四至业主名称、幢号、房屋结构、层数,并注明界墙归属,门窗装修等情况。非城市住宅区中毗连成片的私人住宅房,应调查其四墙归属,并按四墙归属丈量其建筑面积。

2. 地籍测绘

地籍测绘主要包括地籍控制测量、界址点测量和地籍图测绘。其技术与方法与工程测量学中的控制测量和地形图测绘基本相同。

1) 地籍控制测量

地籍控制测量遵循从整体到局部、由高级到低级布设的原则,可分为基本控制测量和加密控制测量。基本控制测量分一、二、三、四等,可布设相应等级导线网和GPS网。地籍控制网的建立方法与工程控制网的相同,可采用常规地面测量方法、卫星定位方法以及卫星和地面测量技术的综合方法。

2) 界址点测量

界址点是宗地的轮廓点。界址点坐标的精度可根据测区土地经济价值和界址点的重要程度加以选择。在我国,对界址点精度的要求也分为不同等级,最高为±5 cm。界址点测量方法可采用工程测量学中的各种测量方法,也可用摄影测量方法。

3) 地籍图测绘

地籍图是按一定的投影方法、比例关系和专用符号描述地籍及有关地物、地貌要素的图,是地籍的基础资料之一。地籍图覆盖整个国土,具有国家基本图的特性。我国地籍图比例尺系列一般规定为：城镇地区地籍图的比例尺可选用1∶500、1∶1 000、1∶2 000，其基本比例尺为1∶1 000；农村地区地籍图的比例尺可选用1∶5 000、1∶10 000、1∶25 000万或1∶50000。城镇地籍图分幅有两种方法：正方形分幅，图幅大小均为50cm×50cm，图幅编号按图廓西南角坐标公里数编号，X坐标在前，Y坐标在后，中间用短横线连接。矩形分幅，图幅大小均为40cm×50cm。图幅编号方法同正方形分幅。

农村地籍图（包括土地利用现状图和土地所有权属图）按经纬度分幅编号。农村居民地地籍图的分幅，如采用统一坐标的正方形分幅，其编号仍按西南角坐标编排。若是独立坐标系统，则是县、乡（镇）、行政村、组（自然村）给予代号排列而成。

地籍图上有地籍要素、地物要素和数学要素。地籍要素包括各级行政境界、地籍区（街道）与地籍子区（街坊）界、宗地界址点与界址线、地籍号注记、宗地坐落、土地利用分类代码按二级分类注记、土地权属主名称和土地等级等。地物要素和数学要素同地形图。如图5-23所示为城镇地籍图样图。

地形图的测绘包括分幅地籍图和宗地图的测绘，测绘方法都可用于地籍图的测绘。一般有白纸平板仪测图法、摄影测量法、编绘法和地面数字化成图法。也可以利用已有地形、地籍图制作地籍图。

3. 房产图测绘

房产图是全面反映房屋基本情况和权属界线的专用图件，也是房产测量的主要成果。按管理需要，分为房产分幅平面图（简称分幅图）、房产分宗平面图（简称分宗图）和房产分户平面图（简称分户图）。

1）房产分幅平面图

房产分幅平面图是全面反映房屋及其用地的位置和权属等状况的基本图，是测制分宗图和分户图的基础资料。分幅图可以在已有地籍图的基础上加房产调查成果制作，也可以以地形图为基础测制，还可以单独测绘。分幅图上主要标示的地籍要素和房产要素有：控制点、行政境界、宗地界线、房屋、房屋附属设施和房屋维护物、宗地号、幢号、房产权号、门牌号、房屋产别、结构、层数、房屋用途和用地分类等。

2）分宗图

分宗图是绘制房产权证附图的基本图。分宗图是分幅图的局部图件，其坐标系与分幅图的坐标系一致。比例尺可根据宗地图面积的大小和需要在1∶100～1∶1000之间选用，可在聚酯薄膜上测绘，也可选用其他图纸。分宗图的测绘精度一般要求是分宗图地物点相对于邻近控制点的点位误差不超过0.5mm。

3）分户图

分户图是在分宗图的基础上绘制局部图，以一户产权人为单位，表示房屋权属范围内的细部图，以明确异产毗邻房屋的权属界线，供核发房屋权证的附图使用。

4. 面积量算

地籍测量中的土地面积量算是一种多层次的水平面积测算。例如：一个行政管辖区的总面积、图幅面积、街坊（或村）面积、宗地面积、各种利用分类面积以及土地面积的汇总等。土地面积量算方法有两种，即解析法与图解法。

解析法是根据实测的数值计算面积的方法，主要是坐标法，即按地块边界拐点的坐标计算地块面积。其坐标可以在野外直接实测得到，也可以是从已有地图上图解得到，面积的精

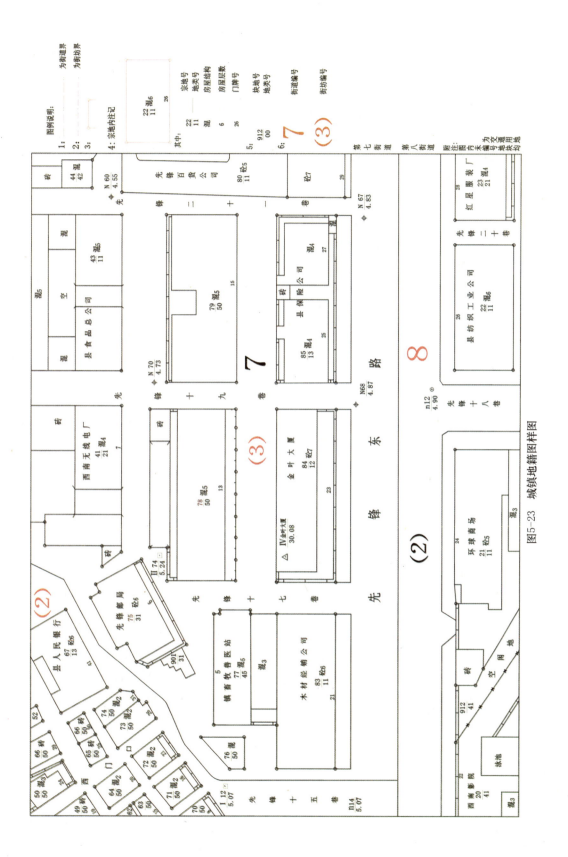

图5-23 城镇地籍图样图

度取决于坐标的精度。当地块很不规则,甚至某些地段为曲线时,可以增加拐点,测量其坐标。曲线上加密点越多,就越接近曲线,计算出的面积越接近实际面积。

图解法是从图上直接量算面积的方法,主要有膜片法、求积仪法、沙维奇法等。膜片法是指用伸缩性小的透明的赛璐珞、透明塑料、玻璃或摄影软片等制成等间隔网板、平行线板等膜片,把膜片放在地图适当的位置进行土地面积量算的方法。常用的方法有格值法、平行线法等。求积仪法是用求积仪在地图上量算土地面积的方法,分机械求积仪、数字求积仪、光电求积仪等。沙维奇法是一种适用于大面积的面积量算的方法。

5. 变更测量

变更测量包括地籍变更测量、日常地籍测量、界址变更测量和界址的恢复与鉴定。

1) 地籍变更测量

地籍变更测量是指在完成初始地籍调查与测量之后,为适应日常地籍测量的需要,使地籍资料保持现势性而进行的土地及其附着物的权属、位置、数量、质量和土地利用现状的变更调查。地籍变更的内容主要是宗地信息的变更,又包括更改和不更改宗边界地信息的变更两种情况。地籍变更测量包括地籍变更申请、地籍变更测量准备、变更地籍要素的调查和变更登记等流程。变更测量后,应遵循用高精度资料取代低精度资料、用现势性好的资料取代陈旧资料的原则,对有关地籍资料包括宗地号、界址点号、宗地草图、地籍调查表、地籍图、宗地图及其面积以及房屋的结构、层数、建筑面积等作相应的变更,做到各地籍资料之间的一致性、规范性和有序性。上述地籍变更完成后,才可履行房地产变更手续,在土地登记卡或房地产登记卡中填写变更记事,然后换发土地证书或房地产证书。

2) 日常地籍测量

日常地籍测量主要针对的是未登记发证的土地或房地产的地籍测量。内容包括:土地出让中的界址点放桩和制作宗地图;房地产登记发证中的地籍测量;房屋预售调查和房改的房屋调查;工程验线;竣工验收测量;征地拆迁中的界址测量和房屋调查。

3) 界址变更测量

界址变更测量是在变更界址调查过程中,为确定变更后的土地权属界址、宗地形状、面积及使用情况而进行的测绘工作。界址变更测量包括更改界址和不更改界址的界址变更测量,其中又分原界址点有坐标和没有坐标两种情况。它包括界址点检查和变更测量两个步骤。

4) 界址的恢复与鉴定

界址点埋设有界标,若界标因人为的或自然的因素发生位移或遭破坏,需及时恢复。恢复界址点的放样方法同工程测量学中的方法,有直角坐标法、极坐标法和各种交会法。

依据地籍图或界址点坐标成果在实地确定土地界址是否正确的测量工作称界址鉴定(简称鉴界)。通常是在实地界址存在问题或者双方有争议时进行。如有坐标成果,且附有地籍控制点时,可采用坐标放样的方法鉴定。鉴界测量结果核对无误后,要报请土地主管部门审核备案。

5.8 工程测量学的发展展望

工程测量的发展趋势和特点可概括为"六化"和"十六字"。"六化"是:测量内外业作业的一体化;数据获取及处理的自动化;测量过程控制和系统行为的智能化;测量成果和产品的数字化;测量信息管理的可视化;信息共享和传播的网络化。"十六字"是:精确、可靠、快速、简便、实时、持续、动态、遥测。

测量内外业作业的一体化系指过去只能在内业完成的事,现在在外业可以很方便地完成,测量内业和外业工作已无明确的界限。测图时可在野外编辑修改图形,控制测量时可在测站上平差和得到坐标,施工放样数据可在放样过程中随时计算。

数据获取及处理的自动化主要指数据的自动化流程。电子全站仪、电子水准仪、GPS接收机都可自动化地进行数据获取;大比例尺测图系统、水下地形测量系统、大坝变形监测系统等都可实现或都已实现数据获取及处理的自动化,我们研制的"科傻"系统实现了地面控制和施工测量的数据获取及处理的自动化;用测量机器人还可实现无人观测即测量过程的自动化。

测量过程控制和系统行为的智能化主要指通过程序实现对自动化观测仪器的智能化控制。

测量成果和产品的数字化是指成果的形式和提交方式,只有数字化才能实现计算机处理和管理。

测量信息管理的可视化包含图形可视化、三维可视化和虚拟现实等。

信息共享和传播的网络化是在数字化基础上进一步锦上添花,包括在局域网和国际互联网上实现。

"十六字"则从另一角度概括了现代工程测量发展的特点。

从整个学科的发展来看,精密工程测量的理论技术与方法、工程的形变监测分析与灾害预报、工程信息系统的建立与应用是工程测量学研究的三个主要方向。

展望未来,工程测量学在以下方面将得到显著发展:

(1) 工程测量仪器将向测量机器人、测地机器人方向发展,并集多种测量技术和手段于一体。应用范围进一步扩大,图形、图像、通信和数据处理能力进一步增强。

(2) 用精密工程测量的设备和方法进行工业测量、大型设备的安装、在线检测和质量控制,成为设计制造的重要组成部分,甚至作为制造系统不可分割的一个单元。

(3) 工程测量数据采集将从一维、二维发展到实时三维,从接触式测量方式发展到非接触式测量方式,测量平台将由地面到车载、机载、星载等,从静态走向动态。

(4) 工程测量数据处理由侧重网的平差计算、单点的坐标计算、几何元素计算发展到高密度空间三维点、"点云"数据处理、被测物的三维重建、可视化分析、"逆向工程"以及与设计模型的比较分析,测量数据和各种设计数据库实现无缝衔接。

(5) 测量技术和其他技术手段的集成和组合将是今后若干年内工程测量技术发展的主要方向,将出现多种用途的测量系统,如移动测图系统、内外部变形监测系统、快速定位定向系统等,空间技术特别是GPS技术的应用,使工程测量在导航定位、交通管制等系统中发挥作用。

(6) 工程测量将进一步向宏观、微观两个方向发展。宏观方面,工程建设的规模和难度更大,精度要求更高。微观测量将向计量方向发展,测量尺寸更小,将发展计算机视觉技术、显微摄影测量和显微图像处理技术。

(7) 工程测量将实现测量、处理、分析、管理和应用的一体化、网络化。无线通信技术、计算机网络技术、Internet等技术将使工程测量从分离式走向整体化,从单独作业模式发展为联合作业、实时作业模式。

(8) 工程测量的服务面进一步拓宽。在工程设计、工艺控制、工程监理、工程评估等方面,在区域规划、环境保护、房地产开发、房产交易等领域将发挥更大的作用。工程测量与其他学科的关系越来越密切,如机械制造、自动控制、建筑设计、工程地质、水文地质等。将参与工程的决策和管理,如开发各种工程专题信息系统,解决工程建设各个环节以及运营期间的问题。

综上所述,工程测量学的发展,主要表现在从一维、二维到三维乃至四维,从点信息到面信息获取,从静态到动态,从后处理到实时处理,从人眼观测操作到机器人自动寻标观测,从大型特种工程到人体测量工程,从高空到地面、地下以及水下,从人工量测到无接触遥测,从周期观测到持续测量,测量精度从毫米级到微米乃至纳米级。一方面,随着人类文明的进展,对工程测量学的要求越来越高,工程测量的服务范围不断扩大;另一方面,现代科技新成就,为工程测量学提供了新的工具和手段,从而推动了工程测量学的不断发展;而工程测量学的发展又将直接在改善人们的生活环境、提高人们的生活质量中起重要作用。

思 考 题

1. 工程建设分为哪三个阶段?简述各阶段中的测量工作。
2. 什么叫测量?什么叫放样或测设?它们有何相同点和不同点?
3. 为什么说大型特种精密工程建设是工程测量学发展的动力?
4. 什么叫不动产测量?它和工程测量有哪些异同点?
5. 简述工程测量的发展趋势和特点。
6. 学习工程测量学后,你有什么收获和体会?

参 考 文 献

[1] 李青岳,陈永奇.工程测量学.第2版.北京:测绘出版社,1995.
[2] 陈永奇,张正禄,等.高等应用测量.武汉:武汉测绘科技大学出版社,1995.
[3] 陈龙飞,金其坤.工程测量.上海:同济大学出版社,1990.
[4] 张正禄主编.工程测量学.武汉:武汉大学出版社,2002.
[5] 张正禄.工程测量学的发展评述.测绘通报,2000(1):11~14,(2):9~10.
[6] 张正禄,张松林,伍志刚,等.20~50km超长隧道洞横向贯通误差允许值研究.测绘学报,2004,33(1):83~88.
[7] 张正禄,李广云,潘国荣,等.工程测量学.武汉:武汉大学出版社,2005.
[8] 詹长根,唐祥云,刘丽.地籍测量学.第二版.武汉:武汉大学出版社,2005.

第6章 海 洋 测 绘

6.1 概 述

6.1.1 海洋与海洋测绘

海洋面积约占地球总面积的 71%,是人类生命的摇篮、现代社会的交通要道。随着人口激增,环境恶化,陆上资源的加速枯竭,今天的海洋已成为人类开发的重要资源宝库。由于海洋具有重要的战略和经济地位,濒海国家间争夺海洋势力范围的斗争日趋尖锐,各海洋大国相继提出了海洋研究和开发计划,投入了大量的资金,发展海洋产业,海洋事业出现了前所未有的繁荣景象。我国也是一个海洋大国,东、南面有长达 1.8 万 km 的海岸线,与之相邻的有渤海、黄海、东海和南海,这些均为西北太平洋陆缘海,由它们组成一个略向东南凸出的弧形水域,这一水域东西横越 32°,南北纵跨 44°。按照联合国《海洋法公约》,我国辖属的内水、邻海、大陆架、专属经济区面积约为 300 多万 km^2,岛屿 6500 个,还拥有许多优良的港湾。

20 世纪 80 年代以来,我国海洋事业有了突飞猛进的发展,海洋产值已达数千亿元,以海洋石油为主的海洋开发体系已经建立,沿海省市的海洋经济开发区和港口建设在开发近海资源和经济建设中发挥了重要作用。我国也已开始开发深海和南大洋资源,海洋经济已成为我国国民经济发展的重要内容。

一切海洋活动,无论是经济、军事还是科学研究,像海上交通、海洋地质调查和资源开发、海洋工程建设、海洋疆界勘定、海洋环境保护、海底地壳和板块运动研究等,都需要海洋测绘提供不同种类的海洋地理信息要素、数据和基础图件。因此可以说,海洋测绘在人类开发和利用海洋活动中扮演着"先头兵"的角色,是一项基础而又非常重要的工作。

海洋测绘是海洋测量和海图绘制的总称,其任务是对海洋及其邻近陆地和江河湖泊进行测量和调查,获取海洋基础地理信息,编制各种海图和航海资料,为航海、国防建设、海洋开发和海洋研究服务。海洋测绘的主要内容有:海洋大地测量、水深测量、海洋工程测量、海底地形测量、障碍物探测、水文要素调查、海洋重力测量、海洋磁力测量,各种海洋专题测量和海区资料调查,以及各种海图、海图集、海洋资料的编制和出版,海洋地理信息的分析、处理及应用。从广义的角度讲,海洋测绘是一门对海洋表面及海底的形状和性质参数进行准确的测定和描述的科学。海洋表面及海底的形状和性质是与大陆以及海水的特性和动力学有关的,这些参数包括:水深、地质、地球物理、潮汐、海流、波浪和其他一些海水的物理特性。同时,海洋测量的工作空间是在汪洋大海之中(海面、海底或海水中),工作场所一般是设置在船舶上,而工作场所与海底之间又隔着一层特殊性质的介质——海水,况且海水还在不断地运动着,因此海洋测量与陆地测量之间虽有联系和可借鉴之处,但又有其独特性。

海洋测绘是伴随着海洋探险和航海事业的兴起而诞生的。早期的海洋测绘仅是通过观星法为海上船只指导航向。到了16世纪,随着六分仪等测角设备的出现,人们可以通过观测自然天体确定船只的经纬度。到了19世纪,随着陆基无线电技术的发展,海上定位和导航已经变得比较容易,而后来的空基无线电定位系统(卫星定位系统)使海洋定位和导航真正实现了准确、实时和连续,基本满足了各项海洋测绘任务对定位精度和更新率的要求。水深测量源于古人的重锤测深,后来出现了利用超声波进行水深测量的单波束测深系统,实现了测深的自动化。近半个世纪以来,测深技术有了突飞猛进的发展:从过去的"点"状测量发展为今天的"面"状测量;从单一的船载设备测深发展为星载、机载和潜航器承载测深设备的立体水深测量。现在,随着相关技术的发展,海洋测绘已突破了传统的海道测量内容和范围,发展为多学科交叉的综合性研究领域。

6.1.2 海洋测绘的特点及其与其他学科的关系

对一般的海洋测量工作来说,其主要目的是在给定的坐标参考系中确定船舶的位置,或者在给定的坐标参考系中确定海底某点的位置,即三维坐标(平面位置和深度)。

从图 6-1 所示情况可知,由于船舶是浮在不断运动着的海水表面上的,所以它的位置也在不断地变化。海底点由于被海水包围无法直接测定,只有通过船舶来间接测定。这就构成海洋测量的工作场所和工作对象有别于陆地,从而使其工作方式、使用的仪器设备和数据处理方法都具有明显的特殊性。归纳起来,海洋测量具有如下特点:

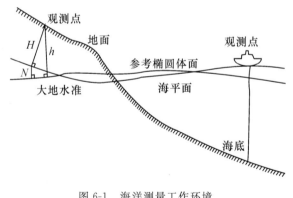

图 6-1 海洋测量工作环境

(1) 陆地测量中,测点的三维坐标(平面坐标 x、y 和垂直坐标 z)是分别用不同的方法,不同的仪器设备分别测定的,但在海洋测量中垂直坐标(即船体之下的深度)是和船体的平面位置同步测定的。

(2) 由于在海洋中设置控制点相当困难,即使利用海岛,或设置海底控制点,其相隔的距离也是相当远的。因此,在海洋测量中测量的作用距离远比陆地上测量的作用距离长得多。一般在陆地中测量的作用距离为 5~30km,最大的也不超过 50km,但海上测量的作用距离一般为 50~500km 之间,最长的达 1000km 以上。

(3) 陆上的测站点与在海上的测站点相比,可以说是固定不动的,但海上的测站点处在不断的运动过程中,因此测量工作往往采取连续观测的工作方式,并随时要将这些观测结果换算成点位。由于海上测站点处在不断的运动过程中,所以其观测精度也不如陆上的观测精度高。

(4) 由于作用距离的差别,陆上和海洋测量时所使用的传播信号也是不同的。在陆地测量中一般必须使用低频电磁波信号,且其传播速度不能简单地作匀速处理,而在海水中,则应采用声波作信号源,这时声速受到海水温度、盐度和深度的影响。

(5) 陆地上测定的是高程,即某点高出大地水准面多少,而在海上测定的是海底某点的深度即其低于大地水准面(可以近似地把海水面当作大地水准面)多少。由于海水面经常受到潮汐、海流和温度的影响,因此所测定的水深也受到这些因素的影响。为了提高测深精度,有必要对这些因素进行研究,并对水深的观测结果进行改正。

(6) 陆地上的观测点往往通过多次重复测量,得到一组观测值,经平差数据处理后可得该组观测值的最或然值(最接近真实值)。但在海上,测量工作必须在不断运动着的海面上进行,因此就某点而言,无法进行重复观测,而其连续观测的结果总是对应着与原观测点接近但又不同点的观测数据,所以不存在平差数据处理问题。为了提高海洋测量的精度,往往在一条船上,采用不同的仪器系统,或同一仪器系统的多台仪器进行测量,从而产生多余观测,进行平差后提高精度。另外,整个海洋测量工作是在动态情况下进行的,所以必须把观测的时间当做另一维坐标来考虑,或者用同步观测的办法把它消去。

海洋测量与其他学科的关系可以从两个方面来考虑。其一是要求海洋测量为其服务,并促使海洋测量进一步发展的学科,与这些学科的关系可称为间接关系;其二是为了发展海洋测量技术,必须向某些学科进行理论和技术借鉴,与这些学科的关系称为直接关系。以下仅介绍与海洋测量有直接关系的学科。

(1) 海洋测量与陆地测量的有关理论和方法是有密切关系的,但是它又要根据海上工作条件的特点,对这些理论和方法进行创造性的运用,尤其是海洋测量所用的仪器设备与陆地测量的有明显的差别,因此形成了具有显著特色的海洋测量工作。

(2) 现代海洋测量技术的基础是无线电电子学和计算机科学。

(3) 由于海洋测量的主要工作场所是在船上,因此航海技术和导航技术为海洋测量工作中的一个不可缺少的组成部分。

(4) 随着卫星技术的发展以及在海洋领域的广阔应用,海洋遥感学也成为目前研究的一个热门领域,与之相关的学科是航空航天学、遥感技术以及摄影测量学。

(5) 海洋测量工作所处的空间是在广阔的海洋上,因此对海洋环境的了解已成为每一个海洋测量工作者必须掌握的知识。另外,海洋测量的一项重要任务是测绘海底地形图和配合海底矿产资源勘测进行测量工作,为此必须对地质学要有所了解,才能更好地服务于海底地貌变化的解释。

6.2 海洋测绘内容

海洋测绘包括海洋测量、各种海图的编绘及海洋信息的综合管理和利用。

海洋测量分为物理海洋测量和几何海洋测量。物理海洋测量包括海洋重力测量、海洋磁力测量和海洋水文测量。几何海洋测量包括海洋大地测量、水深测量、海洋定位、海底地形地貌测量、海洋工程测量等。

海图绘制包括各种海图、海图集、海洋资料的编制和出版。

海洋信息管理包括海洋地理信息的管理、分析、处理、应用以至数字海洋。

6.2.1 海洋大地控制网

海洋大地测量是研究海洋大地控制点网及确定地球形状大小,研究海面形状变化的科学。其中包括与海面、海底以及海面附近进行精密测量和定位有关的海事活动。

海洋大地控制网的建立和测量是海洋大地测量的一个重要内容。海洋大地测量控制网是陆上大地网向海域的扩展。海洋大地测量控制网主要由海底控制点、海面控制点(如固定浮标)以及海岸或岛屿上的大地控制点相连而成。

海洋大地控制网是大比例尺海底地形测量,尤其是大洋海域基本海图测绘的控制基础;在占地球表面71%的海域建立起来的海洋大地控制网,对解决大地测量中地球形状和大小的确定等问题提供了更多和更丰富的科学依据;为需要高精度定位的海上或水下工程作业,例如石油钻井平台的定位(或复位)、海底管道敷设、水下探测器的安置或回收等提供十分有效的方法;在海域的地壳断裂带、磁力和重力异常区、盆地、深峡谷以及水下山脊等地区布设的海底控制点(网),可对大地构造运动、地壳升降运动以及地震、火山活动进行动态监测等。总之,海洋大地控制网是一切海洋活动中所进行的海洋测绘工作的基础,为这些测绘活动提供了基本参考框架。

海洋大地测量的主要工作是建立海洋控制网,为水面、水中、水底定位提供已知位置的控制点。海洋控制网包括海岸控制网、岛—陆、岛—岛控制网以及海底控制网。

海面控制网的建立与常规的陆上控制网相同,可采用传统的边角网或 GPS 控制网(如图 6-2 所示)。卫星定位技术的出现,实现了陆—岛和岛—岛控制网的联测,也实现了远离大陆水域的水上定位和水下地形测量,并将其测量成果纳入与大陆相同的坐标框架内。

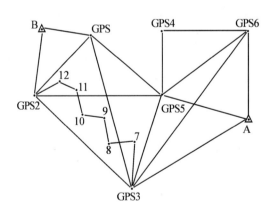

图 6-2 海面控制网

海底控制网是通过声学方法施测的,一般布设为三角形或正方形图形结构(如图 6-3 所示)。水下控制点为海底中心标石,其标志采用水下应答器(声标)。水下应答器的位置通过船载 GPS 接收机和水声定位系统联合测定的,即双三角锥测量(如图 6-4 所示)。

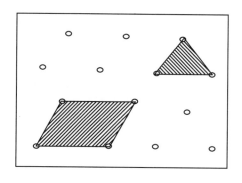

图 6-3 海底控制网

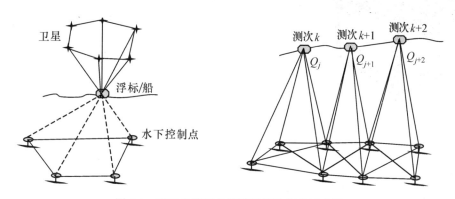

图 6-4 双三角锥测量及不同测次测量示意图

双三角锥测量是首先利用倒三角锥测量获得浮标或者船体的平面位置,即 GPS 动态测量。依目前的定位技术,采用非差单点定位,可获得分米甚至厘米级的平面定位精度。正三角锥测量是声学测量,利用超短基线或长程超短基线确定各个水听器间的距离,进而获得海底各水听器的位置。倒正双三角锥测量实际上利用了 GPS 动态测量技术和超短基线定位技术联合实现海底控制点的确定。测量和计算思想仍为传统的边交会。

我国在东海、黄海和南海等海域利用 GPS 已经建立了陆—岛、岛—岛大地控制网,但在个别海域,海洋大地控制网还是空白。为便于海洋开发和利用,有必要在这些空白区域建立大地控制网,复测已有的海洋大地控制网,在我国所辖海域建立一个完善的海洋大地控制网。随着海洋军事和民用活动的增加,有必要在深海建立大地控制网。目前,我国在该方面的研究已经取得了一定的成果,如长程超短基线定位系统、永久浮标技术和 GPS 水下定位技术等,这些技术为我国水下大地控制网的建立奠定了一定的基础。

6.2.2 海洋重力测量

海洋重力测量是测量海洋重力的工作,属于海洋大地测量,是海洋物理测量的一种。它为研究地球形状、精化大地水准面提供重力异常数据,为地球物理和地质方面的研究提供重力资料。在军事方面,它可为空间飞行器的轨道计算和惯性导航服务,以提高远程导弹的命中率。

按照测量载体的不同,重力测量分为空中重力测量和海上重力测量。空中重力测量又可分为卫星重力测量和航空重力测量;海上重力测量分为海底重力测量和航海重力测量。海底重力测量一般是离散的点状测量;海面和空中重力测量是连续的线状测量,并构成重力格网。

海底重力测量是把重力仪用沉箱沉于海底,测量采用遥控或遥测方法。海底重力测量多用于沿海,其测量方法和所用仪器与陆地重力测量基本相同,测量精度比较高,但必须解决遥控、遥测以及自动水平等一系列的复杂问题,且速度很慢。

图 6-5　K&R 海洋重力仪

海面重力测量是将仪器安装在船只上,在匀速运动中连续观测(如图 6-5 中所示的 K&R 重力仪),因此仪器除了受重力作用外,还受船只航行时很多干扰力的影响。这些干扰力不仅超过了重力观测误差,有的达到了几十伽,远大于重力异常,必须进行改正和消除。重力测量主要受 6 个方面的干扰力,即径向加速度、航行加速度、周期性水平加速度、周期性垂直加速度、旋转影响、厄缶效应的影响。

卫星重力学是继 GPS 之后,大地测量学研究的又一重大科学进展。利用卫星重力资料将使确定的地球重力场和大地水准面的精度提高一个数量级以上,还可测定高精度的时变重力场。因此,对研究地球的形状、演化及其动力学机制、地球参考系及全球高程系统、地球的密度及地幔物理参数、洋流和海平面变化、冰融和陆地水变化、地球各圈层的变化及相互作用等,有其他地球物理方法不可替代的作用。

按照测量内容,重力测量又可分为绝对重力测量和相对重力测量。

绝对重力测量是测定重力场中一点的绝对重力值,一般采用动力法。绝对重力测量主要采用两种原理:一种是自由落体原理;另一种是摆原理。这两种原理一直沿用至今。近几年来,由于激光干涉系统和高稳定度频率标准的出现,使自由落体下落距离和时间的测定精度大大提高,所以许多国家又采用激光绝对重力仪进行绝对重力测量,其测定精度可达几个微伽。

相对重力测量测定的是两点的重力差,可采用动力法和静力法。现在普遍采用静力法的弹簧重力仪测定重力差值。国际上对这种仪器研究甚多,发展很快,不论是测定精度还是使用的方便程度都已达到了很高的水平,一般精度可达几十微伽,甚至几微伽。为了克服弹性重力仪因弹性疲劳而引起的零点漂移,1968 年又出现了超导重力仪。这种重力仪对重力变化具有很高的分辨力,零点漂移极小,所以特别适合于固定台站上的潮汐和非潮汐重力变化观测。

重力测量成果经处理后,最终绘制成海洋重力等值线图(如图 6-6 所示)或建成海洋重力数据库,

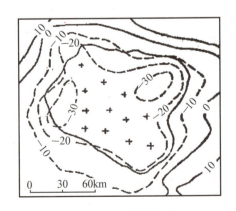

图 6-6　重力等值线图

服务于大地水准面模型的建立、海洋调查等各项应用。

6.2.3 海洋磁力测量

海洋磁力测量是测定海上地磁要素的工作。海底下的地层由不同岩性的地层组成。不同的岩性，以及岩石中蕴藏着的不同的矿藏都具有不同的导磁率和磁化率，因而产生不同的磁场，在正常的磁场背景下，会出现磁场异常。海洋磁力测量主要采用海洋磁力仪或磁力梯度仪探测海底磁场分布特征，发现由构造或矿产引起的磁力异常。海洋磁力测量的主要目的是寻找与石油、天然气有关的地质构造和研究海底的大地构造。此外，在海洋工程测量中，为查明施工障碍物和危险物体，如沉船、管线、水雷等，也常进行磁力测量以发现磁性体。海洋磁力测量成果有多方面的用途，主要表现在：

（1）对磁异常的分析，有助于阐明区域地质特征，如断裂带展布、火山岩体的位置等。磁力测量的详细成果，可用于编制海底地质图。世界各大洋地区内的磁异常，都呈条带状分布于大洋中脊两侧，由此可以研究大洋盆地的形成和演化历史。磁力测量成果也是研究海底扩张和板块构造的资料。

（2）磁力测量是寻找铁磁性矿物的重要手段。

（3）在海道测量中，可用于扫测沉船等铁质航行障碍物，探测海底管道和电缆等。

（4）在军事上，海洋地磁资料可用于布设磁性水雷，对潜艇惯性导航系统进行校正。

（5）用各地的磁差值和年变值编制成磁差图或标定在航海图中，是船舶航行时用磁罗经导航不可缺少的资料。

20世纪初，海洋磁力测量是用陆地上所用的磁测仪器和方法在非磁性的木帆船上进行的，由于速度慢、精度低，没有大规模应用。1956年制造出用于海上测量的质子旋进磁力仪，其测量方法简便、精度高、传感器不用定向，从而奠定了海上磁测的基础。50年代末期以来，海上磁力测量蓬勃发展，目前航迹已遍布各大洋，尤其是在大陆架区，为发现和圈定大型含油气盆地做出了贡献。在各大洋区所发现的条带状磁异常十分壮观，为海底扩张说提供了依据。中国已完成浅海地区中等比例尺的海上磁测。

海洋上的磁场是非常复杂的，特别是直接观测海底很不容易，因此，海洋磁力测量有其独有的特征。一方面，观测要在不断改变位置的船上进行，另一方面，船本身的固有磁场也随着船的空间位置的改变而变化，为此，海洋磁力测量通常采用质子旋进式磁力仪或磁力梯度仪。为了避免船体磁性的影响，磁力测量通常采用拖曳式作业方式（如图6-7所示）。磁异常是消除或最大限度地削弱观测值中的各项误差，减去正常磁场值，并作地磁日变校正后得到的。

地球上任意一点的地磁场可用图6-8表示。F为磁场总强度，H为磁场的水平强度，Z为垂直强度，X为H在北向的分量，Y为H在东向分量，D为地理子午面与磁子午面之间的夹角，称为磁偏角，I为磁倾角。F、H、Z、X、Y、D、I七个物理量称为地磁要素。已知其中三个就可以求出其他要素。在实际观测中，目前只有I、D、H、Z和F的绝对值能够直接测量。

 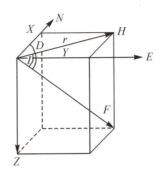

图 6-7　海洋磁力仪　　　　　　　图 6-8　磁总量及其分量

通过海洋磁力测量测出的地磁要素可以在地图上绘制地磁要素等值线,即地磁分布(见图 6-9)。利用这些图可分析地磁分布或磁异常,进而研究地磁或磁异常的成因。

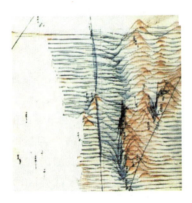

图 6-9　质子旋进式磁力仪实时测量图及海区的地磁分布图

6.2.4　海洋定位

海洋定位是海洋测量的一个重要分支,是海洋测量中的一项基础性测量。在海洋测量中,无论测量某一几何量或物理量,如水深、重力、磁力等,都必须固定在某一种坐标系统相应的格网中。海洋定位是海洋测绘和海洋工程的基础。海洋定位主要有天文定位、光学定位、陆基(基准位于陆地上)无线电定位、空基(基准通常为卫星)无线电定位(即卫星定位)和水声定位等手段。

1. 光学定位

光学定位只能用于沿岸和港口测量,一般使用光学经纬仪进行前方交会,求出船位,也可使用六分仪在船上进行后方交会测量。六分仪受环境和人为因素的影响较大,观测精度较低,现已很少使用。随着电子经纬仪和高精度红外激光测距仪的发展,全站仪按方位—距离极坐标法可为近岸动态目标实现快速定位。全站仪由于自动化程度高,使用方便、灵活,当前在沿岸、港口、水上测量中使用日益增多。

2. 陆基无线电定位系统

在岸上控制点处安置无线电收发机(岸台)，在载体上设置无线电收发、测距、控制、显示单元(船台)，测量无线电波在船台和岸台间的传播时间或相位差，利用电波的传播速度，求得船台至岸台的距离或船台至两岸台的距离差，进而计算船位，图6-10、图6-11表明了无线电圆—圆定位和双曲线定位的基本思想。

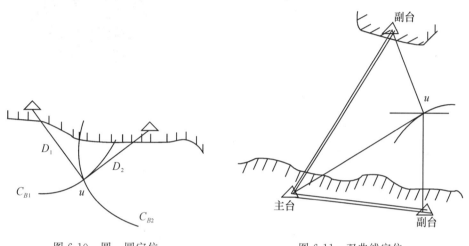

图6-10　圆—圆定位　　　　　　图6-11　双曲线定位

无线电定位系统按作用距离可分为远程定位系统、中程定位系统和近程定位系统三种。远程定位系统作用距离大于1000km，一般为低频系统，定位精度较低，适合于导航，如罗兰C定位系统；中程定位系统作用距离一般在300km和1000km之间，一般为中频系统，如Argo定位系统；近程定位系统作用距离小于300km，一般为微波系统或超高频系统，精度较高，如三应答器(Trisponder)、猎鹰IV等无线电定位系统。

3. 空基无线电(卫星)定位

空基无线电定位系统(也称卫星定位系统)主要有GPS、GLONASS、我国的北斗系统和欧洲的Galileo系统。其中，GPS定位系统是目前海洋测绘的主要定位手段。海上定位没有重复观测，要提高GPS在动态情况下的定位精度，必须采取必要的数据处理手段，通常有局域差分定位、广域差分定位和精密单点定位。局域差分定位按照传输差分信号的不同分为伪距差分、载波相位差分定位。

中国海事局在我国沿海地区利用现有的无线电指向标站和导航台改建和新建立了具有20世纪90年代国际先进水平的"中国沿海无线电指向标差分GPS台站"，这为在沿海地区进行远距离差分GPS测量和定位提供了便利。

4. 声学定位系统

声学定位系统通过测定声波在海水中的传播时间或相位变化，计算出水下声标到载体的距离或距离差，从而解算出载体的位置。水声定位系统工作方式很多，最基本的有长基线定位系统、短基线定位系统及超短基线定位系统。所谓长基线、短基线是以船上换能器和水下应答器的不同配置方式相区别的。图6-12为声学导航系统框图。

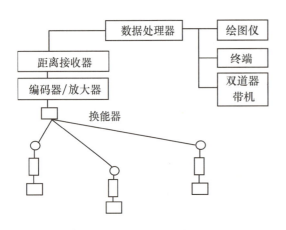
图 6-12 声学导航系统框图

图 6-13 长基线定位系统船底换能器

1) 长基线定位系统

长基线定位原理是船底换能器(如图 6-13 所示)发射询问信号,同时接收布设在水下的 3 个以上相距较远的声标(如图 6-14 所示)的应答信号,测距仪根据声信号传播时间计算出换能器至各声标的距离 $S=C\Delta t/2$,进而计算出船位(如图 6-15 所示)。

图 6-14 水下声标

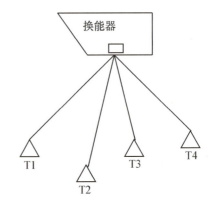
图 6-15 长基线定位原理

如测 4 条以上声距,就可用间接平差的方法求出船位坐标 (x_u,y_u,z_u),其中 z_u 为水深。如只观测了 3 条声距,换能器深度 z_u 已知,可列出三个方程,从而解出平面坐标 x_u,y_u。长基线法定位的精度取决于测距的精度和定位的几何图形,目前该系统的定位精度一般为 5~20m。

2) 短基线定位系统

短基线定位系统的船上除有控制、显示设备外,还在船底安置一个水听器基阵和一个换能器,如图 6-16 所示。图中 H_1、H_2、H_3 为水听器,O 为换能器,基阵水听器之间的距离称为基线。利用船体舷长,水听器呈正交布设。水下部分仅需一个水声应声器。短基线定位系统的工作原理是通过测定声脉冲到不同水听器之间的时差或相位差来计算出船位。短基线有三种定位方式,即声信标工作方式、应答器工作方式和响应器工作方式。

3) 超短基线定位系统

超短基线定位系统与短基线定位系统的区别仅在于船底的水听器阵以彼此很短的距离（小于半个波长，仅几厘米）按直角等边三角形布设，装在一个很小的壳体内（见图6-17），数据处理方法与短基线完全相同。

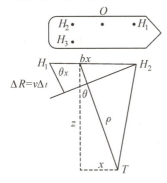 

图 6-16　短基线定位系统船底设备安置图　　图 6-17　超短基线定位系统水听器阵

如今，海上导航与定位技术已有了长足的发展，现有技术已基本可以满足海上作业的需要，但目前水下定位和导航技术还需要进行深入的研究。我国已经在长程超短基线定位、组合导航方面的研究取得了长足的发展，但距离成熟应用还存在一定的差距，因而还需要在卫星水下定位技术，基于水下声标台与INS的组合导航技术和系统，基于多波束、前视声呐、侧扫声呐和已有地形资料的地形、地貌匹配导航技术，重力和磁力匹配导航技术研究以及基于上述技术的综合导航技术和系统的研究和开发方面加大力度。

6.2.5　水深测量与水下地形测量

水下地形测量是测量海底起伏形态和地物的工作，是陆地地形测量在海域的延伸。

水下地形测量按照测量区域不同可分为海岸带、大陆架和大洋三种海底地形测量。其特点是测量内容多，精度要求高，显示内容详细。测量的内容包括水下工程建筑、沉积层厚度、沉船等人为障碍物、海洋生物分布区界和水文要素等，通常对海域进行全覆盖测量，确保详细测定测图比例尺所能显示的各种地物地貌，是为海上活动提供重要资料的海域基本测量。目前，海底地形测量中的定位通常采用GPS，在近岸观测条件比较复杂的水域，也采用全站仪。海上定位已在前面介绍，下面主要介绍海底地形测量中的测深手段。

水下地形测量的发展与其测深手段的不断完善是紧密相关的。在回声测深仪尚未问世之前，水下地形探测只能靠测深铅锤来进行。这种原始测深方法精度很低，费工费时。20世纪20年代出现的回声测深仪，是利用水声换能器垂直向水下发射声波并接收水底回波，根据其回波时间来确定被测点的水深。当测量船在水上航行时，船上的测深仪可测得一条连续的水深线（即地形断面），通过水深的变化，可以了解水下地形的情况。利用回声测深仪进行水下地形测量，也称常规水下测量，属于"点"状测量。70年代出现了多波束测深系统和条带式测深系统，它能一次给出与航线相垂直的平面内几十个甚至上百个测深点的水深值，或者一条一定宽度的全覆盖的水深条带，所以能精确、快速地测出沿航线一定宽度内水下目标的大小、形状和高低变化，属于"面"测量。还有一种具有广阔发展前途的测量手段，即采用激光测深系统。激光光束比一般水下光源能发射至更远的距离，其发射的方向性也大大优于声呐装置所发射的声束。激光光束的高分辨率能获得海底传真图像,从而可以详细调查海底地貌与海底地质。以前,侧扫声呐系统因难以给出深度而只能用于水下地貌调查,近年来,随着水下定位等相关技术的发展以及高分辨率测深侧扫声呐系统的面世,侧扫声呐系统也可用于水下地形测量;同时,AUV/ROV 所承载的扫测设备也逐步成为高精度水下地形测量一个非常有效的手段。

下面分别介绍这些测深手段及相关的仪器设备。

1. 单频单波束回声测深

单波束水深测量是目前波束正入射水深数据采集的主要手段之一。如图 6-18 所示,安装在测量船底的发射换能器垂直向水下发射一定频率的声波脉冲,以声速 c 在水中传播到水底,经海底反射返回,并被接收换能器接收。若往返传播时间为 Δt,则换能器活性面(表面)至水底的距离(水深)H 为:

$$H = \frac{c\Delta t}{2}$$

2. 双频测深及水下沉积物厚度测量

若采用双频回声测深仪,换能器同时垂直向水下发射高频声和低频声脉冲。由于低频声脉冲具有较强的穿透性,因而可以打到海底硬质层;高频声脉冲仅能打到海底沉积物表层,实现水深测量;两个脉冲所得深度之差便是淤泥厚度 Δh。图 6-19 为双频回声测深仪测深和水下沉积物厚度测量示意图。图 6-20 所示为双频回声测深仪 320M 及其换能器。

$$\Delta h = H_{lf} - H_{hf}$$

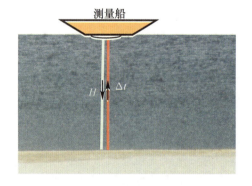

图 6-18 单波束水深测量

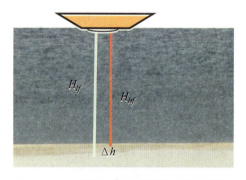

图 6-19 双频测深及水下沉积物厚度测量

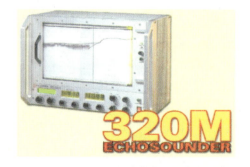

图 6-20 双频回声测深仪 320M 及其换能器

3. 多波束测深系统

多波束测深系统是从单波束测深系统发展起来的，它能一次给出与航线正交的平面内几十个甚至上百个深度，能够精确快速地测定沿航线一定宽度内水下目标的大小、形状以及水下地形的精细特征，从真正意义上实现了海底地形的"面"测量。

多波束测深系统发射换能器的基阵由两个圆弧形基阵所组成。每个基阵有多个换能器单元，它能在与航线垂直的平面内以一定的张角发射和接收多个波束（如图 6-21 所示），可获得多个水声斜距。结合船体航向、姿态、瞬时位置和海面高程等信息，通过归位计算，可获得相对地理坐标框架下的测点的三维坐标。多波束测量系统的覆盖宽度与其张角和水深有关系。张角（水深）越大，扇面覆盖宽度越大。

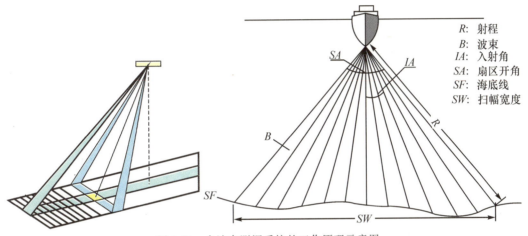

图 6-21　多波束测深系统的工作原理示意图

多波束测深系统可分为窄带多波束测深仪和宽带多波束测深仪。窄带多波束测深仪，波束数少，张角小，覆盖宽度窄，适合深水测量。宽带多波束测深仪波束多，覆盖宽度大，张角也大，适用于浅水域内的扫海测量和水下地形测绘。图 6-22 为多波束测深系统的组成及其作业示意图。

图 6-22　多波束测深系统的组成及其作业示意图

4. 机载激光测深系统

机载激光测深系统是在 20 世纪 90 年代初出现的，它有别于传统的水深测量技术，主要用于近岸水深测量。机载激光测深原理与双频回声测深系统原理相似(如图6-23所示)。从飞机上向海面发射两种波段的激光:一种为红光,波长为1 064nm;另一种为绿光,波长为523nm。红光被海水反射,绿光则透射到海水里,到达海底后被反射回来。这样,两束光被接收的时间差等于激光从海面到海底传播时间的两倍,由此便可计算出海深。

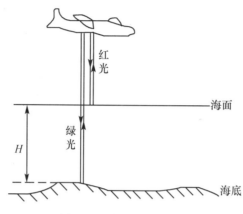

图6-23 激光测深的原理

激光测深系统目前测深能力一般在50m左右,测深精度大约为0.3m。

机载激光测深具有速度快、覆盖率高、灵活性强等优点,具有广阔的应用前景。

5. 水下机器人集成系统

水下载人潜水器、水下自治机器人(Autonomous Underwater Vehicle,AUV)或遥控水下机器人(Remotely Operated Vehicle,ROV),集成多波束系统、侧扫声呐系统等船载测深设备,结合水下DGPS技术、水下声学定位技术,可实现水下地形测量。

水下机器人因可以接近目标,利用其荷载的测量设备,可以获得高质量的水下图形和图像数据,因此自20世纪60年代开始,陆续有前苏联、美国、加拿大等十几个国家开始使用潜水器进行广泛的科学研究工作。目前使用的潜水器以自动式探测器最为先进,如德国的SF_3型和前苏联的"斯加特"等。"斯加特"号自动式潜水器既可进行海底地形测量,也可进行物理场和化学场测量。它由两个牢固的集装箱组成,一个装有全部系统和电池,另一个装有测量和研究的仪器;动力为4马力的附有螺旋桨的电动机,水下航速为2节;尺寸为2m×1m×0.7m,排水量0.4t;探测器内装有水声定位系统,定位中误差为±3m。

用水下潜水器进行水下地形测量工作同用水面船只测量的手段和方法大致相同,只是在水下测量时需要测定潜水器本身的下沉深度。因此一般需要使用液体静力深度计和向上方向的回声测深仪。侧扫声呐的使用方法与水面船只使用方法是一样的。进行测量时,潜水器的航行坐标采用保障船只或水下海洋大地控制网点来确定。

我国虽然在这方面起步比较晚,但进步很快。"十五"期间研制出了ROV水下样机,但距离成熟的应用还存在一定的差距,因而在未来一段时间,AUV/ROV关键技术中与测绘相关的研究主要表现在:水下机器人的导航和定位技术研究;水下目标识别技术研究;基于水下机器人载荷测量设备的精密测量方法及归位计算方法研究等。

除水下机器人集成系统外,通过上述手段实测得到的是相对瞬时海面的相对深度。为了反映真实的海底地形起伏变化,需要利用潮汐观测资料和潮汐模型,获得深度观测时刻测量水域的瞬时海面高程。利用该瞬时垂直基准,通过潮位改正,最终得到海底点的绝对高程。结合测量时刻的定位结果,可以得到海底测量点的三维坐标。利用这些离散点的三维坐标,可以绘制海底地形图或海床 DEM(见图 6-24)。

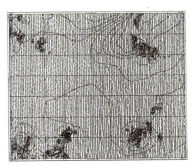 

图 6-24　海底地形等深线图和三维立体图

6. 水深遥感

空间遥感技术应用于海底地形测量是 20 世纪后期海洋科学取得重大进展的关键技术之一。遥感海底地形测量具有大面积、同步连续观测及高分辨率和可重复性等优点。微波遥感器还具有全天候的特点,这些都是传统的测量手段所无法比拟的。

遥感设备包括可见光多谱扫描仪、成像光谱仪、红外辐射计、微波辐射计、高度计、散射计和成像雷达。这些遥感器能够直接测量的海洋环境参数有海色、海面温度、海面粗糙度和海平面高度。利用这些参数,可以反演或计算出若干其他海洋环境参数,如海床地形等。图6-25 是水声遥感反演水下地形的基本思想及得到的水深等值线图。

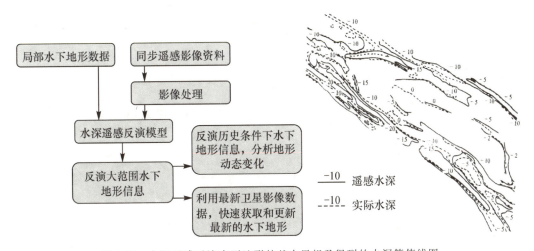

图 6-25　水深遥感反演水下地形的基本思想及得到的水深等值线图

6.2.6　海洋水文要素及其观测

发生在海洋中的许多自然现象和过程往往与海水的物理性质密切相关。人类要认识和开发海洋,首先必须对海洋进行全面深入地观测和调查,掌握其物理性质。在海洋调查中,观测海洋水文要素更有其重要的意义。人类的生存活动与海洋水文的关系、海洋能源的利用、海洋航运、造船、海洋工程、海洋渔业都迫切需要掌握海洋水文要素的变化规律。因此，海洋水文要素的观测就显得非常重要。

海洋水文要素主要包括海水温度、盐度、密度、海流、潮汐、潮流、波浪等。水文观测是指在江河、湖泊、海洋的某一点或断面上观测各种水文要素，并对观测资料进行分析和整理的工作。水文测量为水下地形测量、水深测量以及定位提供必要的海水物理、化学特性参数。如测定海水温度、盐度或密度可以计算声波在水中传播的速度；潮汐观测可为水下地形测量提供瞬时垂直基准；波浪改正可提高测深及定位精度。

利用海洋水文测量资料可以绘制不同海洋要素的海洋水文图，表示各要素水平分布和垂直分布的一般规律，显示其随时间变化的一般性规律和特点。各种水文图都在地理基础底图上加绘专题要素。专题要素采用多种表示方法。温度、盐度、密度、声速等要素常用等值线法表示其水平分布，用断面图表示其垂直分布。水色图一般用底色法表示。潮流、海流用动线法以不同颜色的矢符表示不同深层的流向，用矢符长短表示流速。

海水的温度、盐度可以利用温盐深计通过物理或化学方法测定，是间接计算海水中声速的三个主要参数。海水中声速的测定还可以通过声速剖面仪来测量。声速剖面仪通过在不同深度和一定距离内声波的传播时间，获得对应深度层的声速，从而形成声速剖面。图6-26为世界各大洋温度和盐度的分布图。图6-27为声速剖面仪和实测的声速剖面。

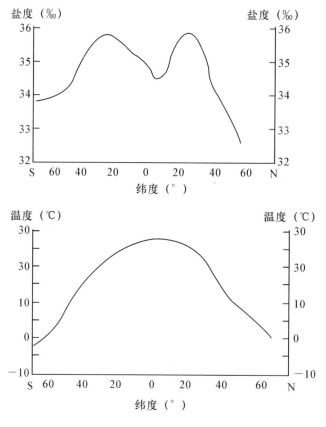

图 6-26　全球盐度（上）和温度（下）分布图

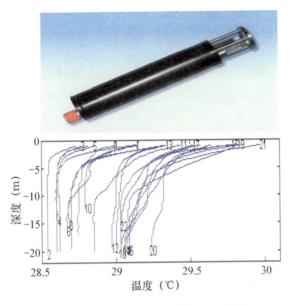

图 6-27 声速剖面仪和实测的声速剖面

海水的流速流向是海床演变的两个动力要素。流速流向可通过 ADCP（Acoustic Doppler Current Profile）来测量。ADCP 是利用海流与 ADCP 几个超声波声柱的 Doppler 效应来计算流速的,通过声柱的位置来计算流向的。根据作业方式不同,ADCP 又可分为静置式和走航式（图 6-28）两种。利用 ADCP 实测的流速和流向数据,可以绘制水域流场分布矢量图（见图 6-29）。

图 6-28 静置式（上）和走航式（下）ADCP

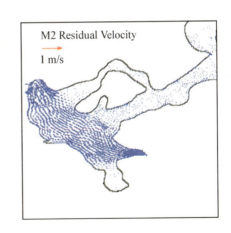

图 6-29 水域流场分布矢量图

潮汐观测值一方面用于获取当地的潮位资料、分析潮汐变化特征,另一方面为水下地形测量提供垂直参考面。潮位观测通常可采用水尺验潮、超声波验潮、浮子式验潮、压力式验潮和 GPS 验潮等手段。图 6-30 为超声波验潮仪潮位测量原理示意图;图 6-31 为实测的不同类型的潮汐变化图。

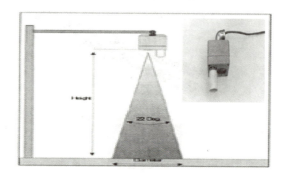

图 6-30　超声波验潮仪潮位测量原理示意图

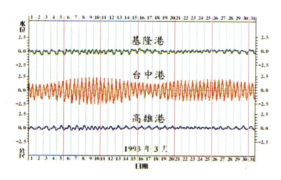

图 6-31　台湾地区几个潮位站的潮汐变化图

6.2.7　海底地貌及底质探测

海底地貌是指海底表面的形态、样式和结构。由于地壳构造等内营力和海水运动等外营力相互作用，并由于这种作用的性质、强弱和时间等不同，从而使海底地表起伏形成大、中、小不同规模的三级地貌（见表 6-1）。大中地貌由内动力形成，小地貌由外动力形成。按所处位置和基本特征分为大陆边缘、大洋盆地和大洋中脊三大基本地貌。

表 6-1　　　　　　　　　　　　海底地貌分类表

一级类型	二级类型	三级类型
大陆边缘	大陆架、岛架	水下岸坡、水下三角洲、水下沙堤、水下沙坝、珊瑚礁、古河道
	大陆坡	海底峡谷、海底高原、海槽
	大陆隆	海底扇、海底峡谷
	边缘海盆地	海山、岩礁、海丘、海底谷
大洋盆地（深海盆地）	深海平原、深海丘陵、海岭、海台、海沟	海山、海底平顶山、海丘、海底半岛、海隆、海槽、海底湾
大洋中脊	脊顶和脊翼	

海底地貌探测是通过海底地貌探测仪即侧扫声呐系统来实现的。

按照作业方式的不同，侧扫声呐系统对海底地貌测量通常采用两种方式：一种是安装在测量船龙骨两侧的固定式，另一种为拖曳在船后一定距离和深度的拖曳式。为避免船体噪声的干扰，实际作业中通常采用拖曳式。侧扫声呐测量是现阶段扫海测量、应急测量、扫测障碍物的重要手段。它具有分辨率高、反映海底地貌特征彻底等优点，是目前寻找水下障碍物最有效的方法之一。图6-32为侧扫声呐系统及其扫测得到的海底地貌。

图6-32　侧扫声呐系统组成及扫测得到的海底地貌图像

两个主要缺陷限制着传统侧扫声呐系统的应用。首先，换能器正下方附近的测深精度很差；其次，当有两个或两个以上由不同方向同时到达的回波入射到声呐阵上时，系统不能正常工作。此外，由于常采用拖曳作业方式，拖鱼自身的定位精度不高，并造成声呐图像的位置精度较差。随着声学干涉技术及计算机技术的发展，新型的测深侧扫声呐能够测量出海底的高分辨率三维影像，反映海底地形地貌的细微构造。

海底底质探测主要是针对海底表面及浅层沉积物性质进行的测量。探测工作是采用专门的底质取样器具进行的，可以由挖泥机、蚌式取样机、底质取样管等来实施。这些方法可在船只航行或停泊时，采集海底不同深度的底质，也能够采集海底碎屑沉积物、大块岩石、液态底质等。其中，用于深水取样的底质采样管有索取样管和无索取样管两种。海底底质探测也可以采用测深仪记录的曲线颜色来判明底质的特征。为了探测沉积物的厚度和底质的变化特征，采用浅地层剖面仪、声呐探测器等，浅水区还可以采用海上钻井取样。在所有的海底底质探测手段中，基于声学设备通过获取海底底质声呐图像反映海床底质、地貌的方法具有简单、有效等特点。

借助波束回波强度与海底底质之间的关系，根据侧扫声呐系统所获得的海底地貌图像，可以实现对海底沉积物表层质底属性的判断。若要对海底沉积物表层以下深度底质进行探测，还需要借助海底浅层剖面仪（图6-33）。海底浅层剖面仪又称次海底剖面仪，它是研究海底各层形态构造和其厚度的有效工具，其工作原理与回声测深仪相同。人们很早就发现，在用回声测深仪测深时，声音有时穿透底质层，在测深图上记录了海底沉积层及其构造。由于沉积层对声波的吸收系数比海水介质约高1000多倍，又因为回声测深仪的发射功率不大，所以,在深度较大和沉积物较坚硬的地区无法探测到必要的信息。浅地层剖面仪由发射机、接收机、换能器、记录器、电源等组成。发射机受记录器的控制,发射换能器周期性的向海底发射低频超声波脉冲,当声波遇到海底及其以下地层界面时,产生反射,返回信号,经接收换能器接收,接收机放大,最后输给记录器,并自动绘制出海底及海底以下几十米的地层剖面(见图6-33)。海底浅层剖面仪的探测深度与工作频率有关。为满足生产的要求,通常应用的工作频率为 3.5kHz 和 12kHz 两种。前者探测地层深度为 100m,后者约为 20m。频率增高,声波吸收衰减加大,探测深度减小;频率低,探测深度大,但剖面仪的分辨率差。

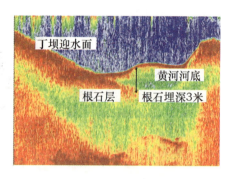

图 6-33 浅地层剖面仪及测得的浅地层剖面

6.2.8 海洋工程测量

海洋工程测量是为海洋工程建设、设计施工和监测进行的测量。

海洋工程是与开发利用海洋直接相关的有关活动的总称。早期的海洋工程多指码头、堤坝等土石方工程。随着科学技术的进步,海洋工程包括的内容不断扩大,可分为海岸工程、近岸工程、深海工程、水下工程等。按照用途又可分为港口工程(海港工程)、堤坝工程、管道工程、隧道工程、疏浚工程、救捞工程以及采矿、能源、综合利用等工程。

海洋工程测量仍以海洋定位、测深等手段为基础,在不同海洋工程勘测设计、施工和管理阶段所进行的测量工作,例如海上钻井的钻头归位,港口、码头的施工放样,等等。

6.2.9 海洋地图绘制

海图的描绘对象是海洋及其毗邻的陆地。陆地地形测量的常规方法是实地地形测量和航空摄影测量的方法;海洋地形测量的常规方法则是利用船艇进行海洋水深测量的方法。陆地测量定位精度高;海洋测量定位精度低得多。陆地地形测量主要用光学仪器;海洋地形测量主要用声学仪器。由于仪器、方法、精度的不同,使测量的外业成果的形式也不同。陆地测量的外业成果主要是图形资料;海洋测量的外业成果主要是记录纸、磁带、文字数据。这就导致了海图的成图方式和过程与陆地地图相比也有差别。差别最大的还是海图的内容及其表示方法。这是由于海水的覆盖,人类对海洋的改造和利用大大区别于陆地,导致海洋信息与陆地信息有重大区别引起的。陆地地图中数量最大的地形图,以水系、居民地、交通网、地貌、土壤植被和境界线六大要素为其主要内容。海图的内容,除海底地形图的陆地部分与陆地地形图基本一致外,各种海图的陆、海内容与陆地地图都有很大差别。与陆地地形图相对应的海底地形图的海洋区域,主要内容为岸、滩和海底地貌,海底基岩和海洋沉积物、海藻、海草等动植物,水文要素,沉船、灯标、水中管线、钻井或采油平台等经济要素,以及在实地看不见的各种航道、界线。海洋中没有陆地上的居民地、道路网、河流、湖泊、沼泽,植被多。陆地上的许多地物,在海洋中没有或不多见。数量最多的航海图的内容也明显区别于陆地地图,其六大要素为海岸、海底地貌、航行障碍物、助航标志、水文及各种界线。海洋图的表示方法更是与陆地地图不同,主要为:多选用墨卡托投影编制以利于航船等航行时进行海图作业;没有固定的比例尺系列;深度起算面不是平均海面,而是选用有利于航海的特定深度基准面;分幅主要沿海岸线或航线划分,邻幅间存在叠幅;为适应分幅的特点,航海图有自己特有的编号系统;海图与陆地地图制图综合的具体原则因内容差异甚大和用途不同而有所区别;有自己的符号系统;更需要及时、不间断地进行更新,保持其现势性,以确保船舶航行安全。

海图的基本功能表现为:

(1) 海图是海洋区域的空间模型。这就使海图直观易读、信息丰富,并且具备真实性、地理适应性以及具有可量测性的特点。

(2) 海图是海洋信息的载体。海图作为信息的载体,以图形形式表达、储存和传输空间信息,只能让人们直接感受读取信息。机器不能直接读取和利用,而必须经过数字和代码转换才能读取和处理。随着海图制图自动化的发展,尤其是随着海洋地理信息系统、海图数据库——数字海图的发展,可以弥补这些不足。

(3) 海图是海洋信息的传输工具。海洋空间的许多物体和现象,都可以在海图上表达出来,人们可以通过海图得到信息。在这一点上,海图的表达能力强于语言文字。

(4) 海图是海洋分析的依据。由于海图本身就是一个海洋空间模型,而且还可利用海图图形建立海洋空间的其他多维模型,使海洋制图现象空间模型更具体化。

海图主要用于航海、渔业、海洋工程、国际交往、国防事业、海图历史研究等。海图是海洋区域的空间模型,海洋信息的载体和传输工具,是海洋地理环境特点的分析依据,在海洋开发和海洋科学研究等各个领域都有着重要的使用价值。

海图是通过海图编制完成的。海图编制是设计和制作海图出版原图的工作。作业过程通常分为编辑准备、原图编绘和出版准备三个阶段。

编辑准备阶段:根据任务和要求确定制图区域的范围、数学基础;确定图的分幅、编号和图幅配置;研究制图区域的地理特点;分析、选择制图资料;确定海图的内容、选择指标与综合原则、表示方法;制定为原图编辑和出版准备工作的技术性指导文件。

原图编绘阶段:根据任务和编辑文件进行具体制作新图的过程,它是海图制作的核心。具体包括:数字基础的展绘;制图资料的加工处理;当基本资料比例尺与编绘原图比例尺相差较大时,需作中间原图,资料复制及转绘;各要素按综合原则、方法和指标进行内容的取舍和图形的概括(综合),并按照规定图例符号和色彩进行编绘;处理各种图面问题,包括资料拼接、与邻图接边、接幅以及图面配置等。

编绘方法有编稿法、连编带绘法、计算机编绘法等。为保证原图的质量,在正式编绘前试编原图或草图。运用传统方法进行图形编绘后还需做清绘或刻绘原图的工作,即出版前的准备工作。

出版准备阶段:将编绘原图复制加工成符合图式、规范、编图作业方案和印刷要求的出版原图;制作供制版、印刷参考的分色样图和试印样图。随着制图技术的进步,原图编绘和出版准备工作可在电子计算机制图系统上完成。

6.2.10 海洋地理信息系统

为满足国家和地方政府、科学研究机构和经济实体等在进行海洋工程建设、资源开发、抗灾防灾以及军事活动等对海洋测绘地理信息的需求,近十年海洋测绘发展出现了另一个新的领域——海洋地理信息系统(Marine Geographic Information System,MGIS)。目前,快速数据采集技术(如卫星、多波束声呐等)、数字海图生产技术和 GIS 技术等已为 MGIS 的建立奠定了基础,MGIS 已成为海洋测绘的一个新的发展趋势。

MGIS 的研究对象包括海底、水体、海表面及大气及沿海人类活动五个层面,其数据标准、格式、精度、采样密度、分辨率及定位精度均有别于陆地。在建设 MGIS 的过程中,对计算机应用软件的特殊需求为:能适应建立有效的数字化海洋空间数据库;使众多海洋资料能方便地转化为数字化海图;在海洋环境分析中可视化程度较高,除 2-D、3-D 功能以外,能通过 4-D 系统分析环境的时空变化和分布规律;能扩展海洋渔业应用系统和生物学与生态系统模拟;能增强对水下和海底的探测能力,能改进对海洋环境综合分析的效果;能作为海洋产业建设和其他海事活动辅助决策的工具。一般 GIS 处理分析的对象大多是空间状态或有限时刻的空间状态的比较,MGIS 则主要强调对时空过程的分析和处理。

MGIS 可以为遥感数据、GIS 和数字模型信息等提供协调坐标、存储和集成信息的系统结构。另外,它也可以提供工具来分析数据、可视化变量之间的关系和模型(见图 6-34)。

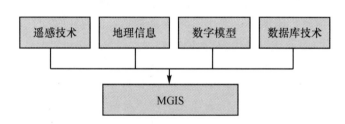

图 6-34 海洋地理信息系统(MGIS)

MGIS 可应用于海岸带管理、海洋环境监测评价、海洋渔业、海洋油气开发和其他领域。从海洋地理信息系统在各个海洋领域的应用可看出,MGIS 在处理海洋数据上具有强有力的功能。因为 MGIS 在海洋领域的应用都与该领域具体学科有关,所以在实际应用中,MGIS 应该是集成系统,其中应该包括海洋领域的应用系统。在该集成系统中,应充分理解数据在不同参照系之间的转换所涉及的各个空间海洋系统的集成。

思 考 题

1. 简述海洋测量的定义以及包含的内容。
2. 海洋测量中平面和垂直基准是如何确定的?
3. 现代海洋定位的主要手段有哪些?列举水下声学定位技术在军事和海洋工程中的应用。
4. 水下地形和地貌的获取手段有哪些?
5. 简述海洋地理信息系统的基本概念以及系统构建的基本思想。

参 考 文 献

[1] 陈永奇,李裕忠,杨仁.海洋工程测量[M].北京:测绘出版社,1991.
[2] 海洋测绘[M].北京:测绘出版社,1997.
[3] 梁开龙、管铮等,海洋重力测量与磁力测量[M].北京:测绘出版社,1995.
[4] 武汉测绘科技大学、大连舰艇学院,海洋大地测量[M].北京:测绘出版社,1991.
[5] 海事局.海事测绘工艺流程机软硬件配置规范.2004.
[6] 海洋测绘词典编委会.海洋测绘词典[M].北京:测绘出版社,1999.
[7] 李家彪,等.多波束勘测原理技术与方法[M].北京:海洋出版社,1999.
[8] 梁开龙.水下地形测量[M].北京:测绘出版社,1995.
[9] 中华人民共和国国家标准.海道测量规范.国家技术监督局发布,1990.
[10] 叶久长,刘家伟.海道测量学[M].北京:海潮出版社,1993.
[11] 胡明城,鲁福.现代大地测量学[M].北京:测绘出版社,1993.

第7章 全球卫星导航定位技术

7.1 概　　述

7.1.1 定位与导航的概念

前面几章已经阐述了测绘的主要目的之一是对地球表面的地物、地貌目标进行准确定位(通常称之为测量)和以一定的符号和图形方式将它们描述出来(通常称之为地图绘制)。因此,从测绘的意义上说,定位就是测量和表达某一地表特征、事件或目标发生在什么空间位置的理论和技术。当今,人类的活动已经从地球表面拓展到近地空间和太空,进入了电子信息时代和太空探索时代。定位的目标小到原子、分子,中为地球上各种自然和人工物体、事件乃至地球本身,大至星球、星系。因此,从广义和现代意义上来说,定位就是测量和表达信息、事件或目标发生在什么时间、什么相关的空间位置的理论方法与技术。由于微观世界的测量涉及量子理论和技术,需要特殊方法和手段,因此我们这里的定位含义,仍然是讨论中观和宏观世界里有关信息、事件和目标的发生时间和空间位置的确定。至于导航,是指对运动目标,通常是指运载工具如飞船、飞机、船舶、汽车、运载武器等的实时、动态定位,即三维位置、速度和包括航向偏转、纵向摇摆、横向摇摆三个角度的姿态的确定。由此,定位是导航的基础,导航是目标或物体在动态环境下位置与姿态的确定。

7.1.2 定位需求与技术的发展过程

人类社会的早期物质生产活动以牧猎为主,日出而作,日落而息。当时的人类活动不能离开森林和水草,或者随水草的盛衰而漂泊迁移,可以说没有什么明确的定位需求。到了农业时代,人类在河流周围开发农田,并建村建市定居和交换产品,产生了丈量土地的需求,也产生了为种植作物而要知道四时八节、时间、气象、气候确定以及南北地域位置测量的需求;同时争夺土地的战争更推动了准确了解敌我双方村镇及交通位置、水陆山川地貌地物特征的需求。因此,相应的早期测绘定位定时的理论与技术就出现了。在中国,产生了像司南、计里鼓车、规、矩、日晷这样的古代定位定时仪器。到了工业时代,人类的全球性经济和科学活动包括航海、航空、洲际交通工程,通信工程,矿产资源的探测,水利资源的开发利用,地球的生态及环境变迁研究,等等,大大促进了对精确定位的需求,时间精度要求达到了百万分之几秒,目标间相对位置精度要求达到几个厘米甚至零点几个毫米,定位的理论和技术进入了一个空前发展时期,观测手段实现了从光学机械仪器到光电子精密机械仪器的发展,完成了国家级到洲际级的大型测绘。20世纪后半叶,出现了电子计算机技术、半导体技术、激光技术、集成电路技术、航天科学技术,人类开始进入电子信息时代和太空探索时代。与此同时,地球的资源与环境问题也越来越严重,人类对大规模自然灾害的发生机理的探索和治理的需求也越来越迫切,因此定位的需求从静态发展到了动态,从局部扩展到全球,从地球走向太空,同时也从陆地走向了海洋,从海洋表面走向了海洋深部。1957 年 10 月,前苏联发射了人类第一颗人造地球卫星。人们在跟踪无线电信号的过程中,发现了卫星无线电信号的多普勒频移现象,这预示着一种全新的太空测量位置方式可以探索,由此提出了卫星定位和动态目标导航的初步概念。从此,人类进入了卫星定位和导航时代。

7.1.3 绝对定位方式与相对定位方式

如前所述,定位就是确定信息、事物、目标发生的时间和空间位置。因此定位之前,必须先要确定时间参考点和位置参考点,也就是要建立时间参考坐标系统和位置参考坐标系统。时间与空间参考坐标系统的建立,一直就是测绘学和天文学最前沿的理论与技术研究方向,目前仍然在不断发展之中,本书第 2 章已有关于大地测量坐标系统和参考框架的介绍。在时间和空间参考坐标系统建立的基础上,再探讨如何在某个参考系内确定事件、信息、目标的具体位置和时间,这是本章的主要讲述内容。

在实际工作中,我们把直接确定信息、事件和目标相对于参考坐标系统的位置坐标称为绝对定位,而把确定信息、事件和目标相对于坐标系统内另一已知或相关的信息、事件和目标的位置关系称为相对定位。

一般来说,绝对定位的概念比较抽象,技术比较复杂,定位精度也难以达到很高;而相对定位概念比较直观、具体,技术较为简单、直接,容易实现高精度。例如,利用有望远镜和测角设备的经纬仪测量北极星的高度角可以确定某一点在地球上的纬度(φ),如图 7-1 所示。测量同一个恒星过格林尼治天文台和某地的时间差可以确定该点的经度,是一种绝对定位。其最高精度一般可以达到 0.5s 左右,相当于地球上 15m 的范围。利用气压高度计测定位置或目标的海拔高程也是绝对定位的例子,其精度只能达到 5~10m。用雷达测量运动的飞机的方位角(α)和雷达与飞机间的斜距(D)和高度角(τ)是相对定位测量的例子,如图 7-2 所示。

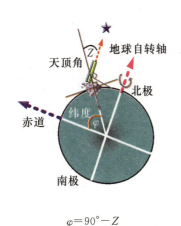

$\varphi = 90° - Z$

图 7-1 绝对定位的例子:天文纬度测量

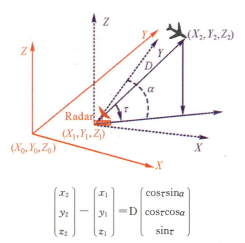

$$\begin{pmatrix} x_2 \\ y_2 \\ z_2 \end{pmatrix} - \begin{pmatrix} x_1 \\ y_1 \\ z_1 \end{pmatrix} = D \begin{pmatrix} \cos\tau\sin\alpha \\ \cos\tau\cos\alpha \\ \sin\tau \end{pmatrix}$$

图 7-2 相对定位的例子:目标的雷达定位

类似于雷达的全站仪是由激光来测量仪器至目标的距离,用精密电子设备测量仪器至目标的方位角和高度角,其相对定位的精度可高达1~2mm。相对定位技术上较易实现,通过相对定位的方式,在已知某目标绝对定位结果的情况下,也可以获得新目标的绝对定位位置。

7.1.4 定位与导航的方法和技术

1. 天文定位与导航技术

如前文所述,人类很早就认识到地球应该类似一个圆球,也知道通过观测太阳或恒星的方位变化和高度角变化测量时间和经纬度,这是早期天文测量定位方法。通过观测天体来测定航行体(如海上的船,空中的飞机或其他飞行器)位置,以引导航行体到达预定目的地,称为天文导航。天文导航始于航海。从古代远洋航行出现以来,天文导航一直是重要的船舶定位定向手段,即使在当今,天文导航也是太空飞行器导航的重要手段之一,特别是飞行体姿态确定的重要手段之一。

天文导航定位时,观测目标是宇宙中的星体。人们通过对星体运行规律的观测编成了天文年历,即一年中任一瞬间各可见星体在天空中的方位和高度角。我们能够根据观测日期和时间,从天文年历中查出星体的位置,进而获得星体在天球上投影点的地理位置(天文经纬度)。天文定位与导航最基本的思路是建立与地球上观测者位置相对应的天球(简单地说,就是以观测者位置为中心假想地将地球膨胀成一个半径为无穷大的圆球面),天球上有星体和地球表面观测者对应的天顶点(观测者头顶在天球上的投影),这样,如果测定了星体与天顶点间的夹角(也叫天顶距),也就得到了星体在天球上的投影点与观测者在天球上的投影点之间的角距离。所以,只要观测了星体的天顶距,就能通过计算获得星体天球投影点到观测者天球投影点之间的角距离。通过观测两个星体,得到两个星体投影点(天文经纬度已知)和两个角距离。分别以两个星体投影点为圆心,以各自到观测者天顶的角距离为半径画圆,两圆的交点就是观测者的位置。这就是天文定位的几何原理。

如图7-3所示,G 是地球观测者的位置,g 是 G 的天顶方向在天球上的投影;p 是地球自转轴北极 P 在天球上的投影,正好也是理想上的北极星在天球上投影的位置;s 是某恒星天体在天球上的投影位置。p,s 在天球上的坐标(如某种定义下的经纬度 φ 和 λ)(φ_p, λ_p),

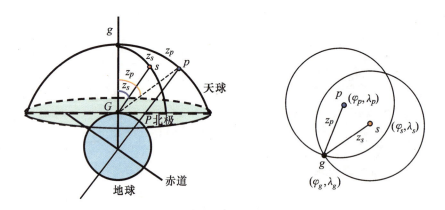

图 7-3 地球表面观测者 G 及其对应的天顶和天球的关系

(φ_s, λ_s)是可从天文年历中查到的。z_p, z_s 分别是北极星 p 和恒星天体 s 到观测者天顶投影 g 的天顶距,是可以用某种仪器或方法观测到的。两个观测量可以确定两个方程式,于是可确定观测者 G 对应的天顶 g 在天球上的天文坐标 φ_g, λ_g,即

$$\varphi_g = f_g(\varphi_p, \lambda_p, \varphi_s, \lambda_s, z_p, z_s)$$
$$\lambda_g = f_g(\varphi_p, \lambda_p, \varphi_s, \lambda_s, z_p, z_s)$$

其中 z_p, z_s 是观测量,可以通过观测者在地球上用经纬仪测量获取,也可以通过用某种仪器对北极星 p 和恒星 s 进行摄影的方式获取。

天文定位与导航一般属于绝对定位方式。

2. 常规大地测量定位技术

常规大地测量定位技术多半属于相对定位技术。由于其主要采用以望远镜为观测手段的光学精密机械测量设备,如经纬仪、铟钢基线尺和激光测距仪等,只能进行静止目标的测量定位,其相对定位的精度一般可达 $10^{-5} \sim 10^{-6}$。关于这一定位技术,第 2 章已有详细论述,在此不再赘述。

3. 惯性导航定位技术

惯性导航系统(Inertial Navigation System,INS)是 20 世纪初发展起来的导航定位系统。它是一种不依赖于任何外部信息、也不向外部辐射能量的自主式导航定位系统,具有很好的隐蔽性。惯性导航定位不仅可用于空中、陆地的运动物体的定位与导航,还可以用于水下和地下的运动载体的定位与导航,这对军事应用来说具有很重要的意义。惯性导航定位的基本原理是惯性导航设备里安装有两种基本的传感器:一种称为陀螺的传感器可以测量运动载体的三维角速度矢量,另一种称为加速度计的传感器可以测量运动载体在运动过程中的加速度矢量,通过加速度、速度与位置的关系,最终得到运动载体的相对位置、速度和姿态(航向偏转,横向摇摆,纵向摇摆)等导航参数。

惯性导航系统的主要优点是:它不依赖任何外界系统的支持而能独立自主地进行导航,能连续地提供包括姿态参数在内的全部导航参数,具有良好的短期精度和短期稳定性。但惯性导航系统结构复杂、设备造价较高;导航定位误差会随时间积累而增大,因而需要经常校准;有时校准时间较长,不能满足远距离或长时间航行以及高精度导航的要求。

4. 无线电导航定位技术

利用无线电波来确定动态目标至位置坐标已知的导航定位中心台站之间距离或时间差的定位与导航技术,称为无线电导航定位技术。其定位方法如果按定位系统是否需要用户接收机向系统发射信号来区分,可分为被动式定位方式和主动式定位方式两种。只接收定位系统发射的信号而无须用户发射信号就能自主进行定位的方式称为被动式定位,如船舶的无线电差分定位等;而需要用户发射信号或同时需要发射和接收信号的定位方式称为主动式定位,如目标的雷达定位、全站仪定位等。

无线电导航信号发射台安设在地球表面的导航系统,称为地基无线电导航系统。若将无线电导航信号发射台安置在人造地球卫星上,就构成卫星导航系统。地基无线电导航系统一般都属相对定位技术。卫星导航系统是可同时进行绝对定位和相对定位的技术。地基远程无线电导航系统中,应用较广的有罗兰 C(Loran-C),奥米伽(OMEGA)和塔康(TACAN)等。

罗兰 C 是一种远程无线电导航系统。1957 年,美国应军事需要而研制和建立了第一个罗兰 C 台链。此后,逐步扩展到世界许多国家,从航海民用发展到航空和陆地民用。全球

共建设了17个罗兰C台链,其信号覆盖北美、西北欧、地中海、远东、夏威夷及美国本土48个州。1994年底,美国已退出它所在的海外罗兰C台链(加拿大除外),将之移交给台链驻在国。自1990年4月以来,我国先后在南海、东海和北海等地区建立了多个罗兰C台链。

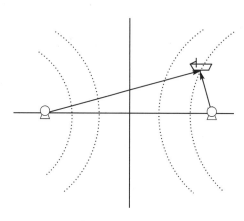

图7-4 双曲面定位原理示意图

罗兰C导航系统采用脉冲相位双曲面定位原理,如图7-4所示。其工作频率为90~110kHz,该波段有地波和天波两种传播方式。用地波定位的作用距离为2000km左右,用天波定位的作用距离是4000km。地波定位精度为460m(2σ),重复测量和相对定位精度为18~90m(2σ)。此外,罗兰C信号还具有定时功能,可用于精确的时间比对测量。因此罗兰C在航海、航空和陆地上获得了较广泛的应用。截至1993年,全球罗兰C用户超过100万。但是,罗兰C台链覆盖地区有限,定位精度也较低,所以美国国防部决定,美军在1994年开始停止使用罗兰C导航系统,而采用性能更优越的GPS全球定位系统。

奥米伽(OMEGA)是甚低频超远程导航系统。它采用相位双曲面定位原理,工作频率为10.2~13.6kHz,作用距离可达15000km,定位精度为3.7~7.4km(2σ),相对定位精度约为460m(2σ)。奥米伽导航系统是美国海军和海岸警卫队联合研制的,由美国海岸警卫队控制,主要用于跨洋航行的船舶和在海岸上空飞行的飞机导航。1982年全面建成了8个奥米伽地面发射台,为全球用户提供双曲线定位服务。1992年的统计表明,全球约有27000个奥米伽用户,其中民用占80%。

塔康(Tactical Air Navigation,TACAN)是由美国国防部(DoD)和美国联邦航空局(FAA)联合研制和管理的航空战术导航系统,它用地面应答站给出飞机的方位角和距离,其测量精度分别为1°左右和185m(2σ)。据统计,塔康用户约为14000个,其中100个为民间用户。

以上介绍的是地基无线电导航系统,其最大的优点是系统定位可靠性高,全天候实用。它们在人类的导航史上发挥了巨大的作用,但也普遍存在以下不足:(1)系统覆盖区域受限制;(2)定位精度较低。因此,这些系统难以满足现代航海、航空和陆地车辆的导航定位需求。随着卫星导航定位技术的出现和迅速发展,地基无线电导航系统逐渐地被卫星导航定位系统所取代。

5. 卫星导航定位技术

前面提到的这些导航与定位技术都存在着不同程度的缺陷。比如天文导航技术很复杂,且仅适合夜晚和天气良好的情况下使用,测量精度也有限;地面无线电导航与定位技术基于较少的无线电信标台站,不但精度和覆盖范围有限,而且易受无线电干扰。20世纪50年代末,前苏联发射了人类的第一颗人造地球卫星,美国科学家在对其信号进行跟踪研究的过程中,发现了多普勒频移现象,并利用该原理促成了多普勒卫星导航定位系统TRANSIT的建成,在军事和民用方面取得了极大的成功,是导航定位史上的一次飞跃。但由于多普勒卫星轨道高度低,信号载波频率低,轨道精度难以提高。且由于系统含卫星数较少,地面观测者不可能实现连续无间隔的卫星定位观测,一次定位所需的时间也长,不适应于快速运动物体(如飞机)的定位与导航;定位精度尚不够高,有相当多的缺点。为此,20世纪70年代初期,美国政府不惜投入巨大的人力、物力和财力,开展了对高精度全球卫星导航定位系统的研制工作。经过十余年的不懈努力,终于在80年代的中、后期,第二代真正意义上的全球定位系统(GPS)逐步投入了运行。不久后,前苏联建成了 GLONASS 系统。前苏联解体后,该系统由俄罗斯接管。

卫星导航定位技术的本质是无线电定位技术的一种。它只不过是将信号发射台站从地面移到太空中的卫星上,用卫星作为发射信号源。卫星导航定位系统克服了地基无线电导航系统的局限,能为世界上任何地方(包括空中、陆上、海上甚至外层空间)的用户全天候、连续地提供精确的三维位置、三维速度以及时间信息。全球卫星导航定位系统的出现,是导航定位技术的巨大革命,它完全实现了从局部测量定位到全球测量定位,从静态定位到实时高精度动态定位,从限于地表的二维定位到从地表到近地空间的全三维定位,从受天气影响的间歇性定位到全天候连续定位的变革。其绝对定位精度也从传统精密天文定位的十米级提高到厘米级水平,将相对定位精度从 $10^{-5} \sim 10^{-6}$ 提高到 $10^{-8} \sim 10^{-9}$ 水平,将定时精度从传统的毫秒级($10^{-3} \sim 10^{-4}$ s)提高到纳秒级($10^{-9} \sim 10^{-10}$ s)水平。

7.1.5 组合导航定位技术

组合导航的技术思想在我国古老的航海术中已经体现出来。在北宋宣和元年就记载有:"舟师试地理,夜则观星,昼则观日,阴晦观指南"。就是说当时的航海家用地文航海术、天文航海术(白天观测太阳,夜晚观测星体),在阴天见不到太阳时用磁罗经进行定向导航。从有文字记载的历史中可以看出,我国是最早综合应用各种航海术的国家之一。而现代组合导航系统是20世纪70年代在航海、航空与航天等领域,随着现代高科技的发展应运而生的。随着电子计算机技术特别是微机技术的迅猛发展和现代控制系统理论的进步,从20世纪70年代开始,组合导航技术就开始迅猛发展起来。为了提高导航定位精度和可靠性,出现了多种组合导航的方式,如惯性导航与多普勒组合导航系统、惯性导航与测向/测距(VOR/DME)组合导航系统、惯性导航与罗兰(LORAN)组合导航系统,以及惯性导航与全球定位系统(INS/GPS)组合导航系统。这些组合导航系统把各具特点的不同类型的导航系统匹配组合,扬长避短,加之使用卡尔曼滤波技术等数据处理方法,使系统导航能力、精度、可靠性和自动化程度大为提高,成为目前导航技术发展的方向之一。

在上述组合导航系统中,以 INS/GPS 组合导航最为先进,应用最为广泛。由于 GPS 具有长期的高精度,而 INS 具有短时的高精度,并且 GPS 和 INS 两种运动传感器输出的定位数据速率不同,组合在一个运载体上,它们可对同一运动以不同的、互补的精度和定位观测速率间隔获取性质互补的定位观测量,因此,对它们进行组合可以得到高精度的实时定位数据,克服了 INS 无限制累积的位置误差和独立 GPS 的慢速率输出定位数据的缺陷。

7.1.6 区域卫星导航定位技术

北斗-双星导航与定位系统是我国自主研制的区域卫星导航与定位系统。我国双星导航卫星的发射成功及系统的投入使用,大大提高了我国独立自主的导航能力。该系统将定位、通信和定时等功能结合在一起,而且有瞬时快速定位的能力。该系统利用两颗地球同步卫星作信号中转站,用户的收发机接收一颗卫星转发到地面的测距信号,并向两颗卫星同时发射应答信号,地面中心站根据两颗卫星转发的同一个应答信号以及其他数据计算用户站位置,因此,这是一种主动或无线电定位系统。用户收发机在允许的时间或规定的时间内,在接收到卫星的转发信号后,便可在显示器上显示出定位结果。用户机不必有导航计算装置;但有发射部分,故可同时作为简单的通信和数据传输之用。定位精度视双星的经度间隔而定。如地面有参考点时,其精度可达 10m 量级。但物体的高度需另用测高仪测量,在必要时提供三维数据。授时精度则可比 GPS 更高,因标准时钟可以安装在中心站而将定时信号通过卫星传送给用户,比 GPS 装于卫星上的标准时钟更能保持稳定度和准确度。整个系统的定位处理集中在中心站进行,故中心站随时掌握用户动态,对于管理和商业应用十分有利。由于所用的是同步卫星,所以其覆盖范围是地区性的,但是其面积可以很大(例如中国和东南亚),而且可以发展成为全球性的(高纬度地区除外)。我国建立这一系统,对于交通、运输、旅游、西部地区的开发、灾害监视和防治以及全国范围的时间同步都有重要的作用。我国的第二代卫星导航定位系统正在建设中。

7.2 全球卫星导航定位系统的工作原理和使用方法

7.2.1 概述

全球卫星导航定位系统都是利用在空间飞行的卫星不断向地面广播发送某种频率并加载了某些特殊定位信息的无线电信号来实现定位测量的定位系统,如图 7-5 所示。卫星导航定位系统一般都包含三个部分:第一部分是空间运行的卫星星座。多个卫星组成的星座系统向地面发送某种时间信号、测距信号和卫星瞬时的坐标位置信号。第二部分是地面控制部分。它通过接收上述信号来精确测定卫星的轨道坐标、时钟差异,监测其运转是否正常,并向卫星注入新的卫星轨道坐标,进行必要的卫星轨道纠正和调整控制等。第三部分是用户部分。它通过用户的卫星信号接收机接收卫星广播发送的多种信号并进行处理计算,确定用户的最终位置。用户接收机通常固连在地面某一确定目标上或固连在运载工具上,以实现定位和导航的目的。

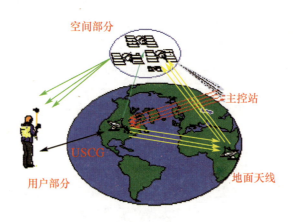

图 7-5 卫星导航定位系统的三大部分

目前,正在运行的全球卫星导航定位系统有美国的全球卫星定位系统(GPS)和俄罗斯的全球卫星导航定位系统(GLONASS)。后者由于经济问题,星座中卫星缺失太多,暂时不能连续实时定位。正在发展研究的有欧盟的GALILEO系统和中国第二代卫星导航定位系统。具有全球导航定位能力的卫星导航定位系统称为全球卫星导航定位系统,英文全称为 Global Navigation Satellite System,简称为 GNSS。本章后面将会多次用到 GNSS 的概念和术语。图 7-6 所示为空间飞行的 GPS 卫星。

图 7-6 空间飞行的 GPS 卫星

7.2.2 GPS 全球定位系统的概念

美国的全球定位系统(GPS)计划自 1973 年起步,1978 年首次发射卫星,1994 年完成 24 颗中等高度圆轨道(MEO)卫星组网,历时 16 年、耗资 120 亿美元。至今,已先后发展了三代卫星。整个系统由空间部分、控制三部分和用户部分组成。

1. 空间部分

1) GPS 卫星星座:设计为 21 颗卫星加 3 颗轨道备用卫星,实际已有 27~28 颗在轨运行卫星,如图 7-7 所示。其星座参数为:

图 7-7 GPS 系统星座

卫星高度:20 200km;

卫星轨道周期:11h 58min;

卫星轨道面:6 个,每个轨道至少 4 颗卫星;

轨道的倾角:55°,为轨道面与地球赤道面的夹角。

2) GPS 卫星可见性:地球上或近地空间任何时间至少可见 4 颗、一般可见 6~8 颗卫星。

3) GPS 卫星信号:

载波频率:L 波段双频 L_1 为 1 575.42MHz,L_2 为 1 227.60MHz;

卫星识别:码分多址(CDMA),即根据调制码来区分卫星;

测距码:C/A 码伪距(民用),P_1、P_2 码伪距(军用);

导航数据:卫星轨道坐标、卫星钟差方程式参数、电离层延迟修正,以上数据称为广播星历。它相当于向用户提供了定位的已知参考点的(卫星)起算坐标和系统参考时间以及相关的信号传播误差修正。

2. 控制部分

监控站:接收卫星下行信号数据并送至主控站,监控卫星导航运行和服务状态。

主控站:卫星轨道估计,卫星控制,定位系统的运行管理。

注入站:将卫星轨道纠正信息、卫星钟差纠正信息和调整卫星运行状态的控制命令注入卫星。

3. 用户部分

GPS 接收机由接收天线和信号处理运算显示两大部件组成，如图 7-8 所示。

图 7-8　各种类型的 GPS 用户接收机

按照定位与导航功能可将接收机分为两大类：

(1) 大地测量型接收机：一般用于高精度静态定位和动态定位。

(2) 导航型动态接收机：一般用于实时动态定位。

按照同时能接收的载波频率也可将接收机分为两类：

(1) 双频接收机：能同时接收 L_1、L_2 两种载波频率和相应的 C/A 码和 P 码伪距，一般用于静态大地测量和高精度动态测量。其中，能同时接收 P_1 和 P_2 码伪距值的接收机俗称双频双码接收机。

(2) 单频接收机：只能接收 L_1 载波频率和 C/A 码伪距，一般用于低精度测量和普通导航。

7.2.3　GLONASS 全球卫星导航定位系统的概念

GLONASS 是前苏联从 20 世纪 80 年代初开始建设的与美国 GPS 系统类似的卫星导航定位系统，也由卫星星座、地面监测控制站和用户设备三部分组成，现在由俄罗斯空间局管理。GLONASS 的整体结构类似于 GPS 系统，其主要不同之处在于星座设计、信号载波频率和卫星识别方法的设计不同，其空间部分的主要参数是：

卫星星座：24 颗；

卫星高度：19 100 km；

轨道周期：11 h 15 min；

轨道平面：3 个，每个轨道 8 颗卫星；

轨道倾角：64.8°；

载波频率：L_1 1602.0000+0.5625i MHz，i 为卫星频道编号（$-7 \leqslant i \leqslant 24$），

L_2 1246.000＋0.432i MHz

卫星识别方法：频分多址(FDMA)，即根据载波频率来区分不同卫星。

GLONASS 的卫星导航定位信号类似于 GPS 系统，测距信号也分为民用码和军用码，同时广播星历的参数与 GPS 也很类似，这里不再赘述。

7.2.4 伽利略(GALILEO)全球卫星导航定位系统的概念

GALILEO 系统是欧洲自主的、独立的全球多模式卫星导航定位系统，可提供高精度、高可靠性的定位服务，同时实现完全非军方控制和管理。

GALILEO 系统由 30 颗卫星组成，其中 27 颗工作星，3 颗备份星，如图 7-9 所示。卫星分布在 3 个中地球轨道(MEO)上，轨道高度为 23 616km，轨道倾角 56°。每个轨道上部署 9 颗工作星和 1 颗备份星，某颗工作星失效后，备份星将迅速进入工作位置替代其工作，而失效星将被转移到高于正常轨道 300km 的轨道上。

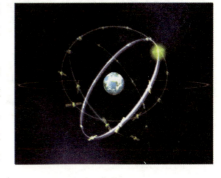

图 7-9　GALILEO 系统星座

GALILEO 系统计划于 2008 年完成，耗资约 40 亿欧元。欧盟的一些专家称，该系统可与美国的 GPS 和俄罗斯的 GLONASS 兼容，但比后两者更安全、更准确，有助于欧洲太空业的发展。

GALILEO 系统按不同用户层次分为免费服务和有偿服务两种级别。免费服务包括：提供 L_1 频率基本公共服务，与现有的 GPS 民用基本公共服务信号相似，预计定位精度为 10m；有偿服务包括：提供附加的 L_2 或 L_3 信号，可为民航等用户提供高可靠性、完好性和高精度的信号服务。GALILEO 系统定义了 5 种类型的服务(见图 7-10)：

(1) 开放服务(Open Service,OS)：向所有民用用户开放的免费业务；

(2) 商业服务(Commercial Service,CS)：为商业应用提供实施控制接入的有偿服务；

开放服务(OS)

商业服务(CS)

公共管理服务(PRS)

生命安全服务(SOL)

搜索和救援服务(S&R)

图 7-10　GALILEO 系统服务

(3)公共管理服务(Public Regulated Service,PRS):为公共管理安全和军事应用提供实施控制接入的有偿服务;

(4)生命安全服务(Safety-of-life Service,SoL):确保飞机、车辆运行安全的服务;

(5)搜索和救援服务(Search and Rescue Service,S&R):失踪目标搜索和相应救助的有偿服务。

7.2.5 全球卫星导航定位的基本原理

1. 基本定位原理方程

已知数据信号:如图 7-11 所示,卫星坐标三维向量 r^j,由广播星历提供轨道参数后计算出的卫星 S 在地球三维坐标系中的向量形式为 $r^j = (x^j \quad y^j \quad z^j)$

观测数据信号:卫星至测站距离 ρ_i^j,其向量形式为 $e_i^j \rho_i^j$,e 是 ρ 方向单位向量(方向余弦);

待求量:R_i,测站在地球上的三维位置向量为 $R_i = (X_i \quad Y_i \quad Z_i)$

向量方程为:
$$R_i = r^j - e_i^j \rho_i^j \tag{7-1}$$

R 中有三个未知数,但 ρ_i^j 只有一个观测量,不能解出三个未知数,从原理上说至少应有三个不同卫星的 ρ_i^j 才能解算出上述方程的三个未知数。

如图 7-12 所示,已知:r^1, r^2, r^3

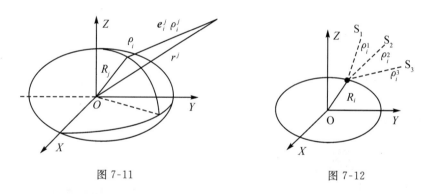

图 7-11　　　　　　　　图 7-12

观测:$\rho_i^1, \rho_i^2, \rho_i^3$

求:$R_i = (x_i \quad y_i \quad z_i)$

有方程式 $\| r^j - R_i \| = \rho_i^j, j = 1, 2, 3$

$\| \cdot \|$ 表示求向量的模,即长度。亦即

$$\sqrt{(x^j - x_i)^2 + (y^j - y_i)^2 + (z^j - z_i)^2} = \rho_i^j, \quad j = 1, 2, 3 \tag{7-2}$$

由上面的分析可以看出,从原理上说,只要知道三个卫星至测站的距离,就可实现三维坐标的定位。至于卫星至测站的距离,可以通过卫星发射的测距码获得,常称之为伪距观测量;也可以通过加载测距码和导航信息的载波的相位数测量获得,常称之为载波相位观测量。

2. 伪距观测值 ρ_i^j 特性

在实际中,我们不能直接观测到卫地几何距离,而是观测到包含了卫星和接收机时钟误差和时间延迟误差的伪距离 ρ_i^j，称为伪距观测值，它实际可由下式表达出来：

$$\rho_i^j = c(T_i - T^j) = c[(T_T + T_{R_i} + T_{A_i} + \Delta T_u) - (T_T + \Delta T_{s_i})] \tag{7-3}$$

其中：c 为光速；

T_i 为接收机收到信号时的钟面读数；

T^j 为卫星在该信号发射时的钟面读数；

T_T 为卫星信号发射时刻的 GPS 系统正确时间；

T_{R_i} 为信号在真空中运行时间 $= R/c$，R 为真空几何距离；

T_{A_i} 为由于空气中有电离层、对流层介质而产生的延迟时间；

ΔT_u 为用户接收机钟与 GPS 系统确定时间的偏差；

ΔT_{s_i} 为卫星钟与 GPS 系统正确时间的偏差。

对式(7-3)略加整理，可得到下式：

$$\rho_i^j = c[T_{R_i} + T_{A_i} + \Delta T_u - \Delta T_s^j] = cT_{R_i} + cT_{A_i} - c(\Delta t_{us}^j) \tag{7-4}$$

$$\rho_i^j = R_i^j + c(\Delta t_{us}^j) + cT_{A_i}, \quad \Delta t_{us}^j = \Delta T_u - \Delta T_s^j \quad (j=1,2,3,4) \tag{7-5}$$

由此可见，在卫星钟差为已知的前提下，伪距为真空几何距离加电离层延迟和对流层延迟，再加未知的卫星接收机钟差延迟，即

$$\rho_i^j = \sqrt{(x^j - x_i)^2 + (y^j - y_i)^2 + (z^j - z_i)^2} + c\Delta t_{us}^j + cT_{A_i}, \quad (j=1,2,3,4) \tag{7-6}$$

式中，T_{A_i} 可以通过信号传播的电离层对流层的理论预先确定，ΔT_s^j 可由广播星历的计算确定，Δt_{us}^j 可简写为 Δt_u。

共有 X_i, Y_i, Z_i 和 Δt_u 四个未知数，观测四颗卫星的伪距可以唯一地确定上述四个未知参数。图 7-13 所示为全球卫星导航系统(GNSS)定位的几何原理。

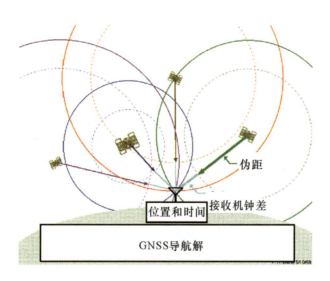

图 7-13　GNSS 定位几何原理

以上定位原理说明，用 GNSS 技术可以同时实现三维定位与接收机时间的定时。显然，这属于绝对定位。一般来说，对于 GPS 定位系统，利用 C/A 码进行实时绝对定位，各坐标分量精度在 5～10m，三维综合精度在 15～30m；利用军用 P 码进行实时绝对定位，各坐标分

量精度在1~3m,三维综合精度在3~6m;利用相位观测值进行绝对定位技术比较复杂,目前其实时或准实时各坐标分量的精度在0.1~0.3m,事后24小时连续定位的三维各坐标分量精度可达2~3cm。

7.2.6 全球卫星导航定位的主要误差来源

上述绝对定位精度不高,主要是由于在已知数据和观测数据中都含有大量误差的缘故。一般来说,产生GNSS卫星定位的主要误差按其来源可以分为以下三类:

1. 与卫星相关的误差
- 轨道误差:目前实时广播星历的轨道三维综合误差可达10~20m。
- 卫星钟差:简单地说,卫星钟差就是GNSS卫星钟的钟面时间同标准GNSS时间之差。对于GPS,由广播星历的钟差方程计算出来的卫星钟误差一般可达10~20ns,引起等效距离误差小于6m。
- 卫星几何中心与相位中心偏差:可以事先确定或通过一定方法解算出来。

为了克服广播星历中卫星坐标和卫星钟差精度不高的缺点,人们运用精确的卫星测量技术和复杂的计算技术,可以通过因特网提供事后或近实时的精密星历。精密星历中卫星轨道三维坐标精度可达3~5cm,卫星钟差精度可达1~2ns。

2. 与接收机相关的误差
- 接收机安置误差:即接收机相位中心与待测物体目标中心的偏差,一般可事先确定。
- 接收机钟差:接收机钟与标准的GNSS系统时间之差。对于GPS,一般可达10^{-5}~10^{-6}s。
- 接收机信道误差:信号经过处理信道时引起的延时和附加的噪声误差。
- 多路径误差:接收机周围环境产生信号的反射,构成同一信号的多个路径入射天线相位中心,可以用抑径板等方法减弱其影响。
- 观测量误差:对于GPS而言,C/A码伪距偶然误差约为1~3m;P码伪距偶然误差约为0.1~0.3m;载波相位观测值的等效距离误差约为1~2mm。

3. 与大气传输有关的误差
- 电离层误差:50~1000km的高空大气被太阳高能粒子轰击后电离,即产生大量自由电子,使GNSS无线电信号产生传播延迟,一般白天强,夜晚弱,可导致载波天顶方向最大50m左右的延迟量。误差与信号载波频率有关,故可用双频或多频率信号予以显著减弱。
- 对流层误差:无线电信号在含水汽和干燥空气的大气介质中传播而引起的信号传播延时,其影响随卫星高度角、时间季节和地理位置的变化而变化,与信号频率无关,不能用双频载波予以消除,但可用模型削弱。

7.2.7 全球卫星导航相对定位原理和方法

前节说明了绝对定位的精度一般较低,对于全球卫星导航定位来说,主要是由于卫星轨道、卫星钟差、接收机钟差、电离层延迟误差、对流层延迟等误差的影响不易用物理或数学的方法加以消除而造成的。但是相对定位是确定P_j点相对P_i点的三维位置关系,利用GNSS定位技术,只要P_j离P_i点不太远,例如小于30km,那么观测伪距ρ_i^s,ρ_j^s,大约通过相近的大气层,其电离层和对流层延迟误差几乎相同,利用 $\rho_j^{s_i}$ 和 $\rho_i^{s_i}$ 组成新的观测量,又称差分观测量。如图 7-14 所示,可以组成下列差分观测量:

$$\Delta\rho_{ij}^{s_k} = \rho_j^{s_k} - \rho_i^{s_k} \quad (k=1,2,3,4)$$

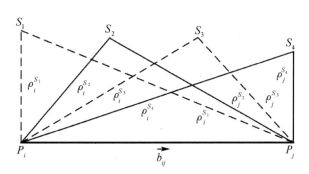

图 7-14 GNSS 相对定位原理

它不仅可以大大削弱电离层对流层的影响,还可以大大削弱卫星 S_k 的轨道误差影响,几乎完全消除了 S_k 的卫星钟差的影响。

又如组成另一类新的差分观测量:

$$\Delta\rho_i^{s_k s_q} = \rho_i^{s_q} - \rho_i^{s_k}$$

它可以消除接收机的钟差并削弱其通道误差影响。在差分观测量的基础上还可组成二次差分观测量:

$$\Delta\nabla\rho_{ij}^{s_k s_q} = \Delta\rho_{ij}^{s_k s_q} - \Delta\rho_i^{s_k s_q} = \Delta\rho_{ij}^{s_q} - \Delta\rho_{ij}^{s_k}$$

这种二次差分观测量又称为双差观测量,可大大削弱卫星轨道误差、电离层、对流层延迟误差的影响,几乎可以完全消除卫星钟差和接收机钟差的影响。用它们进行相对定位,精度就可以大大提高。

相对定位的原理方程如下:

已知量:$r_{s_k}(k=1,2,3,4)$,即卫星某时刻的轨道坐标 $\boldsymbol{r}_{s_k} = (x^{s_k} \quad y^{s_k} \quad z^{s_k})^{\mathrm{T}}$

观测量:$\rho_i^k, \rho_j^k (k=1,2,3,4)$

待求量:$\boldsymbol{b}_{ij} = (\Delta x_{ij} \quad \Delta y_{ij} \quad \Delta z_{ij})^{\mathrm{T}}$

观测方程如下:

对于伪距差分:$\boldsymbol{b}_{ij} = f(r_{s_k} \cdot \Delta\nabla\rho_{ij}^{s_k s_q}) \quad (k=1,2,3,4)$

对于相位差分:$\boldsymbol{b}_{ij} = f(r_{s_k} \Delta\nabla\phi_{ij}^{s_k s_q}) \quad (k=1,q=2,3,4)$

这里,f 是表示某种函数关系的符号,也就是说,相对的三维位置是双差观测量和卫星坐标的函数。

GNSS 相对定位的精度对于 C/A 码伪距测量可以达到 $0.5 \sim 5$m,相对定位的两点之间距离可以为 5m $\sim$ 200km。

对于载波相位测量,可以达到厘米乃至毫米的精度,相对定位的两点之间距离可以从几米一直到几千千米。

如果用平均误差量与两点间的长度相比的相对精度来衡量,GPS 相位相对定位方法的相对定位精度一般可以达 10^{-6}(1ppm),最高可接近 10^{-9}(1ppb)。

目前,对 GPS 系统而言,相对定位方式有 4 种(见表 7-1)。

表 7-1　　　　　　　　　第一类:基于伪距的相对定位方式

名　称	简　写	相对定位距离	观测值	采用星历	误差修正方式	精　度
常规伪距差分	CDGPS	<200km	C/A 码伪距	广播星历	综合伪距误差	1～5m
广域差分系统	WADGPS	<2000km	C/A 码伪距	精密星历	卫星钟差改正、电离层改正	1～5m
广域增强系统	WAAS	全球	C/A 码伪距	精度星历	卫星钟差改正、电离层改正	1～5m
局域增强系统	LAAS	<10km	C/A 码伪距	广播星历加地基伪卫星固定星历	卫星钟差改正、电离层改正	0.1～0.5m

在以上的这些定位方式中,由于使用的观测值是精度不高的伪距观测值,所以定位结果的精度都不是很高。常规伪距差分的技术特点是向用户提供综合的用户接收机伪距误差改正信息,即观测值改正,而不是提供单个误差源的改正,它的作用范围比较小。广域差分系统(WADGPS)的技术特点是将 GPS 定位中主要误差源分别加以计算,并分别向用户提供这些差分信息,它作用的范围比较大,往往是 1000km 以上。广域增强系统(WAAS)与广域差分基于同一原理,只是其数据通信手段采用地球同步卫星,并在其上增加了 GPS 卫星伪距信号测距源。局域增强系统(LAAS)的主要工作方式是将在坐标已知的基准站上所算得的伪距差分和载波相位差分改正值,以及地基"伪卫星"C/A 码测距信号,一起由地基播发站调制在 L_1 频道上发送给用户站。同 WAAS 一样,用户 GPS 接收机就能接收到上述信息,提高实时定位的可靠性和精度。这些基准站也称为陆基"伪"GPS 卫星,这相当于在地面坐标已知的基准站上增加了一个 GPS C/A 码信号发射装置,以增强局部地区定位的精度和可靠性。

表 7-2 中的是基于相位观测值的几种相对定位方式。它所使用的观测值是精度很高的相位观测值,所以定位结果的精度很高。双差静态定位(DDφ)就是利用两台或两台以上的 GPS 接收机在两个或两个以上的观测站上同步观测相同的卫星信号若干时间,然后用相应的解算软件处理这些数据,得到两个站之间精确的坐标差分量;而实时双差动态定位(RTK)只用单次(又称一个历元)的同步观测数据就可以实时求出流动站到基准站之间的坐标差分量。在常规 RTK 技术基础上发展起来的网络动态实时定位技术(Network RTK)在后面的章节中会专门介绍,这里暂不详述。全球动态定位技术实际上同后面介绍的精密单点定位技术的原理是一样的,只不过精密单点定位技术有实时和后处理两种,当实时单点定位技术同 Internet 网络技术及卫星通信技术结合在一起时,就构成全球动态定位(Global RTK)。全球 RTK 技术采用世界范围内的几十个安置了双频 GPS 接收机的参考站来对卫星信号进行跟踪,并实时地将相关信息发回数据处理中心,经数据处理中心处理后,形成一组差分改正数,将其传送到 Inmarsat 国际海事卫星上,然后通过卫星在全世界范围内进行广播。采用全球 RTK 技术的 GPS 接收机在接收 GPS 卫星信号的同时也接收国际海事卫星发出的差分改正信息,从而达到全球实时高精度定位。

表 7-2　　　　　　　　　　　第二类:基于相位观测值的相对定位

名　称	简　写	相对定位距离	观测值	采用星历	误差修正方式	精　度
双差静态定位	DDφ	0.005～3000km	双差相位 $\Delta\nabla\rho_{ij}^{s_ks_q}$	广播星历 精密星历	数学模型解算	$10^{-6}\sim10^{-7}$ $10^{-8}\sim10^{-9}$
实时双差动态定位	RTK	0.005～10km	双差相位 $\Delta\nabla\rho_{ij}^{s_ks_q}$	广播星历	基准站相位误差修正	10^{-6}
网络动态实时定位	Network RTK	0.005～100km	双差相位 $\Delta\nabla\rho_{ij}^{s_ks_q}$	广播星历	网络相位误差修正	10^{-6}
全球动态定位	Global RTK	全球	相位	精密星历	卫星钟差、电离层对流层误差	0.1～0.4m

7.2.8　GPS 技术的最新进展

GPS 技术的最新进展代表了全球卫星导航定位系统(GNSS)的主要发展方向,目前主要表现在卫星系统、定位方法和接收机三个方面的迅速发展。本节对前两方面的某些进展作一些介绍。

1. GPS 现代化计划

现代化计划这一概念是 1998 年初由当时的美国副总统戈尔提出来的。从 1999 年 9 月美国总统科技顾问在一次 GPS 国际讨论会上的一段讲话中,可见其概貌。"GPS 在 21 世纪将继续为军民两用的系统,既要更好地满足军事需要,也要继续扩展民用市场和应用的需求。美国政府决心对 GPS 系统的核心部分进行现代化,它主要包括:增加 GPS 两个新的民用频率,提高 GPS 卫星集成度,增强 GPS 无线电信号强度,改进导航电文,改善导航与定位精度、可靠性,强化 GPS 抗干涉能力。"从有关文献来看,GPS 现代化的实质基本上可以归纳为以下三个方面:

(1) 保护。采用一系列措施保护 GPS 系统不受敌方和黑客的干扰,增加 GPS 军用信号的抗干扰能力,其中包括增加 GPS 的军用无线电信号的强度。

(2) 阻止。阻止敌方利用 GPS 的军用信号。设计新的 GPS 卫星型号(ⅡF)和新的 GPS 信号结构,增加频道,将民用频道 L_1、L_2、L_5(1.176 45GHz)和军用频道 L_3、L_4 分开。

(3) 改善。改善 GPS 定位与导航的精度,在 GPS ⅡF 卫星中增加两个新的民用频道,即在 L_2 中增加 CA 码(2005 年),另增 L_5 民用频道(2007 年)。具体地说,在 2003 年以前在 L_2 频率上加载 C/A 码,2005 年前在 Block ⅡF 类型的 GPS 卫星上加载第三频率 L_5。

2. 精密单点定位技术

精密单点定位是早在 20 世纪 70 年代美国子午卫星时代针对 Doppler 精密单点定位提出的概念。GPS 卫星定位系统开发后,由于 C/A 码或 P 码单点定位精度不高,80 年代中期就有人探索采用原始相位观测数据进行精密单点定位,即所谓非差相位单点定位。但是,由于在定位估计模型中需要同时估计每一历元的卫星钟差、接收机钟差、对流层延迟、所见卫星的相位模糊度参数和测站三维坐标,待估未知参数太多,方程解算不确定,即未知数多,方程式少,使得这一方法的研究在 80 年代后期暂时搁置了起来。20 世纪 90 年代中期,国际上建立了许多固定的长年连续工作的 GPS 双频接收机测站,其地心坐标是已知的,特高精度的,这些测站称为基准站。国际 GPS 地球动力学服务局(IGS)利用这些坐标已知的基准站 GPS 观测数据开始向全球提供精密星历和精密卫星钟差产品;之后,还提供精度等级不同的事后、快速和预报 3 类精密星历和相应的 15min 间隔的精密卫星钟差产品,这就为非差相位精密单点定位提供了新的解决思路。利用这种预报的 GPS 卫星的精密星历或事后的精密星历作为已知坐标起算数据;同时利用某种方式得到的精密卫星钟差来替代用户 GPS 定位观测值方程中的卫星钟差参数;用户利用单台 GPS 双频双码接收机的观测数据在数千万平方千米乃至全球范围内的任意位置,都可以 2~4dm 级的精度进行实时动态定位,或以 2~4cm 级的精度进行较快速的静态定位,这一导航定位方法称为精密单点定位(Precise Point Positioning),简称为 PPP。精密单点定位技术是实现全球精密实时动态定位与导航的关键技术,从而也是 GPS 定位方面的前沿研究方向。

3. 网络 RTK 定位技术

RTK 就是实时动态定位的意思。利用 GPS 载波相位观测值实现厘米级的实时动态定位就是所谓的 GPS RTK 技术。这种 RTK 技术是建立在流动站与基准站误差强烈地相类似这一假设的基础上的,随着基准站和流动站间距离的增加,误差类似性越来越差,定位精度就越来越低,数据通信也受作用距离拉长而干扰因素增多的影响,因此这种 RTK 技术作用距离有限(一般不超过 10~15km)。人们为了拓展 RTK 技术的应用,网络 RTK 技术便应运而生了。网络 RTK 也叫基准站 RTK,是近年来在常规 RTK 和差分 GPS 的基础上建立起来的一种新技术。网络 RTK 就是在一定区域内建立多个(一般为三个或三个以上)坐标为已知的 GPS 基准站,对该地区构成网状覆盖,并以这些基准站为基准,计算和发播相位观测值误差改正信息,对该地区内的卫星定位用户进行实时改正的定位方式,又称为多基准站 RTK。与常规(即单基准站)RTK 相比,该方法的主要优点为覆盖面广,定位精度高,可靠性高,可实时提供厘米级定位。我国北京、上海、武汉、深圳等十几个城市和广东、江苏等几个省已建立的连续运行卫星定位服务系统就是采用网络 RTK 技术实现的。

网络 RTK 是由基准站、数据处理中心和数据通信链路组成的。基准站上应配备双频双码 GPS 接收机,该接收机最好能同时提供精确的双频伪距观测值。基准站的站坐标应精确已知,其坐标可采用长时间 GPS 静态相对定位等方法来确定。此外,这些站还应配备数据通信设备及气象仪器等。基准站应按规定的数据采样率进行连续观测,并通过数据通信链实时将观测资料传送给数据处理中心。数据处理中心根据流动站送来的近似坐标(可根据伪距法单点定位求得)判断出该站位于哪三个基准站所组成的三角形内。然后根据这三个基准站的观测资料求出流动站处相位观测值的各种误差,并播发给流动用户来进行修正以获得精确的结果。基准站与数据处理中心间的数据通信可采用数字数据网 DDN 或无线通信等方法进行。流动站和数据处理中心间的双向数据通信则可通过移动电话 GSM 等方式进行。图 7-15 为网络 RTK 示意图。

4. 广域差分 GPS 系统

广域差分 GPS(Wide Area DGPS,WADGPS)技术的基本思想是:对 GPS 观测量的误差源加以区分,并对每一个误差源产生的误差分别加以"模型化",然后将计算出来的每一个误差源的误差修正值(差分改正值)通过数据通信链传输给用户,进而对用户 GPS 接收机的观测值误差分别加以改正,以达到削弱这些误差源误差的影响从而改善用户 GPS 定位精度

图 7-15　网络 RTK 示意图（参考 Trimble 公司资料）

和可靠性的目的。

WADGPS 所针对的误差源主要表现在以下三个方面：

（1）卫星星历误差；

（2）卫星钟差；

（3）电离层对 GPS 信号传播产生的时间延迟。

WADGPS 系统就是为削弱这三种主要误差源而设计的一种导航定位方法。

WADGPS 系统一般由一个主控站、若干个 GPS 卫星跟踪站（又称基准站或参考站）、一个差分信号播发站、若干个监控站、相应的数据通信网络和若干个用户站组成。系统的工作流程如下：

（1）在已知精确地心坐标的若干个 GPS 卫星跟踪站上，跟踪接收 GPS 卫星的广播星历、伪距、载波相位等信息。

（2）跟踪站获得的这些信息，通过数据通信网络全部传输至主控站。

（3）在主控站计算出相对于卫星广播星历的卫星轨道误差改正、卫星钟差改正及电离层时间延迟改正。

（4）将这些改正值通过差分信号播发站（数据通信网络）传输至用户站。

（5）用户站利用这些改正值来改正它们所接收到的 GPS 信息，进行 C/A 码伪距单点定位以改善用户站 GPS 导航定位精度。

为提高系统的可用性和可靠性，可以利用地球同步卫星来增强广域差分系统，即地球同步卫星在发播广域差分三类改正数的同时，还能发播新增的 C/A 码伪距信号，以增加天空中 GPS 卫星测距信号源，称为 WAAS（Wide Area Augment System）。我国近年来不断加强卫星技术与应用方面的科学研究并取得重大进展，可以充分利用现有的同步通信卫星播发类似 GPS 测距信号达到增强 WADGPS 的目的。

图 7-16 所示为 NASA 全球广域差分 GPS 系统。图 7-17 所示为广域差分系统。

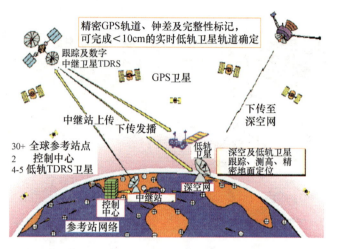

图 7-16　NASA 全球广域差分 GPS 系统

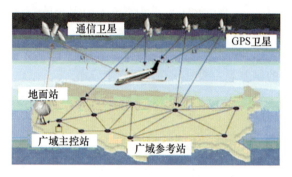

图 7-17　广域差分系统

7.3　全球卫星导航定位系统的应用

7.3.1　概　述

全球卫星导航定位系统能够以不同的定位定时精度提供服务,从亚毫米、毫米到厘米、分米、亚米及米和十几米的定位精度都有可供选择的定位方法。在定时方面,可从亚纳秒、纳秒到微秒级的精度实现时间测量和不同目标间时间同步。在定位的时间响应方面,可以从 0.05 秒、1 秒到十几秒、几分钟、几个小时或几天来实现不同的实时性要求和精确性要求。从相对定位距离方面看,可从几米一直到几千千米之间实现连续的静态和动态定位要求。从工作环境上看,除了怕被森林、高楼遮挡信号造成可见卫星少于 4 颗和强电离层爆发造成 GNSS 测距信号完全失真外,可以说是全球、全连续和全天候的。这些优良的特性,使得它有广泛的应用领域。由于当前较实用的全球卫星导航定位系统只有 GPS 系统,因此以下的应用案例中主要采用 GPS 系统来加以说明。

7.3.2 GPS 定位技术在科学研究中的应用

1. GPS 精密定时和时间同步的应用

时间同人们的日常生活密切相关,只不过日常生活中的时间一般只要精确到 1 秒或毫秒就够了。但许多科学研究和工程技术活动对时间的要求非常严格。比如,要在地球上彼此相距甚远(数千千米)的实验室上利用各种精密仪器设备对太空的天体、运动目标,如脉冲星、行星际飞行探测器等进行同步观测,以确定它们的太空位置、物理现象和状态的某些变化,这就要求国际上各相关实验室的原子钟之间进行精密的时间传递,如图 7-18 所示。当前,精密的 GPS 时间同步技术可以实现 $10^{-11} \sim 10^{-10}$ 的同步精度,这一精度可以满足上述要求。此外,GPS 精密测时技术与其他空间定位和时间传递技术相结合,可以测定地球自转参数,包括自转轴的漂移,自转角速度的长期和季节不均匀性,而地球自转的不均匀变化将引起海洋水体流动和大气环流的变化,这也正是地球上许多气象灾害如厄尔尼诺现象的诱因。又比如按照广义相对论的理论,引力场将引起时空弯曲,因此 GPS 精密测时可以测量引力对某些实用时间尺度的影响。

图 7-18 卫星时间传递

2. GPS 精密定位在地球板块运动研究中的应用

根据现代地球板块运动理论,地球表层的岩石圈浮在液态的地幔上。由于地幔对流的作用,岩石圈分成 14 个大的板块在作相互挤压、碰撞或者分离的运动。GPS 在几十千米到数千千米的范围内能以毫米级和亚厘米级的精度水平测量大陆板块的位移。目前,全球 GPS 地球动力学服务机构通过国际合作在全球各大海洋和陆地板块上布设了 200 多个 GPS 观测基准站,连续对这些观测站进行精密定位,测定各大板块的相互运动速率,以确定全球板块运动模型,并用来研究板块运动的现今短时间周期的运动规律,与地球物理和地质研究的长时期运动规律进行比较分析,研究地球板块边沿的受力和形变状态,预测地震灾害。图 7-19 为全球各大板块运动速率图。图 7-20 为中国大陆板块相对于欧亚板块的 GPS 速度场。

3. GPS 精密定位在大气层气象参数确定和灾害天气预报中的应用

GPS 技术经过 20 多年的发展,其应用研究及应用领域得到了极大的扩展,其中一个重要的应用领域就是气象学研究。利用 GPS 理论和技术来遥感地球大气状态,进行气象学的理论和方法研究,如测定大气温度及水汽含量,监测气候变化等,称为 GPS 气象学(GPS/METeorology,简写为 GPS/MET)。GPS 气象学的研究于 20 世纪 80 年代后期最先在美国起步。在美国取得理想的试验结果之后,其他国家(如日本等)也逐步开始 GPS 在气象学中的研究。

前文谈到,当 GPS 发出的信号穿过大气层中的对流层时,受到对流层的折射影响,GPS 信号要发生弯曲和延迟,其中信号的弯曲量很小,而延迟量很大,通常为 2～3 m。在 GPS 精密定位测量中,大气折射的影响被当做误差源而要尽可能消除干净。在 GPS/MET 中,与之相反,所要求得的量就是大气折射量。假如在一些已经知道精确位置的测站上用 GPS 接收机接收 GPS 信号,在卫星精密轨道也已知的情况下,就可以精确分离 GPS 信号中的电

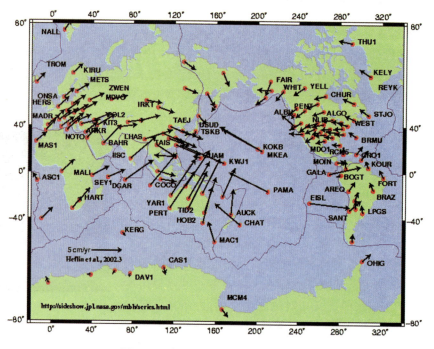

图 7-19　全球各大板块的运动速率图

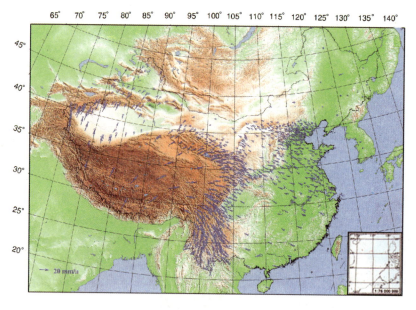

图 7-20　中国大陆板块相对于欧亚板块的 GPS 速度场（1998～2002）

离层延迟参数和对流层延迟参数，特别测定出对流层中水汽含量。通过计算可以得到我们所需的大气折射量，再通过大气折射率与大气折射量之间的函数关系，可以求得大气折射率。大气折射率是气温 T、气压 p 和水汽压力 e 等大气参数的函数，因此可以建立起大气折射量与大气参数之间的关系,这就是 GPS/MET 的基本原理。

大气温度、大气压、大气密度和水汽含量等量值是描述大气状态最重要的参数。无线电探测、卫星红外线探测和微波探测等手段是获取气温、气压和湿度的传统手段。但是与 GPS 手段相比,这些传统手段就显示出其局限性。无线电探测法的观测值精度较好,垂直分辨率高,但地区覆盖不均匀,在海洋上几乎没有数据。被动式的卫星遥感技术可以获得较好的全球覆盖率和较高的水平分辨率,但垂直分辨率和时间分辨率很低。利用 GPS 手段来遥感大气的优点是全球覆盖,费用低廉,精度高,垂直分辨率高。正是这些优点使得 GPS/MET 技术成为大气遥感最有效、最有希望的方法之一。当测出水汽含量的变化规律后,可以预知水汽含量超过一定阈值后就会变成降水落到地面,即预报降雨时间和降雨量。此外,利用 GPS 观测值还能测定电离层延迟参数,并反演高空大气层中的电子含量,监测和预报空间环境及其变化规律,为人类航天活动、通信、导航、定位、输电等服务。

7.3.3 GPS 定位技术在工程技术中的应用

1. 全球和国家大地控制网的建设

前面已经讲过,大地测量的重要任务之一就是建立和维持一个地面参考基准,为各种不同的测绘工作提供坐标参考基准。简单地讲,要定量地描述地球表面物体的位置,就必须建立坐标系。过去的坐标系是由二维的水平坐标系和垂直坐标系组合而成,是非地心的、区域性的、静态的参考系统。同时由于测量技术和数据处理手段的制约,这种坐标系难以满足现代高精度长距离定位、精密测绘、地震监测预报和地球动力学研究等方面的需要。GPS 技术的出现,使建立和维持一个基于地心的长期稳定的、具有较高密度的、动态的全球性或区域性坐标参考框架成为可能。我国已建立了国家高精度 GPS A 级网、B 级网(如图 7-21 所示),军事部门布测的全国高精度 GPS 网,中国地壳形变监测网,区域性的地壳形变监测网和高精度 GPS 测量控制网等。

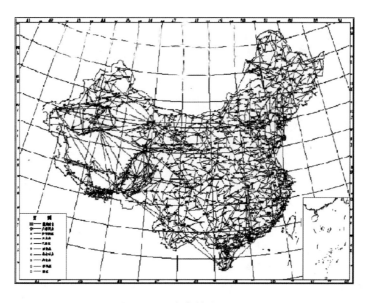

图 7-21 国家高精度 GPS 网

2. 在工程施工测量、精密监测中的应用

GPS 的应用是测量技术的一项革命性变革。它具有高精度、观测时间短、测站间不需要通视和全天候作业等优点。它使三维坐标测定变得简单。GPS 已广泛应用到工程测量的各个领域,从一般的控制测量(如城市控制网、测图控制网)到精密工程测量,都显示了极大的优势。GPS 测量定位技术还用于桥梁工程、隧道与管道工程、海峡贯通与连接工程、精密设备安装工程等。

此外,GPS 测量技术具有高精度的三维定位能力,它是监测各种工程形变极为有效的手段。工程形变的种类很多,主要有:大坝的变形,陆地建筑物的变形和沉陷,海上建筑物的沉陷,资源开采区的地面沉降等。GPS 精密定位技术与经典测量方法相比,不仅可以满足多种工程变形监测工作的精度要求($10^{-8} \sim 10^{-6}$),而且更有助于实现监测工作的自动化。例如,为了监测大坝的形变,可在远离坝体的适当位置,选择若干基准站,并在形变区选择若干监测点。在基准站与监测点上,分别安置 GPS 接收机,进行连续地自动观测,并采用适当的数据传输技术,实时地将监测数据自动地传送到数据处理中心,

图 7-22 大坝外观变形 GPS 自动化监测系统

进行处理、分析和显示。如图 7-22 所示。

3. 在通信工程、电力工程中的应用(时间)

在我们的日常生活中,电网调度自动化要求主站端与远方终端(RTU)的时间同步。当前大多数系统仍采用硬件通过信道对时,主站发校时命令给远方终端对时硬件来完成对时功能。若采用软件对时,则具有不确定性,不能满足开关动作时间分辨率小于 10ms 的要求。用硬件对时,分辨率可小于 10ms,但对时硬件复杂,并且对时期间(每 10min 要对一次)完全占用通道。当发生 YX 变位时,主站主机 CPU 还要做变位时间计算,占用 CPU 的开销。利用 GPS 的定时信号可克服上述缺点。GPS 接收机的时间码输出接口为 RS232 及并行口,用户可任选串行或并行方式,还有一个秒脉冲输出接口(1PPS),输出接口可根据需要选用。

GPS 高精度的定时功能可在交流电网的协同供电中发挥作用,使不同电网中保持几乎协同的相角,节约电力资源。大型电力系统中功角稳定性、电压稳定性、频率动态变化及其稳定性都不是一个孤立的现象,而是相互诱发、相互关联的统一物理现象的不同侧面,其间的关联又会受到网络结构及运行状态的影响。其中母线电压相量和功角状况是系统运行的主要状态变量,是系统能否稳定运行的标志,必须进行精确监测。由于电力系统地域广阔、设备众多,其运行变量变化也十分迅速,获取系统关键点的运行状态信息必须依赖于统一的、高精度的时间基准,这在过去是完全不可能的。GPS 的出现和计算机、通信技术的迅速发展,为实现全电网运行状态的实时监测提供了坚实的基础。

4. 在交通、监控、智能交通中的应用

随着社会的发展进步,实现对道路交通运输(车队管理、路边援助与维修等)、水运(港口、雾天海上救援等)、铁路运输(列车管理)等车辆的动态跟踪和监控非常重要。将 GPS 接

收机安装在车上,能实时获得被监控车辆的动态地理位置及状态等信息,并通过无线通信网将这些信息传送到监控中心,监控中心的显示屏上可实时显示出目标的准确位置、速度、运动方向、车辆状态等用户感兴趣的参数,并能进行监控和查询,方便调度管理,提高运营效率,确保车辆的安全,从而达到监控的目的。移动目标如果发生意外,如遭劫、车坏、迷路等,可以向信息中心发出求救信息。处理中心由于知道移动目标的精确位置,可以迅速给予救助。特别适合对公安、银行、公交、保安、部队、机场等单位对所属车辆的监控和调度管理,也可以应用于对船舶、火车等的监控。对于出租车公司,GPS可用于出租汽车的定位,根据用户的需求调度距离最近的车辆去接送乘客。越来越多的私人车辆上也装有卫星导航设备,驾车者可根据当时的交通状况选择最佳行车路线,获悉到达目的地所需的时间,在发生交通事故或出现故障时系统自动向应急服务机构发送车辆位置的信息,从而获得紧急救援。目前,道路交通运输是定位应用最多的用户。图7-23所示为车辆监控系统。

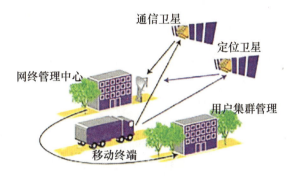

图7-23　车辆监控系统

5. 在测绘中的应用

全球卫星导航定位系统的出现给整个测绘科学技术的发展带来了深刻的变革。GPS已广泛应用于测绘的方方面面。主要表现在:建立不同等级的测量控制网;获取地球表面的三维数字信息并用于生产各种地图;为航空摄影测量提供位置和姿态数据;测绘水下(海底、湖底、江河底)地形图等。此外,还广泛有效地应用于城市规划测量、厂矿工程测量、交通规划与施工测量、石油地质勘探测量以及地质灾害监测等领域,产生了良好的社会效益和经济效益。

6. 海陆空运动载体(车、船、飞机)导航

海陆空运动载体(船、车、飞机)导航是卫星导航定位系统应用最广的领域。利用GPS对大海上的船只连续、高精度实时定位与导航,有助于船舶沿航线精确航行,节省时间和燃料,避免船只碰撞。出租车、租车服务、物流配送等行业利用GPS技术对车辆进行跟踪、调度管理,合理分布车辆,以最快的速度响应用户的乘车请求,降低能源消耗,节省运行成本。GPS在车辆导航方面发挥了重要的角色,在城市中建立数字化交通电台,实时发播城市交通信息,车载设备通过GPS进行精确定位,结合电子地图以及实时的交通状况,自动匹配最优路径,并实行车辆的自主导航。根据GPS的精度和动态适应能力,它将可直接用于飞机的航路导航,也是目前中、远航线上最好的导航系统。基于GPS或差分GPS的组合系统将会取代或部分取代现有的仪表着陆系统(ILS)和微波着陆系统(MLS),并使飞机的进场/着

陆变得更为灵活,机载和地面设备更为简单、廉价。图 7-24 所示为飞机导航。

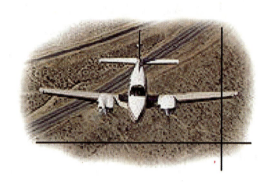

图 7-24　飞机导航

7.3.4　GPS 定位技术在军事中的应用

当今世界正面临一场新的军事革命,电子战、信息战及远程作战成为新军事理论的主要内容。导航卫星系统作为一个功能强大的三维位置、速度及姿态传感器,已经成为太空战、远程作战、导弹战、电子战、信息战的重要武器,并且敌我双方对武器控制导航作战权的斗争将发展成为导航战。谁拥有先进的导航卫星系统,谁就在很大程度上掌握未来战场的主动权。卫星导航可完成各种需要的精确定位与时间信息的战术操作,如布雷、扫雷、目标截获、全天候空投、近空支援、协调轰炸、搜索与救援、无人驾驶机的控制与回收、火炮观察员的定位、炮兵快速布阵以及军用地图快速测绘等。卫星导航可用于靶场高动态武器的跟踪和精确弹道测量以及时间统一勤务的建立与保持。

1. 低空遥感卫星定轨

用于遥感、气象和海洋测高等领域的低轨道卫星(卫星高度约 300～1000km),由于大气阻力、太阳辐射压、摄动等参数无法准确模型化,致使难以用动力法精密确定卫星轨道。对这些卫星用通常的地面跟踪技术(如激光、雷达、多普勒等)进行动力法定轨,其误差将随着卫星高度的降低而明显增大,可达几十米甚至超过百米,这样的定轨精度已不能满足许多高精度应用对卫星轨道的需要。例如我国即将发射的 921—2 飞行器,其径向的定轨精度需达到米级才能满足实际应用的需要。对这些低轨道卫星进行精密定轨的一个极有前景的方法是采用星载 GPS 技术,如国外的 TOPEX 卫星、地球观测系列卫星 EOS-A,EOS-B(地面高度为 705km)和一系列的航天飞机(地面高度为 250～300km)上都装载 GPS 系统,用星载 GPS 技术可实现精密定轨的要求。几何法星载 GPS 定轨完全不受通常的动力法定轨中大气阻力和太阳辐射压不确定性的影响,与通常的动力法定轨相比具有显著的优点,定轨精度高,能达到几个厘米的水平。

2. 飞机、火箭的实时位置、轨迹确定

在军事上,GPS 可为各种军事运载体导航。例如为弹道导弹、巡航导弹、空地导弹、制导炸弹等各种精确打击武器制导,可使武器的命中率大为提高,武器威力显著增强。武器毁伤力大约与武器命中精度(指命中误差的倒数)的 3/2 次方成正比,与弹头 TNT 当量的 1/2 次方成正比。因此,命中精度提高 2 倍,相当于弹头 TNT 当量提高 8 倍。提高远程打击武器的制导精度,可使攻击武器的数量大为减少。卫星导航已成为武装力量的支撑系统和武装力量的倍增器。各种海陆空作战平台、导弹、巡航导弹均开始装备 GPS 或 GPS/INS 组合导航系统,这将使武器命中精度大大提高,极大地改变未来的作战方式。如今,GPS 已经应用于特种部队的空降、集结、侦察和撤离过程;应用于对所有海陆空军参战飞机进行空战指挥,实施空中管制,夜航盲驶、救援引导、精确攻击中;也应用于对地面部队引导、穿越障碍和雷区、战场补给、地面车辆导航、海空火力协同、火炮瞄准(如图 7-25)、导弹制导等方面。GPS 在海湾战争、美国对伊拉克实施的"沙漠之狐"行动和以美国为首的北约对南联盟的战争中都发挥了重要的作用。

图 7-25　火炮瞄准

3. 战场的精密武器时间同步协调指挥

GPS 定时系统在军事上有很大的应用潜力。在现代化战争的自动化指挥系统中,几乎所有的战略武器和空间防御系统、战场指挥和通信系统、测绘、侦察和电子情报系统都需要GPS 所提供的统一化的"时空位置信息"。在导弹试验靶场,高精度的时间信号是解决靶场测试时间同步,提高测量精度的基础。

GPS 系统所提供的精确位置、速度和时间(PVT)信息,对现代战争的成败至关重要。它在战前的部队调动与布置中,在战中的指挥控制、机动与精确作战中,在全空间防卫以及在综合后勤支持中,都发挥着重要作用。如果将各作战单位的 GPS 位置信息通过无线电通信不断地传输到作战指挥中心,再加上通过侦察手段所获取的敌方目标的位置信息,然后统一在大屏幕显示器上显示,就可以使战区指挥员能随时掌握整个战场上敌我双方的动态态势,从而为其作战指挥提供了一项准确而重要的依据。可以说,兵家几千年以来的"运筹帷幄之中,决胜千里之外"的梦想正在成为现实。

7.3.5　GPS 定位技术在其他领域的应用

1. 在娱乐消遣、体育运动中的应用

随着 GPS 接收机的小型化以及价格的降低,GPS 逐渐走进了人们的日常生活,成为人们旅游、探险的好帮手。当今手机功能继续花样翻新,又一新趋势是将"全球定位系统"(GPS)纳入其中。一部可以指引方向的手机对于那些喜爱野外旅行和必须在人烟罕至的区域工作、生活的人非常重要。无论攀山越岭、滑雪、打猎野营,只要有一部"导航手机"在手,就可及时给出你的所在地,并显示出附近地势、地形、街道索引的道路蓝图。GPS手机的另一卖点,莫过于求救信息有迹可寻。因为GPS手机收讯人除了听到对方"救命"声外,更可同时确切地显示出待救者所在的位置,为那些探险者多提供了一种崭新的安全设备。另外通过GPS,人们可以在陌生的城市里迅速找到目的地,并且可以以最优的路径行驶;野营者带上GPS接收机,可快捷地找到合适的野营地点,不必担心迷路;GPS手表(如图7-26所示)也已经面世;甚至一些高档的电子游戏,也使用了GPS仿真技术。

GPS不仅实时确定运动目标的空间位置,还可以实时确定运动目标的运动速度。运动员在平时训练时,可佩带微型的GPS定位设备,教练就能实时获取运动员的状态信息,基于这些信息,分析运动员的体能、状态等参数,并调整相关的训练计划和方法等,有利于提高运动员的训练水平。

2. 动物跟踪

如今,GPS硬件越来越小,可做到一颗纽扣大小,将这些迷你型的GPS装置安置到动物身上,可实现对动物的动态跟踪,研究动物的生活规律,比如鸟类迁徙等,为生物学家研究各种陆地生物的相关信息提供了一种有效的手段,如图7-27所示。

图7-26　GPS手表　　　　　　　图7-27　动物跟踪

3. GPS用于精细农业

当前,发达国家已开始将GPS技术引入农业生产,即所谓的"精准农业耕作"。该方法利用GPS进行农田信息定位获取,包括产量监测、土样采集等。计算机系统通过对数据的分析处理,依据农业信息采集系统和专家系统提供的农机作业路线及变更作业方式的空间位置(给定X、Y值内),使农机自动完成耕地、播种、施肥、中耕、灭虫、灌溉、收割等工作,包括耕地深度、施肥量、灌溉量的控制等。通过实施精准耕作,可在尽量不减产的情况下,降低农业生产成本,有效避免资源浪费,降低因施肥除虫对环境造成的污染。GPS精细农业如图7-28所示。

总之,全球卫星导航定位技术已发展成多领域(陆地、海洋、航空航天)、多模式(静态、动态、RTK、广域差分等)、多用途(在途导航、精密定位、精确定时、卫星定轨、灾害监测、资源调查、工程建设、市政规划、海洋开发、交通管制等)、多机型(测地型、定时型、手持型、集成型、车载式、船载式、机载式、星载式、弹载式等)的高新技术国际性产业。全球卫星导航定位技术的应用领域,上至航空航天,下至捕鱼、导游和农业生产,已经无所不在了,正如人们所说的,"GPS的应用,仅受人类想像力的制约"。

图 7-28　GPS 精细农业

思　考　题

1. 定位与导航在概念上有哪些区别和联系?
2. 天文导航、惯性导航、地基无线电导航是绝对定位还是相对定位方式?为什么?
3. 用全球卫星导航定位系统(GNSS)进行定位或导航时,为什么一定要同时至少观测到4颗以上的卫星?
4. 用 GNSS 相对定位和导航,你认为可以消除或消减哪些定位导航误差?
5. 你能否设想并提出应用 GNSS 实时或事后导航定位的原理和方法开展你最感兴趣的应用?(如机器人野外工作定位,道路交通流量控制,等等)

参　考　文　献

[1] 陈俊勇.走向新世纪的 GPS.中国航天,2000,10:3～7.
[2] 刘经南,陈俊勇,张燕平,李毓麟,葛茂荣.广域差分 GPS 原理和方法.北京:测绘出版社,1999.
[3] 童铠.中国导航定位卫星系统的进展.中国航天,2002,8:3～10.
[4] 刘志赵,刘经南,李征航.GPS 技术在气象学中的应用.测绘通报,2000,2:7～8.
[5] 王晓海.GPS 及应用新发展.电信工程技术与标准化,2002,3:1～4.
[6] 张炳惠.GPS 及其在电力系统的应用前景.湖北电力,1999,23(3):60～62.
[7] 龙厚军,胡志坚,陈允平.基于 GPS 的功角测量及同步相量在电力系统中的应用研究.继电器,2004,32(3):39～44.
[8] 晓春.军用卫星在"沙漠之狐"行动中的作用与启示.中国航天,1999,5:5～6.
[9] 赵宏,常显奇.导航定位卫星作战信息支援效能评估方法研究.指挥技术学院学报,2001,12(5):26～28.

第8章 遥感科学与技术

8.1 遥感的概念

20世纪地球科学进步的一个突出标志是人类开始脱离地球从太空观测地球,并将得到的数据和信息在计算机网络上以地理信息系统形式存储、管理、分发、流通和应用。通过航空航天遥感(包括可见光、红外、微波和合成孔径雷达)、声呐、地磁、重力、地震、深海机器人、卫星定位、激光测距和干涉测量等探测手段,获得了有关地球的大量地形图、专题图、影像图和其他相关数据,加深了对地球形状及其物理化学性质的了解及对固体地球、大气、海洋环流的动力学机理的认识。利用对地观测新技术,不仅开展了气象预报、资源勘探、环境监测、农作物估产、土地利用分类等工作,还对风尘暴、旱涝、火山、地震、泥石流等自然灾害的预测、预报和防治展开了科学研究,有力地促进了世界各国的经济发展,提高了人们的生活质量,为地球科学的研究和人类社会的可持续发展做出了它的贡献。

什么是遥感呢?20世纪60年代随着航天技术的迅速发展,美国地理学家首先提出了"遥感"(Remote Sensing)这个名词,它是泛指通过非接触传感器遥测物体的几何与物理特性的技术(见图8-1)。

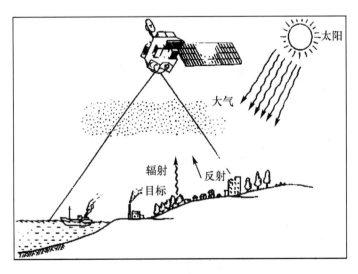

图 8-1 遥感的概念

按照这个定义,摄影测量就是遥感的前身。

遥感(Remote Sensing)顾名思义就是遥远感知事物的意思,也就是不直接接触目标物体,在距离地物几千米到几百千米甚至上千千米的飞机、飞船、卫星上,使用光学或电子光学仪器(称为传感器)接收地面物体反射或发射的电磁波信号,并以图像胶片或数据磁带记录下来,传送到地面,经过信息处理、判读分析和野外实地验证,最终服务于资源勘探、动态监测和有关部门的规划决策。通常把这一接收、传输、处理、分析判读和应用遥感数据的全过程称为遥感技术。遥感之所以能够根据收集到的电磁波数据来判读地面目标物和有关现象,是因为一切物体,由于其种类、特征和环境条件的不同,而具有完全不同的电磁波的反射或发射辐射特征。因此,遥感技术主要建立在物体反射或发射电磁波的原理基础之上。

遥感技术的分类方法很多。按电磁波波段的工作区域,可分为可见光遥感、红外遥感、微波遥感和多波段遥感等。按被探测的目标对象领域不同,可分为农业遥感、林业遥感、地质遥感、测绘遥感、气象遥感、海洋遥感和水文遥感等。按传感器的运载工具的不同,可分为航空遥感和航天遥感两大系统。航空遥感以飞机、气球作为传感器的运载工具,航天遥感以卫星、飞船或火箭作为传感器的运载工具。目前,一般采用的遥感技术分类是(如图 8-2 所示):首先按传感器记录方式的不同,把遥感技术分为图像方式和非图像方式两大类;再根据传感器工作方式的不同,把图像方式和非图像方式分为被动方式和主动方式两种。被动方式是指传感器本身不发射信号,而是直接接收目标物辐射和反射的太阳散射;主动方式是指传感器本身发射信号,然后再接收从目标物反射回来的电磁波信号。

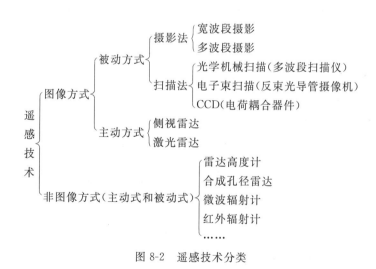

图 8-2 遥感技术分类

8.2 遥感的电磁波谱

自然界中凡是温度高于 $-273℃$ 的物体都发射电磁波。产生电磁波的方式有能级跃迁(即"发光")、热辐射以及电磁振荡等,所以电磁波的波长变化范围很大,组成一个电磁波谱(如图 8-3 所示)。

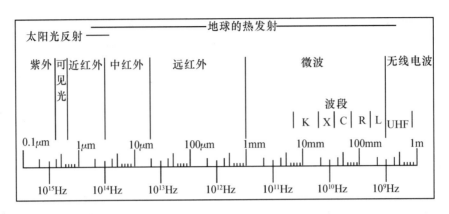

图 8-3 电磁波谱

在遥感技术中,电磁波一般用波长表示,其单位有 Å(埃)、nm、μm、cm 等。目前遥感技术所应用的电磁波段仅占整个电磁波谱中的一小部分,主要在紫外、可见光、红外、微波波段。表 8-1 为电磁波分类名称和波长范围。表中虽然给波长段赋予不同的名称,但在两个光谱之间没有明显的界线,而且目前对波段的划分方法也各不相同。这里仅根据表中各波段分述其性质。

表 8-1 遥感技术使用的电磁波分类名称和波长范围

名称		波长范围
紫外线		100 Å～0.4 μm
可见光		0.4～0.7 μm
红外线	近红外	0.76～3.0 μm
	中红外	3～6 μm
	远红外	6～15 μm
	超远红外	15～1 000 μm
微波	毫米波	1～10 mm
	厘米波	1～10 cm
	分米波	10 cm～1 m

紫	0.38～0.43 μm
蓝	0.43～0.47 μm
青	0.47～0.50 μm
绿	0.50～0.56 μm
黄	0.56～0.60 μm
橙	0.60～0.63 μm
红	0.63～0.76 μm

将图 8-3 与表 8-1 相融合,可以得到图 8-4 所示的遥感中所使用的电磁波波段范围。为什么卫星遥感不能使用所有的电磁波波段呢?这主要是因为电磁波必须透过大气层才能到达卫星遥感器并被接收和形成数据记录。我们知道,在地球表面有一层浓厚的大气,由于地球大气中各种粒子与天体辐射的相互作用(主要是吸收和反射),使得大部分波段范围内的

天体辐射无法到达地面。人们把能到达地面的波段形象地称为"大气窗口",这种"窗口"有三个。其中光学窗口是最重要的一个窗口,其波长在300～700nm之间,包括了可见光波段(400～700nm),光学望远镜一直是地面天文观测的主要工具。第二个窗口是红外窗口,红外波段的范围在0.7～1000μm之间,由于地球大气中不同分子吸收红外线波长不一致,造成红外波段的情况比较复杂。对于天文研究常用的有七个红外窗口。第三个窗口是射电窗口,射电波段是指波长大于1mm的电磁波。大气对射电波段也有少量的吸收,但在40mm～30m的波段范围内大气几乎是完全透明的,我们一般把1mm～30m的波段范围称为射电窗口。图8-5为大气窗口图,它描述了电磁波被大气层透过或吸收的情况。

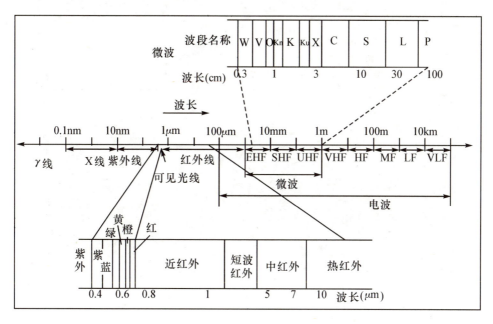

图 8-4 遥感中所使用的电磁波波段

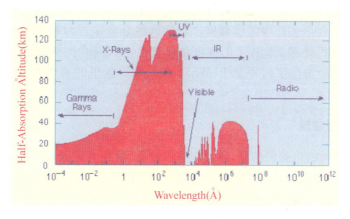

图 8-5 大气窗口

8.3 遥感信息获取

任何一个地物都有三大属性,即空间属性、辐射属性和光谱属性。图 8-6 表示地物的三大属性及其遥感特征。从图 8-6 可以看出,任何地物都有空间明确的位置、大小和几何形状,这是其空间属性;对任一单波段成像而言,任何地物都有其辐射特征,反映为影像的灰度值;而任何地物对不同波段有不同的光谱反射强度,从而构成其光谱特征。

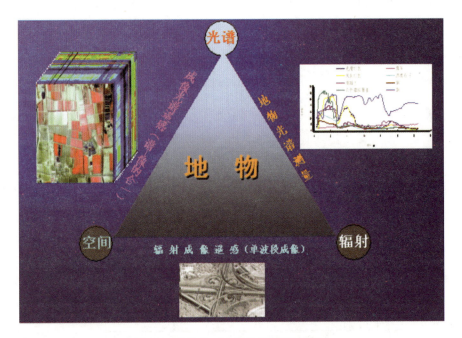

图 8-6 地物的三大属性及其遥感特征

使用光谱细分的成像光谱仪可以获得图谱合一的记录,这种方法称为成像光谱仪或高光谱(超光谱)遥感。地物的上述特征决定了人们可以利用相应的遥感传感器,将它们放在相应的遥感平台上去获取遥感数据。利用这些数据实现对地观测,对地物的影像和光谱记录进行计算机处理,测定其几何和物理属性,回答何时(When)、何地(Where)、何种目标(What object)发生了何种变化(What change)。这里的四个 W 就是遥感的任务和功能。

8.3.1 遥感传感器

地物发射或反射的电磁波信息,通过传感器收集、量化并记录在胶片或磁带上,然后进行光学或计算机处理,最终才能得到可供几何定位和图像解译的遥感图像。

遥感信息获取的关键是传感器。由于电磁波随着波长的变化其性质有很大的差异,地物对不同波段电磁波的发射和反射特性也不大相同,因而接收电磁辐射的传感器的种类极为丰富。依据不同的分类标准,传感器有多种分类方法。按工作的波段可分为可见光传感器、红外传感器和微波传感器。按工作方式可分为主动传感器和被动传感器。被动式传感器接收目标自身的热辐射或反射太阳辐射,如各种相机、扫描仪、辐射计等;主动式传感器能向目标发射强大电磁波,然后接收目标反射回波,主要指各种形式的雷达,其工作波段集中在微波区。按记录方式可分为成像方式和非成像方式两大类。非成像的传感器记录的是一些地物的物理参数。在成像系统中,按成像原理可分为摄影成像、扫描成像两大类。

综上所述,目前最常见的成像传感器归纳如图8-7所示。

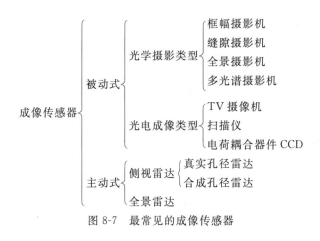

图 8-7　最常见的成像传感器

尽管传感器种类多种多样,但它们具有共同的结构。一般来说,传感器由收集系统、探测系统、信号处理系统和记录系统四个部分组成,如图8-8所示。只有摄影方式的传感器探测与记录同时在胶片上完成,无需在传感器内部进行信号处理。

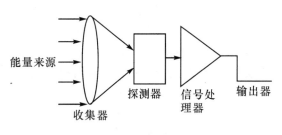

图 8-8　传感器的结构组成

1. 收集系统

地物辐射的电磁波在空间是到处传播的,即使是方向性较好的微波,在远距离传输后,光束也会扩散,因此接收地物电磁波必须有一个收集系统。该系统的功能在于把收集的电磁波聚焦并送往探测系统。扫描仪用各种形式的反射镜以扫描方式收集电磁波,雷达的收集元件是天线,二者都采用抛物面聚光,物理学上称抛物面聚光系统为卡塞格伦系统。如果进行多波段遥感,那么收集系统中还包括按波段分波束的元件,一般采用各种色散元件和分光元件,如滤色片、分光镜和棱镜等。

2. 探测系统

探测系统用于探测地物电磁辐射的特征，是传感器中最重要的部分。常用的探测元件有胶片，光电敏感元件和热电灵敏元件。探测元件之所以能探测到电磁波的强弱，是因为探测器在光子（电磁波）作用下发生了某些物理化学变化，这些变化被记录下来并经过一系列处理便成为人眼能看到的像片。感光胶片便是通过光学作用探测近紫外至近红外的电磁辐射。这一波段的电磁辐射能使感光胶片上的卤化银颗粒分解，析出银粒的多少反映了光照的强弱并构成地面物像的潜影，胶片经过显影、定影处理，就能得到稳定的、可见的影像。

光电敏感元件是利用某些特殊材料的光电效应把电磁波信息转换为电信号来探测电磁辐射的。其工作波段涵盖紫外至红外波段，在各种类型的扫描仪上都有广泛的应用。光电敏感元件按其探测电磁辐射机理的不同，又分为光电子发射器件、光电导器件和光伏器件等。光电子发射器件在入射光子的作用下，表面电子能逸出成为自由电子，相应地，光电导器件在光子的作用下自由载流子增加，导电率变大；光电器件在光子作用下，产生的光生载流子聚焦在二极管的两侧形成电位差，这样，自由电子的多少、导电率的大小、电位差的高低，就反映了入射光能量的强弱。电信号经过放大、电光转换等过程，便成为人眼可见的影像。

还有一类热探器是利用辐射的热效应工作的。探测器吸收辐射能量后，温度升高，温度的改变引起其电阻值或体积发生变化。测定这些物理量的变化便可知辐射的强度。但热探测器的灵敏度和响应速度较低，仅在热红外波段应用较多。

值得一提的是雷达成像。雷达在技术上属于无线电技术，而可见光和红外传感器属光学技术范畴。雷达天线在接收微波的同时，就把电磁辐射转变为电信号，电信号的强弱反映了微波的强弱，但习惯上并不把雷达天线称为探测元件。

3. 信号处理系统

扫描仪、雷达探测到的都是电信号，这些电信号很微弱，需要进行放大处理；另外有时为了监测传感器的工作情况，需适时将电信号在显像管的屏幕上转换为图像，这就是信号处理的基本内容。目前很少将电信号直接转换记录在胶片上，而是记录在模拟磁带上。磁带回放制成胶片的过程可以在实验室进行，这与从相机上取得摄像底片然后进行暗室处理得到影像的过程极为类似，可使传感器的结构变得更加简单。

4. 记录系统

遥感影像的记录一般分直接与间接两种方式。直接记录方式的摄影胶片、扫描航带胶片、合成孔径雷达的波带片；还有一种是在显像管的荧光屏上显示图像，再用相机翻拍成的胶片。间接记录方式有模拟磁带和数字磁带。模拟磁带回放出来的电信号，通过电光转换可显示为图像；数字磁带记录时要经过模数转换，回放时则要经过数模转换，最后仍通过电转换才能显示图像。

8.3.2 遥感平台

遥感中搭载传感器的工具统称为遥感平台（Platform）。遥感平台包括人造卫星、航天航空飞机乃至气球、地面测量车等。表 8-2 列出了遥感中可能用到的平台及其高度与使用目的。遥感平台中，高度最高的是气象卫星 GMS 风云 2 号等所代表的地球同步静止轨道卫星,它位于赤道上空 36 000km 的高度上。其次是高度为 400～1000km 的地球观测卫星,如 Landsat、SPOT、CBERS 1 以及 IKONOS II、"快鸟"等高分辨率卫星,它们大多使用能在同一个地方同时观测的极地或近极地太阳同步轨道。其他按高度排列主要有航天飞机、探空仪、超高度喷气飞机、中低高度飞机、无线电遥探飞机乃至地面测量车等。

表 8-2　　　　　　　　　　遥感中可能用到的平台及其高度与使用目的

遥感平台	高　度	目的、用途	其　他
静止轨道卫星	36 000km	定点地球观测	气象卫星(风云 2 号、GMS 等)
圆轨道卫星(地球观测卫星)	500～1000km	定期地球观测	Landsat,SPOT,MOS 等
航天飞机	240～350km	不定期地球观测空间实验	
无线电探空仪	100m～100km	各种调查(气象等)	
超高度喷气飞机	10 000～12 000m	侦察大范围调查	
中低高度飞机	500～8000m	各种调查航空摄影测量	
飞艇	500～3000m	空中侦察各种调查	
直升机	100～2000m	各种调查摄影测量	
无线电遥探飞机	500m 以下	各种调查摄影测量	飞机直升机
牵引飞机	50～500m	各种调查摄影测量	牵引滑翔机
系留气球	800m 以下	各种调查	
索道	10～40m	遗址调查	
吊车	5～50m	地面实况调查	
地面测量车	0～30m	地面实况调查	车载升降台

静止轨道卫星又称地球同步卫星,它们位于 30000km 外的赤道平面上,与地球自转同步,所以相对于地球是静止的。不同国家的静止轨道卫星在不同的经度上,以实现对该国有效的对地重复观测。

圆轨道卫星一般又称极轨卫星,这是太阳同步卫星。它使得地球上同一位置能重复获得同一时刻的图像。该类卫星按其过赤道面的时间分为 AM 卫星和 PM 卫星。一般上午 10:30 通过赤道面的极轨卫星称为 AM 卫星(如 EOS 卫星中的 Terra)下午 1:30 通过赤道的卫星称为 PM 卫星(如 EOS 卫星中的 Aqua)。图 8-9 为目前各国的对地观测卫星系统。

8.3.3　遥感数据的记录形式与特点

在 8.3.1 中介绍遥感传感器时已对遥感数据的记录形式作了介绍,在此不再分图像记录与非图像记录,而对遥感数据的分辨率作必要的讨论。

遥感数据的分辨率分为空间分辨率(地面分辨率)、光谱分辨率(波谱带数目)、时间分辨率(重复周期)和温度分辨率。

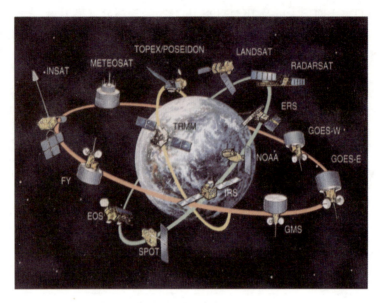

图 8-9　目前各国的对地观测卫星系统

空间分辨率通常指的是像素的地面大小,又称地面分辨率。Landsat 卫星的 MSS 图像,像素的地面分辨率为 79m,而 1983～1984 年的 Landsat-4/5 上的 TM(专题制图仪)图像的地面分辨率则为 30m。欧洲空间局(ESA)1983 年 12 月发射的航天飞机载空间试验室(Space Lab),利用德国蔡司厂 300mm RMK 像机,取得 1∶80 万航天像片,摄影分辨率为 20m(每毫米线对),相对于像元素地面大小为 8m。1984 年美国宇航局发射的航天飞机载大像幅摄影机 LFC,其像幅为 23cm×46cm,其地面分辨率为 15m。1986 年 2 月和 1990 年法国发射的 SPOT-1,2 卫星,利用两个 CCD 线阵列构成数字式扫描仪,像素地面大小对全色为 10m,通过侧向镜面倾斜可获得基线/航高比达到 1～1.2 的良好立体景像,从而可采集 DEM 和立体测图,并可制作正射影像,可用做 1∶5 万地图测制或修测。SPOT 影像在海湾战争中得到广泛应用。前苏联的 KFA-1000 航天像片,像素的地面大小为 4m,分辨率极高。而到了 20 世纪 90 年代,由于高分辨长线阵和大面阵 CCD 问世,卫星遥感图像的地面分辨率大大提高。例如,印度卫星 IRS-IC,其地面分辨率为 5.8m;法国的 SPOT-5 采用新的三台高分辨率几何成像仪器(HRG),提供 5m 和 2.5m 的地面分辨率,并能沿轨或侧轨立体成像;日本研制发射的三线阵高分辨率观测卫星 ALOS,具有 2.5m 全色分辨率和 10m 多光谱分辨率能力;南非已于 1995 年发射了一颗名为"绿色"的遥感小卫星,载有 1.5 分辨率的可见光 CCD 相机;以色列也发射了 2m 分辨率的成像卫星系统;美国于 1999 年 9 月成功发射的 IKONOS-2 以及 2001 年发射的"Quick Bird",分别能提供 1m 与 0.61m 空间分辨的全色影像和 4m 与 2.44m 空间分辨率的多光谱影像。所有这些都为遥感的定量化研究提供了保证。

利用成像光谱仪和高光谱、超光谱遥感,可以大大地提高遥感的光谱分辨率,从而极大地增强对地物性质、组成与相互差异的研究能力。图 8-10 表示卫星遥感的空间分辨率与光谱分辨率的关系。图 8-11 表示高光谱遥感用于地物的区分。

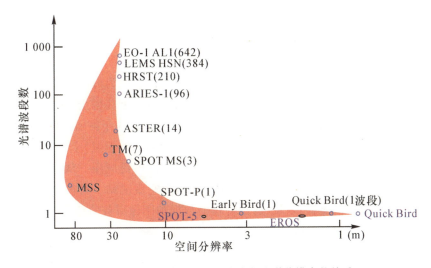

图 8-10 卫星遥感的空间分辨率与光谱分辨率的关系

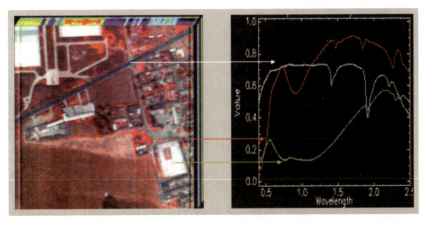

图 8-11 高光谱遥感用于地物的区分

时间分辨率指的是重复获取某一地区卫星图像的周期。提高时间分辨率有以下几种方法：第一是利用地球同步静止卫星，可以实现对地面某一地区的多次、重复观测，可达到每小时、每半小时甚至更快地重复观测；第二是通过多个小卫星组建卫星星座，从而提高重复观测能力；第三是通过卫星上多个可以任意方向倾斜45°的传感器，从而可以在不同的轨道位置上对某一感兴趣目标点的重复观测。

此外，对于热红外遥感，还有一个温度分辨率，目前可以达到 0.5K，不久的将来可达到 0.1K，从而提高定量化遥感反演的水平。

8.3.4 遥感对地观测的历史发展

从空中拍摄地面的照片，最早是 1858 年纳达在气球上进行的。1903 年福特兄弟发明了飞机，使航空遥感成为可能。1906 年，劳伦士用 17 只风筝拍下了旧金山大火这一珍贵的历史性大幅照片。第一次世界大战中第一台航空摄影机问世。英国空军拍下了德国的炮兵阵地。由于航空摄影比地面摄影有明显的优越性,如视场开阔,无前景挡后景,可快速飞过测区获得大面积的像片,使得航空摄影,或现在更广泛的包括摄影和非摄影的各种航空遥感方法得到飞速的发展。

1957 年前苏联发射了第一颗人造卫星,使卫星摄影测量成为可能。1959 年从人造卫星发回第一张地球像片,1960 年从"泰罗斯"与"雨云"气象卫星上获得全球的云图。1971 年美国"阿波罗"宇宙飞船成功地对月球表面进行航天摄影测量。同年美国利用"水手"号探测器对火星进行测绘作业。1972 年美国地球资源卫星(后改称陆地卫星)上天,其多光谱扫描仪(MSS)影像用于对地观测,使得遥感作为一门新技术得到广泛应用。从空中观测地球的平台包括气球、飞艇、飞机、火箭、人造卫星、航天飞机和太空观测站。目前全球在轨的人造卫星达到 3000 颗,其中提供遥感、定位、通信传输的数据和图像服务的将近 500 颗。目前世界各国已建成的遥感卫星地面接收站超过 50 个。

现有的卫星遥感系统(科学试验、海洋遥感卫星、军事卫星除外,)大体上可分为气象卫星、资源卫星和测图卫星 3 种类型。从第一代气象观测卫星 TIROS 于 1965 年上天和第一代陆地资源卫星 Landsat-1 于 1972 年上天算起,卫星遥感系统走过了三十多个春秋。至今卫星遥感已取得了令人瞩目的成绩,从实验到应用、从单学科到多学科综合、从静态到动态、从区域到全球、从地表到太空,无不表明遥感已经发展到相当成熟的阶段。当代遥感的发展主要表现在它的多传感器、高分辨率和多时相特征上。

1. 多传感技术

已能全面覆盖大气窗口的所有部分。光学遥感可包含可见光、近红外和短波红外区域。热红外遥感的波长可达 $8\sim14\mu m$。微波遥感外测目标物电磁波的辐射和散射,分被动微波遥感和主动微波遥感,波长范围为 $1\sim100cm$。

2. 遥感的高分辨率特点

全面体现在空间分辨率、光谱分辨率和温度分辨率三个方面,长线阵 CCD 成像扫描仪可以达到 $0.6\sim2m$ 的空间分辨率,成像光谱仪的光谱细分可以达到 $5\sim6m$ 的空间分辨率。热红外辐射计的温度分辨率可以从 $0.5K$ 提高到 $0.3\sim0.1K$。

3. 遥感的多时相特征

随着小卫星群计划的推行,可以用多颗小卫星,实现每 $3\sim5$ 天对地表重复一次采样,获得高分辨率全色图像和成像光谱仪数据。多波段、多极化方式的雷达卫星,将能解决阴雨多雾情况下的全天候和全天时对地观测。

值得一提的是装在美国"奋进号"航天飞机上的雷达干涉测量系统(见图 8-12),它是世界上第一个能直接获取全球三维地形信息的双天线(固定天线距离为 60m)合成孔径雷达干涉测量系统。该项计划称为 SRTM(Shuttle Radar Topography Mission)。在仅仅 11 天(2000-02-11~22)的全球性作业中,获得了地球 60°N 至 56°S 间陆地表面 80% 面积的三维雷达数据。用这个数据可获得 30m 分辨率的高精度数字高程模型(C 波段垂直精度为 10m,X 波段垂直精度为 6m)。这次飞行的成功和美国 Space Imaging 公司 1999 年度发射的 1m 分辨率 IKONOS 卫星(见图 8-13),标志着 21 世纪卫星遥感将走上一个全新的发展阶段。

图 8-12 "奋进号"SRTM 合成孔径雷达干涉测量系统

(a)北京某立交桥IKONOS卫星影像　　(b)三峡坝区Quick Bird卫星影像

图 8-13　高分辨率卫星影像

8.3.5　主要的遥感对地观测卫星及其未来发展

1. 气象卫星

气象卫星主要分为地球同步静止气象卫星和太阳同步极轨气象卫星两大类。气象卫星遥感与地球资源卫星遥感的工作波段大致相同,所不同的是图像的空间分辨率大多为1~5km,较资源卫星(≤100m)低,但其时间分辨率则大大高于资源卫星的15~25天,每天可获得同一地区的多次成像。

静止气象卫星是作为联合国世界气象组织(WMO)全球气象监测计划的内容而发射的,主要由 GMS、GEOS-E、GEOS-W、METEOSAT、INSAT 五颗卫星组成,它们以约 70°的间隔配置在赤道上空,轨道高度为 3600km。中国的 FY-2 也属于这种类型,位于经度为 105°的轨道上,主要用于中国的气象监测。表 8-3 列出了静止气象卫星有关参数。静止气象卫星每半个小时提供一幅空间分辨率为 5km 的卫星图像。

表 8-3　　　　　　　　　　　地球同步静止气象卫星系统

卫星系统	发射者	发射时间/年	位　置
METEOSAT	ESA	1995	0°
GOES-8/9	NOAA	1994,1995	75°~135°W
GMS	NASDA	1995	135°E
INSAT	ISRO	1996,1997	75°E
FY-2A,2B,2P	中国	1997,2000,2006	105°E

广泛使用的 NOAA 气象卫星等(见表 8-4)属于太阳同步极轨卫星,卫星高度在 800km 左右。每颗卫星每天至少可以对同一地区进行两次观测,图像空间分辨率为 1km。极轨气象卫星主要用于全球及区域气象预报,并适用于全球自然和人工植被监测、灾害(水灾、旱灾、森林火灾、沙漠化等)监测以及家作物估产等方面。

表 8-4　　　　　　　　　　　太阳同步极轨气象卫星系统

卫星系统	发射者	发射时间/年	位　置
NOAA-14	NOAA	1994	AVHRR/2
NOAA-K	NOAA	1996	AVHRR3
FY-1A/1B	中国	1988,1990	VHRSR
FY-1(C),1D	中国	1999,2001	VISSR

2. 资源卫星

卫星系统多采用光机扫描仪、CCD 固体阵列传感器等光学传感器,可获得 100m 空间分辨率的全色或多光谱图像。采集的多光谱数据对土地利用、地球资源调查、监测与评价、森林覆盖、农业和地质等专题信息提取具有极其重要的作用。表 8-5 为几种主要资源卫星系统。

表 8-5　　　　　　　　　　　几种主要资源卫星系统

卫星系统	发射者	发射时间/年	扫描宽度/km	分辨率/m
Landsat MS	NASA	1972,1978	185	80MS
Landsat TM	NASA	1982	185	30MS
				15MS
Landast7	NASA	1999	185	30MS
Spot1-4	Spotimage	1986,1990,1993,1998	60	20MS
IRSI C/D	ISRO	1995,1997	142	18MS
MOMS 02P	DLR	1996	78	50MS
MOS	NASDA	1982,1992	100	18MS
Adeos	NASDA	1996,1997	80	16MS
CBERS-1	中国/巴西	1999,2003	113(CCD)	20(CCD)
			119(IRMSS)	80(MSS)
				160(热红外)
			890(WFI)	256(WFI)

由于光学传感器系统受到天气条件的限制,主动式的合成孔径侧视雷达(SAR)在多云雾、多雨雪地区的地形测图、灾害监测、地表形态及其形变监测中,具有特殊的作用。

3. 地球观测系统(EOS)计划

美国国家宇航局(NASA)于 1991 年发起了一个综合性的项目,称为地球科学事业(ESE),它的核心便是地球观测系统(EOS)。EOS 计划中包括一系列卫星,它的任务是通过这些卫星,对地球系统的主要状态参数进行量测,同时开始长期监测人类活动对环境的影响。主要包括火灾、冰(冰川)、陆地、辐射、风暴、气候、污染以及海洋等。NASA 现在采用地球观测系统数据和信息系统(EOSDIS)来管理这些卫星,并对其数据进行归档、分布和信息管理等。

EOS 的目标是:

(1) 检测地球当前的状况;
(2) 监测人类活动对地球和大气的影响;
(3) 预测短期气候异常、季节性乃至年际气候变化;
(4) 改进灾害预测;
(5) 长期监测气候与全球变化。

Terra 卫星是 EOS 计划中第一颗装载有 MODIS 传感器的卫星,发射于 1999 年 12 月 18 日。Terra 是美国、日本和加拿大联合进行的项目,卫星上共有五种装置,它们分别是云与地球辐射能量系统 CERES、中分辨率成像光谱仪 MODIS、多角度成像光谱仪 MISR、先进星载热辐射与反射辐射计 ASTER 和对流层污染测量仪 MOPITT。在外观上,Terra 卫星的大小大概相当于一辆小型校园公汽。它装载的五种传感器能同时采集地球大气、陆地、海洋和太阳能量平衡的信息。每种传感器有它独特的作用,这使得 EOS 的科学工作者能研究大范围的自然科学实体。Terra 沿地球近极地轨道航行,高度是 705km,它在早上当地同一时间经过赤道,此时陆地上云层覆盖为最少,对地表的视角的范围最大。Terra 的轨道基本上是和地球的自转方向相垂直,所以它的图像可以拼接成一幅完整的地球总图像。科学家通过这些图像逐渐理解了全球气候变化的起因和效果,他们的目标是了解地球气候和环境是如何作为一个整体作用的。Terra 的预期寿命是 6 年。在未来的几年内,将会发射其他几颗卫星,利用遥感技术的新发展,对 Terra 采集的信息进行补充。

Aqua 发射于 2002 年 5 月 4 日,装置有云与地球辐射能量系统测量仪 CERES、中分辨率成像光谱仪 MODIS、大气红外探测器 AIRS、先进微波探测元件 AMSU-A、巴西湿度探测器 HSB 和地球观测系统先进微波扫描辐射计 AMSR-E。Aqua 卫星的目标是通过监测和分析地球变化来提高我们对地球系统以及由此发生的变化的认识。Aqua 卫星是根据它主要采集地球水循环的海量数据而命名的。这些数据包括海洋表面水、海洋的蒸发、大气中的水蒸气、云、降水、泥土湿气、海冰和陆地上的冰雪覆盖。Aqua 测量的其他变化包括辐射能量通量、大气气溶胶、地表植被、海洋中的浮游植物和溶解的有机成分以及空气、陆地和水的温度。Aqua 预期的一个特别优势就是由大气温度和水蒸气得到的天气预报的改善。Aqua 测量还提供了全球水循环的所有要素,并有利于根据雪、冰、云和水蒸气增强或抑制全球和区域性温度变化和其他气候变化的程度来回答一些开放的问题。

有人指出,由于 EOS 计划所提供的丰富的陆地、海洋和大气等参数信息,再配合 ADEOSI/II、TRMM、SeaWiFS、ASTSR、MERIS、ENVISAT、LandSAT 等卫星数据与地面网站数据,将引起气候变化研究手段的革命。

4. 制图卫星

为了用于1:10万及更大比例尺的测图,对空间遥感最基本的要求是其空间分辨率和立体成像能力,表8-6、表8-7列出了几种具备这一能力的卫星系统。值得注意的是,美国成功发射的IKONOS-2卫星和快鸟卫星开辟了高空间分辨率商业卫星的新纪元。

表8-6 现有雷达卫星系统

卫星系统	发射国家	发射时间/年	卫星高度/km	波长/cm	分辨率/m	扫描带宽/km	重访周期/天
Seasat	美国	1978	800	23.5(L)	25	100	—
ERS-1	欧空局	1991	782～785	5.6(C)	30	102.5	35
JERS-1	日本	1992	568	23.5(L)	18	75	44
ERS-2	欧空局	1995	782～785	5.6(C)	30	102.5	35
Radarsat-1	加拿大	1995	793～821	5.6(C)	9～25	50～500	24

表8-7 现有制图卫星系统

卫星系统	发射者	发射时间/年	扫描宽度/km	分辨率/m	立体模式
Spot1-4	Spotimage	1986,1990,1993,1998	60	10Pan	异轨
IRS 1C/D	ISRO	1995,1997	70	5.8Pan	异轨
KFA-1000	RKK	Resours-F1	66～105	5	单像/立体
KVR-1000	RKK	空间站	22	2	单像/立体
KVR-3000	RKK	空间站	5	0.5	单像/立体
MOMS/02-P	DLR	1996	37	6	同轨三线阵
ALOS(PRISM)	JAXA	2006	35	2,5Pan	同轨三线阵
IKONOS 2	Space Imaging	1999	11.3	0.82	同轨
Quick Bird	Earth Watch	2001	22	0.61	同轨
Orbview3	Orbimage	1999	8	1	同轨
Orbview4	Orbimage	2000	8	1-2	同轨
Eros B	West Indian Space	1999	13.5	1.3	同轨
Spot 5	Spot image	2001	60	2.5	同轨/异轨
CartoSat-1	ISRO	2005	30	2.5	同轨二线阵

合成孔径侧视雷达的发展主要体现为时间分辨率的提高,特别是双天线卫星雷达的研制。表8-8为新一代雷达卫星系统。

表 8-8　新一代雷达卫星系统

卫星系统	发射国家	发射时间/年	卫星高度/km	波长/cm	分辨率/m	扫描带宽/km	重访周期/天
Envisat-1	欧空局	2002	799.2	5.6(C)	30	50~100	35
LightSAR	JPL	2002(已推迟)	700	24.0(L)	25	100	8~10
Toposat-1	美国	2002(已推迟)	440	2.0(Ku)	30	85	双天线
Toposat-2	美国	2002(已推迟)	565	24.0(L)	30	85	1h
Radarsat-2	加拿大	2004(已推迟)	793~821	5.6(C)	9~25	50~500	24

5. 遥感传感器的未来发展

光学传感器未来发展将进一步提高高空间分辨率和光谱分辨率,事实上,军用卫星的分辨率实际上已达到 0.10~0.15m。

成像光谱仪(Imaging Spectrometer)能以高达 5~6nm 的光谱分辨率在特定光谱域内以超多光谱数的海量数据同时获取目标图像和多维光谱信息,形成图谱合一的影像立方体。机载成像光谱遥感技术在过去 10 年已取得很大进展,星载 384 波段成像光谱仪卫星(刘易斯)由美国 TRW 公司研制,于 1997 年发射上天未能成功。目前美国已在 1999 年 12 月发射的 EOS-AMI(Terra)和 2002 年 5 月发射的 AQUA 卫星上使用了 MODIS 中分辨率成像光谱仪,并已获得了有效的数据。估计在 21 世纪,500~600 波段的星载中高分辨率成像光谱仪会取得成功,从而可根据地物光谱形态特征来定量化和自动化地判断岩石矿物成分、生物地球化学过程和地表景观参数。未来的地球观测系统是一个由卫星和传感器交互式连接而成的网络。

只有双天线星载雷达,才有可能获得同一成像条件下的真正的干涉雷达数据,以方便地生成描述地形地貌的数字高模型和研究地表三维形变。目前的重复轨道(Repeat Orbit)法获得的干涉雷达数据,由于受地表和大气等成像条件的变化,形成好的干涉图像的成功率较低。但星载 150~200m 基线的双天线技术无疑也是对航天技术的一个挑战。

此外,激光断面扫描仪(Laser Scanner)也是近几年来引起广泛兴趣并成为研制热点之一的传感器系统,其作用是直接用于测定地面高程,从而建立数字高程模型。它向地面发射高频激光波束并接受反射波,精确地记录波束传输时间。传感器的位置和姿态参数由 GPS 和 INS 精确确定。根据传感器的位置和姿态以及激光波束的传输时间,即可精确测定地面的高程(达到分米级)。加拿大、美国、荷兰、德国等国家相继推出了航空激光扫描仪系统,并和 CCD 成像集成。

8.4　遥感信息传输与预处理

随着遥感技术,特别是航天遥感的迅速发展,如何将传感器收集到的大量遥感信息正确、及时地送到地面并迅速进行预处理,以提供给用户使用,成为一个非常关键的问题。在整个遥感技术系统中,信息的传输与预处理设备的耗资是很大的。

8.4.1 遥感信息的传输

传感器收集到的被测目标的电磁波,经不同形式直接记录在感光胶片或磁带(高密度数据磁带 HDDT 或计算机兼容磁带 CCT)上,或者通过无线电发送到地面被记录下来。遥感信息的传输有模拟信号传输和数字信号传输两种方式。模拟信号传输是指将一种连续变化的电源与电压表示的模拟信号,经过放大和调制后用无线电传输。数字信号传输是指将模拟信号转换为数字形式进行传输。

由于遥感信息的数据量相当大,要在卫星过境的短时间内将获得的信息数据全部传输到地面是有困难的,因此,在信息传输时要进行数据压缩。

8.4.2 遥感信息的预处理

从航空或航天飞行器的传感器上收到的遥感信息因受传感器性能、飞行条件、环境因素等影响,在使用前要进行多方面的预处理,才能获得反映目标实际的真实信息。遥感信息预处理主要包括数据转换、数据压缩和数据校正。这部分工作是在提供给用户使用前进行的。

1. 数据转换

由于所接收到的遥感数据记录形式与数据处理系统的输入形式不一定相同,而处理系统的输出形式与用户要求的形式也可能不同,所以必须进行数据转换。同时,在数据处理过程中也都存在数据转换的问题。数据转换的形式与方法有模数转换、数模转换、格式转换等。

2. 数据压缩

传送到遥感图像数据处理机构的数据量是十分庞大的。目前虽然用电子计算机进行数据预处理,但数据处理量和处理速度仍然跟不上数据收集量。所以在图像预处理过程中,还要进行数据压缩,其目的是为了去除无用的或多余的数据,并以特征值和参数的形式保存有用的数据。

3. 数据校正

由于环境条件的变化、仪器自身的精度和飞行姿态等因素的影响,因而会导致一系列的数据误差。为了保证获得信息的可靠性,必须对这些有误差的数据进行校正。校正的内容主要有辐射校正和几何校正。

4. 辐射校正

传感器从空间对地面目标进行遥感观测,所接收到的是一个综合的辐射量,除有遥感研究最有用的目标本身发射的能量和目标反射的太阳能外,还有周围环境如大气发射与散射的能量、背景照射的能量,等等。因此,有必要对辐射量进行校正。校正的方式有两种,即对整个图像进行补偿或根据像点的位置进行逐点校正。

5. 几何校正

为了从遥感图像上求出地面目标正确的地理位置,使不同波段图像或不同时期、不同传感器获得的图像相互配准,有必要对图像进行几何校正,以改正各种因素引起的几何误差。几何误差包括飞行器姿态不稳定及轨道变化所造成的误差、地形高差引起的投影差和地形产生的阴影、地球曲率产生的影像歪斜、传感器内部成像性能引起的影像线性和非线性畸变所造成的误差等。

将经过上述预处理的遥感数据回放成模拟像片或记录在计算机兼容磁带上,才可以提供给用户使用。

8.5 遥感影像数据处理

8.5.1 概述

遥感影像数据的处理分为几何处理、灰度处理、特征提取、目标识别和影像解译。

几何处理依照不同传感器的成像原理有所不同,对于无立体重叠的影像主要是几何纠正和形成地学编码,对于有立体重叠的卫星影像,还要解求地面目标的三维坐标,和建立数字高程模型(DEM)。几何处理分为星地直接解和地星反求解。星地直接解是依据卫星轨道参数和传感器姿态参数空对地直接求解。地星反求解是依据地面若干控制点的三维坐标反求变换参数,有各种近似和严格解法。利用求出的变换参数和相应的成像方程,便可求出影像上目标点的地面坐标。

影像的灰度处理包括图像复原和图像增强、影像重采样、灰度均衡、图像滤波。图像增强包括反差增强,边缘增强,滤波增强和彩色增强。不同传感器、不同分辨率、不同时期的数据,可以通过数据融合的方法获得更高质量,更多信息量的影像。

特征提取是从原始影像上通过各种数学工具和算子提取用户有用的特征,如结构特征、边缘特征、纹理特征、阴影特征等。目标识别则是从影像数据中人工或自动/半自动地提取所要识别的目标,包括人工地物和自然地物目标。影像解译是对所获得的遥感图像用人工或计算机方法对图像进行判读,对目标进行分类。图像解译可以用各种基于影像灰度的统计方法,也可以用基于影像特征的分类方法,还可以从影像理解出发,借助各种知识进行推理。这些方法也可以相互组合形成各种智能化的方法。

8.5.2 雷达干涉测量和差分雷达干涉测量

除了利用两张重叠的亮度图像进行类似立体摄影测量方法的立体雷达图像处理外,雷达干涉测量(INSAR)和差分雷达干涉测量(D-INSAR)被认为是当代遥感中的重要新成果。最近美国"奋进号"航天飞机上双天线雷达测量结果使人们更加关注这一技术的发展。

雷达测量与光学遥感有明显的区别,它不是中心投影成像,而是距离投影,获得的是相位和振幅记录,组成为复雷达图像。

所谓雷达干涉测量是利用复雷达图像的相位差信息来提取地面目标地形三维信息的技术。而差分干涉测量则是利用复雷达图像的相位差信息来提取地面目标微小地形变化信息的技术。此外,转达相干测量是利用复雷达图像的相干性信息来提取地物目标的属性信息。

获取立体雷达图像的干涉模式主要有沿轨道法(见图 8-14)、垂直轨道法(见图 8-15)、重复轨道法(见图 8-16)。

美国一直利用航天飞机进行各种雷达遥感工作,并取得很好的成果。特别是美国"奋进号"航天飞机,在 60m 长的杆子两端分别装设两个雷达天线,接收合成孔径雷达

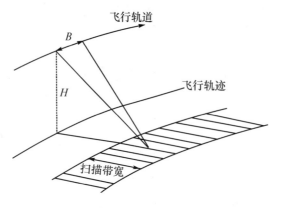

图 8-14　沿轨道法

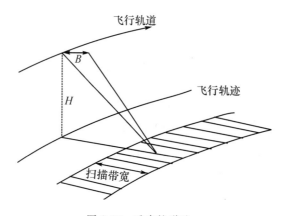

图 8-15　垂直轨道法

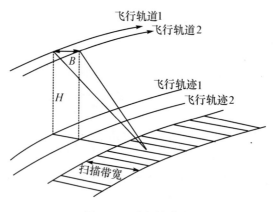

图 8-16　重复轨道法

(C/X)波段的反射(偏振)波信号,然后传输给地面站,实现数字地形图具有 10～16m 地面高程分辨率和 30m 的水平分辨率,且仅用 9.5 天时间,就获得了全球陆地 75% 的干涉测量数据。

1. 雷达干涉测量原理

雷达干涉测量可简单地用图 8-17 来表示。

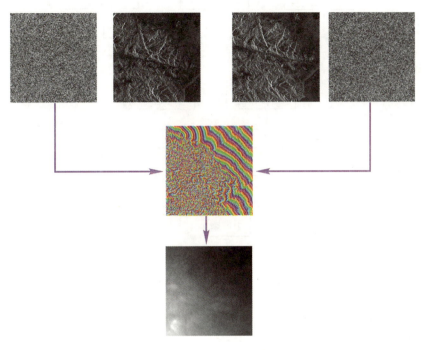

图 8-17　雷达干涉测量

其主要几何关系如下：

$$\Phi = \frac{4\pi}{\lambda} B\sin(\theta - \alpha) \tag{8-1}$$

$$\delta\Phi = \frac{4\pi}{\lambda} B\cos(\theta - \alpha)\mathrm{d}\theta \tag{8-2}$$

$$h = H\tan\theta_0 - \frac{\lambda\delta\Phi}{4\pi B\cos(\theta_0 - \alpha)} = H\tan\theta_0 - \frac{\lambda\delta\Phi}{4\pi B} \tag{8-3}$$

其中 h 即为所求解的未知高差。

雷达干涉测量的数据处理包括：用轨道参数法或控制点测定基线，图像粗配准和精配准，最终要达到 1/10 像元的精度才能保证获得较好的干涉图像；随后进行相位解缠。其中最常用的方法有枝切法、最小二乘法、基于网络规划的算法等。这是一个十分重要的、有难度的工作，相当于 GPS 相位测量中的整周模糊度的求解。其数据处理流程如图 8-18 所示。必须指出，目前的卫星雷达干涉测量采用的是重复轨道法。构成基线的两幅雷达记录有时差，就可能由于地面湿度不同使后向反射强度产生差异，从而引起影像配准的困难。所以，现在人们把注意力集中在攻克双天线雷达成像技术上。

国内外的研究表明，利用欧空局 ERS-1 和 ERS-2 相隔一天的雷达记录，可测定满足 1∶25 000 比例尺的高程测量精度的 DEM，而且它对细微地貌形态表示优于一般的双像立体摄影测量。

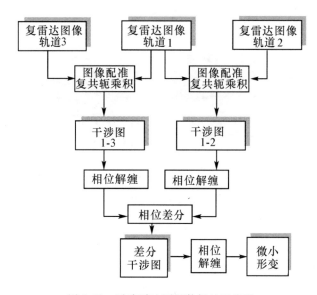

图 8-18 干涉雷达测量数据处理流程

2. 差分雷达干涉测量原理

差分雷达干涉测量的成像几何,可以 3 轨道法为例(如图 8-19 所示)。

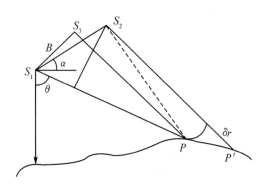

图 8-19 3 轨道法差分雷达干涉测量

根据有关几何关系及公式可导出差分干涉测量的主要关系式:

$$\Phi \frac{4\pi}{\lambda}(\mathrm{d}r - \delta r) = \frac{4\pi}{\lambda}\mathrm{d}r + \frac{4\pi}{\lambda}(-\delta r) \tag{8-4}$$

$$\delta\lambda = \frac{\lambda}{4\pi}\left(\Phi - \frac{4\pi}{\lambda}\mathrm{d}r\right) \tag{8-5}$$

差分干涉雷达测量的最大优点是能从几百千米的高度上获得毫米至厘米级的地表三维形变。

如果利用永久散射体的特点进行 D-INSAR,这些永久散射体(PS)可以起到很好的控制作用,从而提高差分干涉测量的精度(达到 3~4mm),如图 8-20 所示。

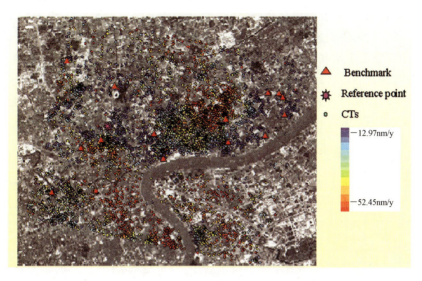

图 8-20　利用 PS 差分干涉 SAR 测定的上海市地面沉降（ESA 数据）

8.6　遥感技术的应用

遥感技术的应用涉及各行各业、方方面面。这里简要列举其在民国经济建设中的主要应用。

8.6.1　在国家基础测绘和建立空间数据基础设施中的应用

各种分辨的遥感图像是建立数字地球空间数据框架的主要来源，可以形成反映地表景观的各种比例尺影像数据库（DOM）；可以用立体重叠影像生成数字高程模型数据库（DEM）；还可以从影像上提取地物目标的矢量图形信息（DLG）。其次，由于遥感卫星能长年地、周期地和快速地获取影像数据，这为空间数据库和地图更新提供了最好的手段。

8.6.2　在铁路、公路设计中的应用

航空航天遥感技术，可以为线路选线和设计提供各种几何和物理信息，包括断面图、地形图、地质解译、水文要素等信息，已在我国主要新建的铁路线和高速公路线的设计和施工中得到广泛应用，特别在西部开发中，由于该地区人烟稀少，地质条件复杂，遥感手段更有其优势。

8.6.3　在农业中的应用

遥感技术在农业中的应用主要包括：利用遥感技术进行土地资源调查与监测、农作物生产与监测，作物长势状况分析和生长环境的监测。基于 GPS、GIS 和农业专家系统相结合，可以实现精准农业（详见第 11 章 11.4.3 节）。

8.6.4　在林业中的应用

森林是重要的生物资源，具有分布广、生长期长的特点。由于人为因素和自然原因、森

林资源会经常发生变化,因此,利用遥感手段,及时准确地对森林资源进行动态变化监测、掌握森林资源变化规律,具有重要社会、经济和生态意义。

利用遥感手段可以快速地进行森林资源调查和动态监测,可以及时地进行森林虫害的监测,定量地评估由于空气污染、酸雨及病虫害等因素引起的林业危害。遥感的高分辨率图像还可以参与和指导森林经营和运作。

气象卫星遥感是发现和监测森林火灾的最快速和最廉价手段。可以掌握起火点、火灾通过区域、灭火过程、灾情评估和过火区林木恢复情况。

8.6.5 在煤炭工业中的应用

煤炭是中国的主要能源之一,占全国能源消耗总量的70%以上。煤炭工业的发展布署对国民经济的发展具有直接的影响。由于行业的特殊性,煤炭工业长期处于劳动密集型的低技术装备状况,从煤田地质勘探、矿井建设到采煤生产各阶段都一直靠"人海战术"。因此,如何在煤炭工业领域引入高新技术,是中国政府和煤炭系统科研人员的共同愿望。

中国煤炭工业规模性应用航空遥感技术始于20世纪60年代。当时煤炭部航测大队的成立,标志着中国煤炭步入真正应用航空遥感阶段。到20世纪70年代末、80年代初,煤炭部遥感地质应用中心的成立,拉开了航天遥感应用于煤炭工业的序幕。

研究煤层在光场、热场内的物性特征,是煤炭遥感的基础工作。

大量研究表明,煤层在光场中具有如下反射特征:煤层在$0.4\sim0.8\mu m$波段,反射率小于10%;在$0.9\sim0.95\mu m$之间出现峰值,峰值反射率小于12%;在$0.95\sim1.1\mu m$之间,反射率平缓下降。煤层与其他岩石相比,反射率最低,在$0.4\sim1.1\mu m$波段中,煤层反射率低于其他岩石5%~30%。

煤层在热场中具有周期性的辐射变化规律,即煤层在地球的周日旋转中,因受太阳电磁波的作用不同,冷热异常交替出现,白天在日过上中天后出现热异常;夜间在日落到日出之间出现冷异常。

因此,热红外遥感是煤炭工业的最佳应用手段。利用各种摄影或扫描手段获取的热红外遥感图像,可用于识别煤层,探测煤系地层。

应用卫星图像数据,综合调查能源基地的煤、电、水、路现状和资源环境、投资条件,已编制1∶100万"晋陕蒙宁豫"能源基地卫星影像地图,覆盖面积达117万km^2,调查煤炭储量5000亿t;编制1∶50万山西能源基地遥感系统图,覆盖面积达15.7万km^2,调查煤炭产量占全国总产量的30%。为煤炭工业向西部转移和国务院发展能源工业的战略部署,提供了科学的决策依据。

遥感技术在煤炭工业中的主要应用包括:煤田区域地质调查,煤田储存预测,煤田地质填图,煤炭自燃、发火区圈定、界线划分、灭火作业及效果评估、煤矿治水、调查井下采空后的地面沉陷、煤炭地面地质灾害调查,煤矿环境污染及矿区土复耕等。

8.6.6 在油气资源勘探中的应用

油气资源勘探与其他领域一样,由于遥感技术的迅速渗透而充满生机。油气资源遥感勘探以其快速、经济、有效等特点而引人瞩目,受到国内外油气勘探部门的高度重视。20世纪80年代以来,美国、前苏联、日本、澳大利亚、加拿大等国都进行了油气遥感勘探方法的试验研究。例如,美国于1980～1984年间分别在怀俄明州、西弗吉尼亚州、得克萨斯州选择了三个油气区,利用TM图像,结合地球化学和生物地球化学方法,进行油气资源遥感勘探研究。自1977年起,我国地矿部先后在塔里木、柴达木等地进行了油气资源遥感勘探研究,取得了不少成果和实践经验。

目前,国内外的油气遥感勘探主要是基于TM图像提取烃类微渗漏信息。地物波谱研究表明,$2.2\mu m$附近的电磁波谱适宜鉴别岩石蚀变带,用TM影像检测有一定的效果。但TM图像相对较粗的光谱分辨率和并不覆盖全部需要的波段工作范围,影响其提取油气信息。20世纪90年代蓬勃发展的成像光谱遥感技术,因其具有很高的光谱分辨率和灵敏度,将在油气资源遥感勘探中发挥更大的作用。

利用遥感方法进行油气藏靶区预测的理论基础是:地下油气藏上方存在着烃类微渗漏,烃类微渗漏导致地表物质产生理化异常。主要的理化异常类型有土壤烃组分异常、红层褪色异常、黏土丰度异常、碳酸盐化异常、放射性异常、热惯量异常、地表植被异常等。油气藏烃类渗漏引起地表层物质的蚀变现象必然反映在该物质的波段特征异常上。大量室内、野外原油及土壤波谱测量表明:烃类物质在$1.725\mu m$、$1.760\mu m$、$2.310\mu m$和$2.360\mu m$等处存在一系列明显的特征吸收谷,而在$2.30\sim2.36\mu m$波段间以较强的双谷形态出现。遥感方法通过测量特定波段的波谱异常,可预测对应的地下油气藏靶区。

由于土壤中的一些矿物质(如碳酸盐矿物质)的吸收谷也在烃类吸收谷的范围,这给遥感探测烃类物质带来了困难。因此,要区分烃类物质的吸收谷必须实现窄波段遥感探测,即要求传感器具有高光谱分辨率的同时具有高灵敏度。

近年来发展的机载和卫星成像光谱仪是符合上述要求的新型成像传感器。例如,中科院上海技术物理所研制的机载成像光谱仪,通过细分光谱来提高遥感技术对地物目标分类和目标特性识别的能力。如可见光/近红外($0.64\sim1.1\mu m$)设置32个波段,光谱取样间隔为20mm;短波红外($1.4\sim2.4\mu m$)设置32个波段,光谱间隔为25mm;$8.20\sim12.5\mu m$热红外波段细分为7个波段。成像光谱仪的工作波段覆盖了烃类微渗漏引起地表物质"蚀变"异常的各个特征波谱带,是检测烃类微渗漏特征吸收谷的较为有效的传感器。通过利用成像光谱图像结合地面光谱分析及化探数据分析进行油气预测靶区圈定的试验,证明成像光谱仪是一种经济、快速、可靠性好的非地震油气勘探技术,将在油气资源勘探中发挥重要的作用。

8.6.7 在地质矿产勘查中的应用

遥感技术为地质研究和勘查提供了先进的手段,可为矿产资源调查提供重要依据和线索,对高寒、荒漠和热带雨林地区的地质工作提供有价值的资料。特别是卫星遥感,为大区域甚至全球范围的地质研究创造了有利条件。

遥感技术在地质调查中的应用,主要是利用遥感图像的色调、形状、阴影等标志,解译出地质体类型、地层、岩性、地质构造等信息,为区域地质填图提供必要的数据。

遥感技术在矿产资源调查中的应用,主要是根据矿床成因类型,结合地球物理特征,寻找成矿线索或缩小找矿范围,通过成矿条件的分析,提出矿产普查勘探的方向,指出矿区的发展前景。

在工程地质勘查中,遥感技术主要用于大型堤坝、厂矿及其他建筑工程选址、道路选线以及由地震或暴雨等造成的灾害性地质过程的预测等方面。例如,山西大同某电厂选址、京山铁路改线设计等,由于从遥感资料的分析中发现过去资料中没有反映的隐伏地质构造,通过改变厂址与选择合理的铁路线路,在确保工程质量与安全方面起了重要的作用。

在水文地质勘查中,则利用各种遥感资料(尤其是红外摄影、热红外扫描成像),查明区域水文地质条件、富水地貌部位、识别含水层及判断充水断层。如美国在夏威夷群岛,用红外遥感方法发现 200 多处地下水露点,解决了该岛所需淡水的水源问题。

近些年来,我国高等级公路建设如雨后春笋般进入了新的增长时期,如何快速有效地进行高等级公路工程地质勘查,是地质勘查面临的一个新问题。通过多条线路的工程地质和地质灾害遥感调查的研究表明,遥感技术完全可应用于公路工程地质勘查。

遥感工程地质勘查要解决的主要问题有:

(1) 岩性体特征分析。主要应查明岩性成分、结构构造、岩相、厚度及变化规律、岩体工程地质特征和风化特征,并应特别重视对软弱粘性土、胀缩粘土、湿陷性黄土、冻土、易液化饱和土等特殊性质土的调查。

(2) 灾害地质现象调查。即对崩塌、滑坡、泥石流、岩溶塌陷、煤田采空区的分布状况及沿路地带稳定性评价进行研究。

(3) 断层破碎带的分布及活动断层的活动性分析研究也是遥感工程地质勘查的研究内容。

8.6.8 在水文学和水资源研究中的应用

遥感技术既可观测水体本身的特征和变化,又能够对其周围的自然地理条件及人文活动的影响提供全面的信息,为深入研究自然环境和水文现象之间的相互关系,进而揭露水在自然界的运动变化规律,创造了有利条件。同时由于卫星遥感对自然界环境动态监测比常规方法更全面、仔细、精确,且能获得全球环境动态变化的大量数据与图像,这在研究区域性的水文过程,乃至全球的水文循环、水量平衡等重大水文课题中具有无比的优越性。因此,在陆地卫星图像广泛的实际应用中,水资源遥感已成为最引人注目的一个方面,遥感技术在水文学和水资源研究中发挥了巨大的作用。在美国陆地卫星图像应用中,水文学和水资源方面所得的收益首屈一指,其中减少洪水损失和改进灌溉这两项就占陆地卫星应用总收益的 41.3%。

遥感技术在水文学和水资源研究方面的应用主要有:水资源调查、水文情报预报和区域水文研究。

利用遥感技术不仅能确定地表江河、湖沼和冰雪的分布、面积、水量和水质,而且对勘测地下水资源也是十分有效的。在青藏高原地区,经对遥感图像解译分析,不仅对已有湖泊的面积、形状修正得更加准确,而且还新发现了 500 多个湖泊。

地表水资源的解译标志主要是色调和形态,一般来说,对可见光图像,水体混浊、浅水沙底、水面结冰和光线恰好反射入镜头时,其影像为浅灰色或白色;反之,水体较深或水体虽不深但水底为淤泥,则其影像色调较深。对彩红外图像来说,由于水体对近红外有很强的吸收作用,所以水体影像呈黑色,它和周围地物有着明显的界线。对多光谱图像来说,各波波图像上的水体色调是有差异的,这种色调差异也是解译水体的间接标志。利用遥感图像的色调和形态标志,可以很容易地解译出河流、沟渠、湖泊、水库、池塘等地表水资源。

埋藏在地表以下的土壤和岩石里的水称为地下水,它是一种重要资源。按照地下水的埋藏分布规律,利用遥感图像的直接和间接解译标志,可以有效地寻找地下水资源。一般来说,遥感图像所显示的古河床位置、基岩构造的裂隙及其复合部分、洪积扇的顶端及其边缘、自然植被生长状况好的地方均可找到地下水。

地下水露头、泉水的分布在 $8\sim14\mu m$ 的热红外图像上显示最为清晰。由于地下水和地表水之间存在温差,因此,利用热红外图像能够发现泉眼。

用多光谱卫星图像寻找地下浅层淡水及其分布规律也有一定的效果。例如,我国通过对卫星像片色调及形状特征的解译分析,发现惠东北地区植被特征与地下浅层淡水密切相关,而浅层淡水空间分布又与古河道密切相关,由此可较容易地圈出惠东北地区浅层淡水的分布。

水文情报的关键在于及时准确地获得各有关水文要素的动态信息。以往主要靠野外调查及有限的水文气象站点的定位观测,很难控制各要素的时空变化规律,在人烟稀少、自然环境恶劣的地区更难获取资料。而卫星遥感技术则能提供长期的动态监测情报。国外已利用遥感技术进行旱情预报、融雪经流预报和暴雨洪水预报等。遥感技术还可以准确确定产流区及其变化,监测洪水动向,调查洪水泛滥范围及受涝面积和受灾程度等。

在区域水文研究方面,国外已广泛利用遥感图像绘制流域下垫面分类图,以确定流域的各种形状参数、自然地理参数和洪水预报模型参数等。此外,通过对多种遥感图像的解译分析,还可进行区域水文分区、水资源开发利用规划、河流分类、水文气象站网的合理布设、代表流域的选择以及水文实验流域的外延等一系列区域水文方面的研究工作。

8.6.9 在海洋研究中的应用

海洋覆盖着地球表面积的71%,容纳了全球97%的水量,为人类提供了丰富的资源和广阔的活动空间。随着人口的增加和陆地非再生资源的大量消耗,开发利用海洋对人类生存与发展的意义日显重要。据统计,全世界海洋经济总产值到1985年为3500亿美元,如今已突破1万亿美元。

因为海洋对人类非常重要,所以,国内外多年来投入了大量的人力和物力,利用先进的科学技术以求全面而深入地认识和了解海洋,指导人们科学合理地开发海洋,改善环境质量,减少损失。常规的海洋观测手段时空尺度有局限性,因此不可能全面、深刻地认识海洋现象产生的原因,也不可能掌握洋盆尺度或全球大洋尺度的过程和变化规律。在过去的20年中,随着航天、海洋电子、计算机、遥感等科学技术的进步,产生了崭新的学科——卫星海洋学。它形成了从海洋状态波谱分级到海洋现象判读等一套完整的理论与方法。海洋卫星遥感与常规的海洋调查手段相比具有许多独特优点:第一,它不受地理位置、天气和人为条件的限制,可以覆盖地理位置偏远、环境条件恶劣的海区及由于政治原因不能直接去进行常规调查的海区。卫星遥感是全天时的,其中微波遥感是全天候的。第二,卫星遥感能提供大面积的海面图像,每个像幅的覆盖面积达上千平方千米。对海洋资源普查、大面积测绘制图及污染监测都极为有利。第三,卫星遥感能周期性地监视大洋环流、海面温度场的变化、鱼群的迁移、污染物的运移等。第四,卫星遥感获取海洋信息量非常大。以美国发射的海洋卫星(Seasat-1)为例,虽然它在轨有效运行时间只有105天,但它所获得的全球海面风向风速资料,相当于20世纪以前所有船舶观测资料的总和,星上的微波辐射计对全球大洋做了100多万次海面温度测量,相当于过去50年来常规方法测量的总和。第五,能进行同步观测风、流、污染、海气相互作用和能量收支平衡等。海洋现象必须在全球大洋同步观测,这只有通过海洋卫星遥感才能做到。

目前常用的海洋卫星遥感仪器主要有雷达散射计、雷达高度计、合成孔径雷达(SAR)、微波辐射计及可见光/红外辐射计、海洋水色扫描仪等。

此外,可见光/近红外波段中的多光谱扫描仪(MSS,TM)和海岸带水色扫描仪(CZCS)均为被动式传感器。它能测量海洋水色、悬浮泥沙、水质等,在海洋渔业、海洋环院污染调查与监测,海岸带开发及全球尺度海洋科学研究中均有较好的应用。

8.6.10 在环境监测中的应用

目前,环境污染已成为许多国家的突出问题,利用遥感技术可以快速、大面积监测水污染、大气污染和土地污染以及各种污染导致的破坏和影响。近些年来,我国利用航空遥感进行了多次环境监测的应用试验,对沈阳等多个城市的环境质量和污染程度进行了分析和评价,包括城市热岛、烟雾扩散、水源污染、绿色植物覆盖指数以及交通量等的监测,都取得了重要成果。国家海洋局组织的在渤海湾海面油溢航空遥感实验中,发现某国商船在大沽锚地违章排污事件,以及其他违章排污船 20 艘,并及时作了处理,在国内外产生了较大影响。

随着遥感技术在环境保护领域中的广泛应用,一门新的科学——环境遥感诞生了。环境遥感是利用遥感技术揭示环境条件变化、环境污染性质及污染物扩散规律的一门科学。环境条件如气温、湿度的改变和环境污染大多会引起地物波谱特征发生不同程度的变化,而地物波谱特征的差异正是遥感识别地物的最根本的依据。这就是环境遥感的基础。

从各种受污染植物、水体、土壤的光谱特性来看,受污染地物与正常地物的光谱反射特征差异都集中在可见光、红外波段,环境遥感主要通过摄影与扫描两种方式获得环境污染的遥感图像。摄影方式有黑白全色摄影、黑白红外摄影、天然彩色摄影和彩色红外摄影。其中以彩色红外摄影应用最为广泛,影像上污染区边界清晰,还能鉴别农作物或其他植物受污染后的长势优劣。这是因为受污染地物与正常地物在红外部分光谱反射率有较大的差异。扫描方式主要有多光谱扫描和红外扫描。多光谱扫描常用于观测水体污染;红外扫描能获得地物的热影像,用于大气和水体的热污染监测。

影响大气环境质量的主要因素是气溶胶含量和各种有害气体。对城市环境而言,城市热岛也是一种大气污染现象。

遥感技术可以有效地用于大气气溶胶监测、有害气体测定和城市热岛效应的监测与分析。

在江河湖海各种水体中,污染种类繁多。为了便于用遥感方法研究各种水污染,习惯上将其分为泥沙污染、石油污染、废水污染、热污染和富营养化等几种类型。对此,可以根据各种污染水体在遥感图像上的特征,对它们进行调查、分析和监测。

土地环境遥感包括两个方面的内容:一是指对生态环境受到破坏的监测,如沙漠化、盐碱化等;二是指对地面污染如垃圾堆放区、土壤受害等的监测。

遥感技术目前已在生态环境、土壤污染和垃圾堆与有害物质堆积区的监测中得到广泛应用。

8.6.11 在洪水灾害监测与评估中的应用

洪水灾害是一种骤发性的自然灾害,其发生大多具有一定的突然性,持续时间短,发生的地域易于辨识。但是，人们对洪水灾害的预防和控制则是一个长期的过程。从洪灾发生的过程看，人类对洪灾的反应可划分为以下四个阶段。

1. 洪水控制与洪水综合管理

通过"拦、蓄、排"等工程与非工程措施，改变或控制洪水的性质和流路使"水让人"；通过合理规划洪泛区土地利用，保证洪水流路的畅通，使"人让水"。这是一个长期的过程，也是区域防洪体系的基础。

2. 洪水监测、预报与预警

在洪水发生初期，通过地面的雨情及水情观测站网，了解洪水实时状况；借助于区域洪水预报模型，预测区域洪水发展趋势，并即时、准确地发出预警消息。这个过程视区域洪水特征而定，持续时间有长有短，一般为2~3天，有时更短，如黄河三花间洪水汇流时间仅有8~10小时。

3. 洪水灾情监测与防洪抢险

随着洪水水位的不断上涨，区域受灾面积不断扩大，灾情越来越严重。这时除了依靠常规观测站网外，还需利用航天、航空遥感技术，实现洪水灾情的宏观监测。在得到预警信息后，要及时组织抗洪队伍，疏散灾区居民，转移重要物资，保护重点地区。

4. 洪灾综合评估与减灾决策分析

洪灾过后，必须及时对区域的受灾状况作出准确的估算，为救灾物资投放提供信息和方案，辅助地方政府部门制订重建家园、恢复生产规划。

这四个阶段是相互联系、相互制约又而相互衔接的。若从时效和工作性质上看，这四个阶段的研究内容可归结为两个层次，即长期的区域综合治理与工程建设以及洪水灾害监测预报与评估。

遥感和地理信息系统相结合，可以直接应用于洪灾研究的各个阶段，实现洪水灾害的监测和灾情评估分析。

8.6.12 在地震灾害监测中的应用

地震的孕育和发生与活动构造密切相关。许多资料表明：多组主干断裂或群裂的复合部位，横跨断陷盆地或断陷盆地间有横向构造穿越的部位以及垂直差异运动和水平错动强烈的部位（如在山区表现为构造地貌对照性强烈，在山麓带表现为凹陷向隆起转变的急剧，在平原表现为水系演变的活跃）等，是多数破坏性强震发生的关键位置。例如我国1976年7月28日发的7.8级唐山大地震，就是在五组主干断裂交汇的构造背景上发生的。对于这一特定的构造背景，震前很少了解，而在卫星图像上却表现得十分清晰。因此，为了预报地震，特别要深入揭示和监测活动构造带中潜在的发生破坏性强震的特定的构造背景。

我国大陆受欧亚板块与印度板块的挤压，主应力为南北向压应力。同时，在地球自转（北半球）顺时针转动和大陆漂移、海底扩张、太平洋板块的俯冲作用的共同影响下，形成扭动剪切面，主要表现为我国大陆被分割成三个大的基本地块，即西域地块、西藏地块、华夏地块。各地块之间的接合部位，多为深大断裂带、缝合线或强烈褶皱带。这里是地壳薄弱地带，新构造运动及地震活动最为强烈。大量事实说明，任何破坏性强震都发生在特定的构造背景。对于我国这样一个多震的国家，利用卫星图像进行地震地质研究，尽快尽早地揭示出可能发生破坏性强震的地区及其构造背景，合理布置观测台站，有针对性地确定重点监视地区,是一项刻不容缓的任务。

地震前出现热异常早已被人们发现,它是用于地震预报监测的指标之一。但是,如何区分震前热异常一直是当代地震预报中的一个难题,因为在地面布设台站进行各项地震活动的地球化学和物理现象的观测,一是很难布设这么大的范围,二是瞬时变化很难捕捉到。卫星遥感技术的测量速度快,覆盖面积大,卫星红外波段所测各界面(地面、水面及云层面)的温度值高以及其多时相观测特性,使得用卫星遥感技术观测震前温度异常可以克服地面台站观测的缺点。

观察卫星热红外像片可知,在正常气象背景及地壳稳定状态下,地球表面温度具有其正常分布规律。当地壳受力在未发生大破裂之前,往往在震中区周围发生裂隙,变化极快,此时在土壤和岩层中会释放出二氧化碳、水蒸气、氢气、氮气和甲烷等气体。这种作用称为"地球放气"。当它们从地下溢出向空间扩散过程中,会吸收太阳辐射或受地应力加强作用、电磁场的激发作用而发射出红外辐射,从而使孕震区周围出现增温异常,这种增温异常在卫星热红外辐射仪图像上表现为光谱异常,称为热红外异常。它是遥感技术应用于地震监测的基础,但由于地震反演问题自身的复杂性,这种应用仍处于研究阶段。

此外遥感技术在现代战争中的应用也是不言而喻的。战前的侦察,敌方目标监测,军事地理信息系统的建立,战争中的实时指挥,武器的制导,数字化战场的仿真,战后的作业效果评估等都需要依赖高分辨率卫星影像和无人飞机侦察的图像。这里不再一一叙述。

可以肯定地讲,遥感的近代飞速发展,已经形成自身的科学和技术体系。

8.7 我国航天航空遥感的主要成就

8.7.1 我国的航天遥感系统

从20世纪70年代起,中国开始从事空间遥感的研究与应用,先后发射了几十颗返回式遥感卫星、地球同步静止卫星和极轨卫星,起初主要发射的是回收型对地照相卫星,使用的是以照相胶卷为信息载体的框幅式广角相机和全景相机。随后发展了CCD数字成像系统、红外扫描仪,并研制了包括成像光谱仪和多极化合成孔径雷达等在内的多种传感器,从20世纪90年代开始,已逐步转入发射长期运行服务的气象卫星和资源卫星,多用途的小卫星系列和海洋卫星。环境灾害卫星以及各种雷达卫星也已列入计划之内。

1. 风云1号(FY-1)、风云2号(FY-2)气象卫星

"风云1号"气象卫星是中国发射的第一颗极轨环境资源卫星,其主要任务是获取全球的昼夜云图资料及进行空间海洋水色遥感试验。卫星于1988年9月7日准确进入太阳同步轨道,高度901km,倾角99.1°,周期102.8分。1990年9月3日发射了风云1号的第二颗卫星FY-1-B。

高分辨率扫描辐射计是该卫星的主要探测仪器。它共有5个探测通道,能同时获取5个波段的目标影像资料。其光谱覆盖范围为$0.58\sim1.25\mu m$,波段宽$50\sim200mm$。其中1、2、5波段用于拍摄可见光和红外云图资料供天气预报之用。波段1和通道的测量数据可提供植被指数,区分云和雪。波段4和波段5用于海洋水色观测,获取中、高浓度海洋叶绿素的分布图。扫描辐射计的热红外探测通道,具有飞行中辐射响应校正能力,能定量测量目标

(如洋面、云顶等)的等效黑体温度。其图像数据还可用于监测积雪、海水、大面积的洪涝灾害等。

FY-1卫星实时资料的传输采用与美国 NOAA 卫星兼容的体制,有高分辨率图像传输(HRTP)和4km 分辨率的自动图像传输(APT)两种。FY-1卫星上装有磁带机,可以存储卫星在各地观测的资料,当卫星通过地面站时,将资料发送到地面接收系统。HRPT 和 APT 图像的像幅度均为3 235km,卫星每天绕地球14圈。可见光/近红外探测通道每天24小时覆盖全球1次,热红外通道覆盖周期为12小时。

"风云1号C"和"风云1号D"气象卫星于1999年5月和2001年5月发射成功,至今运转正常。其上的辐射计有10个通道。包括了 AVHRR 的所有通道,还增加了海洋水色等通道。利用星上载有的数字磁带机,可以获取全球定量资料。在第二代极轨气象卫星风云3号上,将计划载有多种大气探测和环境遥感仪器。主要目标是解决三维全天候定量大气探测和进一步提高全球资料获取能力。实现全球数值天气预报和气候变化预测以及对自然灾害和生态环境的监测。表8-9为FY-3的主要技术参数,图8-21为风云1号卫星及其图像。

表8-9　　　　　　　　　　　　**FY-3的主要技术参数**

传感器	技术参数
十波段扫描辐射计	1.1km,3 100km
大气探测红外分光计	26 波段,温度40km,水汽10km
微波辐射计	7频点,9通道,垂直温度分布20km
微波成像仪	6频点,12通道,测量降水,海面风
紫外臭氧探测仪	平流层臭氧垂直分布,臭氧总量
地球辐射收支仪	太阳常数仪,地球辐射探测仪
中分辨率成像光谱仪	20通道,250m,500m,1 000m,幅宽 3 100km

 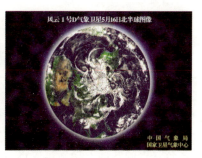

(a)风云1C/1DH卫星　　　　　　(b)风云1D卫星图像

图8-21　风云1号卫星及其图像

1997年6月10日,从我国西昌卫星发射中心,由长征3号运载火箭成功地将我国自己研制的第一颗"风云2号"静止气象卫星发射入轨,于6月17日成功地定点东径105°赤道上空。至此,中国拥有了第一颗自己的地球同步静止气象卫星。"风云2号"星载可见光和红外扫描仪辐射计利用自身从南到北的步动并借助于卫星自旋从西向东对地球扫描成像,每半小时或获取一幅约覆盖1/3地球的圆盘图。卫星观测的云图信号经地面接收,进行展宽配准处理后,并可根据需要对局部地区进行高时间分辨率观测,以实时监测灾害性天气。

2000年7月"风云2号"B静止卫星入轨后已发回清晰图像(见图8-22)。中国计划在今后10年内投资研制和发射10颗气象卫星,以大幅度提高对洪涝、干旱、台风、雪灾和沙尘暴等灾害性天气预测预报的水平。FY-4技术参数见表8-10。

(a)风云2号卫星　　　　　(b)风云2号卫星图像

图8-22　风云2号卫星及其图像

表8-10　　　　　　　　　　　**FY-4技术参数**

传感器	参　　数	
多通道成像辐射计(10个通道)	4个可见近红外通道	1km
	3个红外窗区通道	4km
	3个红外水汽通道	4km
大气垂直探测仪——傅里叶光谱仪	3.7～16mm,0.5～3cm	8km
闪电探测仪——快速响应CCD相机	777.4nm	10km

2. 资源卫星1号(CBERS)

中国资源卫星1号是中国在现有卫星技术基础上与巴西之间的国际合作项目,其目标是在互利和各负其责的基础上发展第三世界自己的空间技术。

资源卫星整体系统包括5个部分:星体、测控、数据接收和处理系统、运载工具、发射场。其中数据接收和处理系统以资源卫星发射为前提,扩展为中国资源卫星的应用系统。

中国资源卫星1号用中国长征4号火箭于1999年10月14日成功发射(见图8-23),这种火箭可将2000kg的载荷发射到750km高的轨道上。卫星上的有效载荷发射到750km高的轨道上。卫星上的有效载荷包括3台成像传感器,分别是广角成像仪(WFI)、高分辨率CCD相机(CCD)、红外多光谱扫描仪(IR-MSS)。其中,WFI是巴西研制的产品。

图 8-23 中国资源卫星 1 号成功发射

中国资源卫星 1 号集 4 种功能于一体：高分辨率 CCD 相机具有与 Landsat 卫星的 TM 几个类似的波段，且空间分辨率高于 TM，CCD 相机具有侧视立体观测功能，这与 SPOT 相似；WF1 的空间分辨率为 256m，IR-MSS 可达 78m 和 156m，CCD 为 19.5m；3 种成像传感器组成从可见光、近红外到热红外整个波谱或覆盖观测地区的组合能力。可见，中国资源卫星 1 号具有自己特色的资源卫星系统。

图 8-24 为中巴资源卫星获取的空间分辨率 19.5m 武汉市假彩色合成卫片。

图 8-24 中巴资源卫星获取的武汉市假彩色合成卫片

中巴两国政府已决定,再次合作研究新一代地球资源卫星,并努力提高空间分辨率和可靠性,形成系列卫星。表 8-11 为计划中的 CBERS-3/4 卫星的设计参数。

表 8-11　　　　　　　　　　计划中的 CBERS-3/4 卫星的设计参数

遥感器类型	多光谱 CCD 相机	红外多光谱扫描仪	高分辨率全色 CCD 相机	广角相机
波段/μm	B1:0.45～0.52 B2:0.52～0.59 B3:0.62～0.69 B4:0.77～0.89	B1:0.5～0.9 或 0.8～1.1 （可指令选择） B2:1.55～1.75 B3:2.08～2.35 B4:10.4～12.5	0.50～0.90	B1:0.63～0.69 B2:0.77～0.89
覆盖宽度	110 km	120 km	60 km	890 km
空间分辨率	10 m	40 m（可见近红外） 80 m（热红外）	3～5 m	258 m
侧视	±26°		±26°	
数据率(Mbits/s)	53.4	7.278	53.3	1.1
重量(kg)	<80	<130	<130	
研制负责	中国空间技术研究院		巴西空间技术研究院	

3. 中国的海洋卫星 HY-1

我国第一颗海洋卫星 HY-1 于 2001 年与气象卫星 FY-1D 采用一前双星成功发射上天,该卫星装有 10 个波段水色水温扫描仪和 4 波段 CCD 成像仪,质量仅为 367kg,轨道高度在 798～870km 之间。海洋水色仪器地面分辨率为 1.1km,扫描幅宽为 1 600km,表 8-12 为该仪器的探测波及其应用对象,图 8-25 为 HY-1 水色扫描仪三通道合成图。

表 8-12　　　　　　　　　　HY-1 探测波及其应用对象

波段/μm	测量条件*	S/N	应用对象
0.402～0.422	9.10	349	黄色物质、水体污染
0.433～0.453	8.41	472	叶绿素吸收
0.480～0.500	6.56	467	叶绿素、海水光学、海冰、污染、浅海地形
0.510～0.530	5.46	448	叶绿素、水深、污染、低含量泥沙
0.555～0.575	4.57	417	叶绿素、低含量泥沙
0.660～0.680	2.46	309	荧光峰、高含量泥沙、大气校正、污染、气溶胶
0.730～0.770	1.61	319	大气校正、高含量泥沙
0.845～0.885	1.09	327	大气校正、水汽总量
10.30～11.40	0.20 K(300 K 时)		水温、测冰（实际 0.1 K）
11.40～12.50	0.20 K(300 K 时)		水温、测冰（实际 0.1 K）

(a)菲律宾吕宋岛东北海域　　　　　(b)印尼苏拉威西北部海域

图 8-25　HY-1 水色扫描仪三通道合成图

我国 2007 年发射的 HY-1B 海洋卫星,其图像质量和性能大大提高,并采用了 DORIS 为之精确定轨。

4. 神舟载人飞船上的遥感有效载荷

神舟载人飞船计划从 1992 年 1 月提出后,已发射了 6 颗载人飞船,并于 2003、2005 年成功地完成载人飞行。利用神舟飞船留轨舱,我国做了一系列与卫星遥感有关的试验。其中值得一提的是"神舟三号"飞船上的中分辨率成像光谱仪试验,表 8-13 为该飞船上我国中分辨率成像光谱仪的主要技术指标,图 8-26 该传感器获取的是美国加州森林火灾的照片。

表 8-13　"神舟三号"飞船上中分辨率成像光谱仪的主要技术指标

	可见近红外	短波红外		热红外
探测波段/μm	0.403～0.803 0.843～1.028	2.15～2.25	8.4～8.9	10.3～11.3 11.5～12.5
波段数	20+10	1	1	2
光谱带宽	20 nm	0.1 μm	0.5 μm	1 μm
信噪比	≥250	≥200	≤0.4	≤0.3
地面分辨率	500 m			
扫描角	±44°(±400 km)			
数据率	7.2 Mbps			

图 8-26　"神舟三号"飞船上中分辨率成像光谱仪获取的美国加州森林火灾图像

5. 中国的环境灾害监测卫星计划

为了更好地监测我国的环境与灾害,我国已计划发射 4 颗光学卫星和 4 颗雷达卫星组成的小卫星群,在 4 颗光学卫星上装 2 台多光谱 CCD 相机(空间分辨率为 30m),1 台红外相机(150/300m 分辨率)和 1 台 128 波段超光谱成像仪。(100m 空间分辨率,幅度 50km,侧摆达±30°)。在 4 颗雷达小卫星上主要装设地面分辨率为 20m,幅宽 350km 的 S 波段合成孔径雷达。该小卫星系统能保证每天覆盖地球一次,以保证环境监测和灾害防治的需求。该计划的第一步是在 2008 年前先发射 2 颗光学卫星和 1 颗雷达卫星。

8.7.2 我国的航空遥感技术

我国一直主要引进国外的仪器开展大量的航空测量与遥感作业。实施 863 计划自 1986 年以来,中国发展了两套重要的机载遥感系统,即高空机载遥感系统和洪水监测遥感系统。前者是中国科学院引进的两套螺旋浆——II 型飞机为平台的遥感系统。该机最高航速为 760km/h,最大航高为 1 300m,航程为 3 300km,装备有 LTN-72 型惯性导航系统。一架主要用于装备可见光及红外遥感仪器,另一架则用于装备微波遥感仪器。洪水监测遥感系统,以水利部牵头,是一套面、星、地一体化的实时、全天候、准实时监测洪水险情的航空遥感信息系统。在洪水灾害发生时,机载 SAR 可实时获取灾害图像并通过发射天线传到我国的卫星上,设在北京的卫星地面站可实时接收到这种图像并传送给有关部门使用。近年来,我国引进了 DMC、UCD、ADS-40 和 LiDAR 等数字航空摄影与遥感系统,也自制成 SWDC-4 等数字航空摄影系统。中国科学院在研制机载成像光谱仪多通道、多极化合成孔径雷达方面也取得较好的成果。

在航空遥感图像几何处理方面,中国在过去 30 年积极地开始了全数字化摄影测量的研究,并研制成功 Virtuozo、JX-4 等型号 DPW 数字摄影测量工作站和新一代数字摄影测量网格 DPGrid,可从有立体重叠的影像对中自动提取 DEM 和生成数字正射影像。遥感图像处理系统的研制起步较晚,现已形成像 Geoimager、Photomapper 等由国家科技部推荐的软件产品。GPS 空中三角测量的应用,可在施测困难地面进行无地面控制点的 1∶5 万航测成图。在过去二十多年中,各研究和应用单位根据自身需要,对卫星传感器的光谱测定、系统检核与验证、图像处理、分析、影像融合、目标提取诸方面的研究,有力地支持了遥感在资源调查、环境保护、土地利用、灾害监测等方面的应用。

8.8 遥感对地观测的发展前景

进入 21 世纪,遥感科学技术会有什么样的发展呢?可以肯定地说,21 世纪将是全球争夺制天权的世纪,各类遥感卫星将与各类卫星导航定位系统、通信卫星、中继卫星等构成太空多姿多彩的群星争艳局面,从而实现对太阳系和整个宇宙空间的自动观测。就遥感对地观测而言,可以归纳出以下的七大发展趋势。

8.8.1 航空航天遥感传感器数据获取技术趋向三多和三高

三多是指多平台、多传感器、多角度,三高则指高空间分辨率、高光谱分辨率和高时相分辨率。从空中和太空观测地球获取影像是 20 世纪的重大成果之一。在短短几十年中,遥感数据获取手段取得飞速发展。遥感平台有地球同步轨道卫星(35 000km 高度),太阳同步卫星(600~1 000km 高度),太空飞船(200~300km 高度),航天飞机(240~350km 高度),探空火箭(200~1 000km 高度),平流层飞艇(20~100km 高度),高、中、低空飞机、升空气球、无人机等。传感器有框架式光学相机,缝隙、全景相机、光机扫描仪,光电扫描仪,CCD 线阵、面阵扫描仪,微波散射计雷达测高仪,激光扫描仪和合成孔径雷达等,它们几乎覆盖了可透过大气窗口的所有电磁波段。三行 CCD 阵列可同时得到三个角度的扫描成像,EOS Terra 卫星上的 MISR 可同时从 9 个角度对地观测成像。

短短几十年中遥感数据获取手段发展飞快。卫星遥感的空间分辨率从 IKOMOS II 的 1m,进一步提高到 QuickBird 的 0.62m。高光谱分辨率已达到 5~6nm,500~600 个波段,在轨的美国 EO-1 高光谱遥感卫星,具有 220 个波段,EOS AM-1(Terra) 和 EOS PM-1(Aqua) 卫星上的 MODIS 具有 36 个波段的中等分辨率成像光谱仪。时间分辨率的提高主要依赖于小卫星星座以及传感器的大角度倾斜可以以 1~3 天的周期获得感兴趣地区的遥感影像。由于具有全天候全天时的特点,以及用 INSAR 和 D-INSAR,特别是双天线 IN-SAR 进行高精度三维地形及其变化测定的可能性,SAR 雷达卫星为全世界各国普遍关注。例如美国宇航局的长远计划是发射一系列短波 SAR,实现干涉重访间隔为 8 天、3 天和 1 天,空间分辨率分别为 20m、5m 和 2m。我国在机载和星载 SAR 传感器及其应用研究方面正在形成体系。2000~2020 年间,我国将全方位推进遥感数据获取的手段,形成自主的高分辨率资源卫星、雷达卫星、测图卫星和对环境与灾害进行实时监测的小卫星群。

8.8.2 航空航天遥感对地定位趋向于不依赖地面控制

确定影像目标的实地位置(三维坐标),解决影像目标在哪儿(Where),这是摄影测量与遥感的主要任务之一。在原先已成功用于生产的全自动化 GPS 空中三角测量的基础上,利用 DGPS 和 INS 惯性导航系统的组成,可形成航空/航天影像传感器的位置与姿态自动测量和稳定装置(POS),从而可实现定点摄影成像和无地面控制的高精度对地直接定位。在航空摄影条件下精度可达到分米级,在卫星遥感条件下,精度可达到米级。该技术的推广应用,将改变目前摄影测量和遥感的作业流程,从而实现实时测图和实时数据库更新。若与高精度激光扫描仪集成,可实现实时三维测量(Lidar),自动生成数字表面模型(DSM),并推算数字高程模型(DEM)。

美国 NASA 在 1994 年和 1997 年两次将航天激光测高仪(SLA)装在航天飞机上,企图建立基于 SLA 的全球控制点数据库。激光点大小为 100m,间隔为 750m,每秒 10 个脉冲。随后又提出了地学激光测高系统(GLAS)计划,已于 2002 年 12 月 19 日将该卫星 IICESat(Cloud and land Elevation Satellite)发射上天。该卫星装有激光测距系统、GPS 接收机和恒跟踪姿态测定。GLAS 发射近红外光(1064nm)和可见绿光(532nm)的短脉冲(4ns)。激光脉冲频率为 40 次/s,激光点大小实地为 70m,间隔为 170m,其高程精度要明显高于 SRTM,可望达到米级。下一步的计划是要在 2015 年之前使星载 LIDAR 的激光测高精度达到分米和厘米级。

法国 DORIS 系统利用设在全球的 54 个站点,向卫星发射信号,通过测定多普勒频移,以精确解求卫星的空间坐标,具有极高的精度。测定距地球 1300km 的 Topex/Poseidon 卫星高度,精度达到±3cm。用来测定 SPOT4 卫星的轨道,三个坐标方向达到±5m 精度,对于 SPOT5 和 Envisat 可达到±1m 精度。若忽略 SPOT5 传感器的角元素，直接进行无地面控制的正射像片制作，精度可达到±15m,完全可以满足国家安全和西部开发的需求。

8.8.3 摄影测量与遥感数据的计算机处理更趋自动化和智能化

从影像数据中自动提取地物目标,解决它的属性和语义(What)是摄影测量与遥感的另一大任务。在已取得影像匹配成果的基础上,影像目标的自动识别技术主要集中在影像融合技术,基于统计和基于结构的目标识别与分类,处理的对象既包括高分辨率影像,也更加注意高光谱影像。随着遥感数据量的增大,数据融合和信息融合技术日渐成熟。压缩倍率高、速度快的影像数据压缩方法也已商业化。我国的学者在这些方面都取得不少可喜的成果。

8.8.4 利用多时相影像数据自动发现地表覆盖的变化趋向实时化

利用遥感影像,自动进行变化监测关系到我国的经济建设和国防建设过去人工方法投入大,周期长。随着各类空间数据库的建立和大量的影像数据源的出现,实时自动化检测已成为研究的一个热点。

自动变化检测研究包括利用新旧影像(DOM)的对比,新影像与旧数字地图(DLG)的对比来自动发现变化的更新数据库。目前的变化检测是先将新影像与旧影像(或数字地图)进行配准,然后再提取变化目标,这在精度、速度与自动化处理方面都有不足之处。我们提出把配准与变化检测同步整体处理。最理想的方法是将影像目标三维重建与变化检测一起进行,实现三维变化检测和自动更新。

8.8.5 航空与航天遥感在构建"数字地球"和"数字中国"中正在发挥愈来愈大的作用

"数字地球"概念是在全球信息处理化浪潮推进下形成的。1999 年 12 月在北京成功地召开了第一届国际数字地球大会后,我国正积极推进"数字中国"和"数字省市"的建设,2001年国家测绘局完成了构建"数字中国"地理空间基础框架的总体战略研究。在已完成 1∶100万和 1∶25 万全国空间数据库的基础上,2001 年全国各省市测绘局开始 1∶5 万空间数据库的建库工作。在这个数据量达 11TB 的巨型数据库中,摄影测量与遥感将用来建设 DOM(数字正射影像)、DEM(数字高程模型)和 DLG(数字线画图)和 CP(控制点影像数据库)。如果建立全国 1m 分辨率影像数据库,其数据量将达到 60TB。如果整个"数字地球"均达到1m 分辨率,其数据量之大可想而知。本世纪内可望建成这一分辨率的数字地球。

"数字文化遗产"是目前联合网和许多国家关心的一个问题,涉及近景成像、计算机视觉和虚拟现实技术。在近景成像和近景三维量测方面,有室内各种三维激光扫描与成像仪器,还可以直接由视频摄像机的系列图像获取目标场三维重建信息。它们所获取的数据经过计算机自动处理,可以在虚拟现实技术支持下构成文化遗迹的三维仿真,而且可以按照时间序列,可将历史文化在时间隧道中再现,对文化遗产保护、复原与研究具有重要意义。

8.8.6 全定量化遥感方法走向实用

从遥感科学的本质讲,通过对地球表层(包括岩石圈、水圈、大气圈和生物圈四大圈层)的遥感,其目的是获得有关地物目标的几何与物理特性,所以需要有全定量化遥感方法进行反演。几何方程是显式表示的数学方程,而物理方程一直是隐式的。目前的遥感解译与目标识别并没有通过物理方程反演,而是采用了基于灰度或加上一定知识的统计的、结构的、纹理的影像分析方法。但随着对成像机理、地物波谱反射特征、大气模型、气溶胶的研究深入和数据积累,多角度、多传感器、高光谱及雷达卫星遥感技术的成熟,相信在 21 世纪,顾及几何与物理方程式的全定量化遥感方法将逐步由理论研究走向实用化,遥感基础理论研究将迈步上新的台阶。只有实现了遥感定量化,才可能真正实现自动化和实时化。

8.8.7 遥感传感器网络与全球信息网络走向集成

随着遥感的定量化、自动化和实时化,未来的遥感传感器将集数据获取、数据处理与信息提取于一身,而成为智能传感器(Smart Sensor)。各类智能传感器相互集成将成遥感传感器网络,而且这个网络将与全球信息网格(GIG)相互集成与融洽,在 GGG 大全格的(Great Global Grid)的环境下,充分利用网格计算的资源,实时回答何时何地何种目标发生了何种变化(4W)。遥感将不再局限于提供原始数据,而是直接提供信息与服务。

思 考 题

1. 什么是遥感?如何根据遥感传感器、平台和应用的范围进行遥感分类?
2. 什么是遥感数据的空间分辨率、时间分辨率和光谱分辨率?
3. 简要叙述遥感信息传输的流程和遥感图像数据处理的流程。
4. 举例说明遥感技术在各行各业中的应用。阐述遥感技术在国家经济建设、国防安全以及和谐社会建设中的作用。
5. 展望遥感对地观测的发展前景,你愿意为我国的遥感未来发展做什么样的贡献?

参 考 文 献

[1] 陈述彭主编. 地球系统科学(中国进展·世纪·展望). 北京:中国科学技术出版社,1998.
[2] 李德仁,周月琴,金为铣. 摄影测理与遥感概论. 北京:测绘出版社,2001.
[3] 李德仁,李清泉. 地球空间信息学与数字地球. 地球科学进展,1999,14(6):535~540.
[4] 李德仁,周月琴. 空间测图:现状与未来. 测绘通报,2000(1).
[5] 徐冠华等主编. 遥感在中国. 北京:测绘出版社,1996.
[6] 李德仁. 论 21 世纪遥感与 GIS 的发展. 武汉大学学报(信息科学版),2003,28(2).
[7] Ferretti A,Prati C,Rocca F. Recent Advances in In-SAR with ERS. Proceedings of 27th International Symposium on Remote Sensing of Environment. June 8-12,1998, Tromso,Norway. 800-803.
[8] Gabriel A K, Goldstsein R M. Crossed orbit interferometry. Theory and experiments results from SIR-B. International Journal of Remote Sensig,1994(B7):9188-9191.
[9] Goldstein R M,Zebker H A, Werner C L. Satellite radar Interferometry. Two-di-

mensional phase unwrap-ping. Radio Science,1998.

[10]　Hartl Ph, Wu X. SAR interferometry. Experiences with various phase unwrapping methods[A]. Proceedings of the second ERS-1 symposium. Hamburg, Germany, 1993,717-723.

[11]　Lin Q, Veseeky J F, Zebker H A. New approaches in interferometric SAR data processing. IEEE Transanction on Geoscience and Remote sensing, 1992,30:560-567.

[12]　Massonnet D, Rahaute T. Radar Interferometry. Limits and Potential. IEEE Transaction on Geoscience and Remote sensing 1993,31(2):455-464.

[13]　Li Deren, et al. Principle and application of Satellite INSAR. Science of Surveying and Mapping. 2000,25(1):9-12(in Chinese).

第 9 章 地理信息系统

为了帮助理解地理信息系统（Geographical Information System，简称 GIS）的用途，我们首先以城市规划与建设为例，介绍 GIS 在城市规划和管理中的地位与作用。我国在进行大规模城市建设，要对城市建设做出合理的规划，需要在城市规划部门建立城市规划管理信息系统。城市规划管理信息系统必须基于 GIS 平台，处理与管理来自测绘遥感等技术手段获取的城市用地现状数据，在此基础上，根据城市建设发展需要，在 GIS 平台的信息系统中直接规划城市的发展蓝图，如制定城市的总体规划、小区规划等。如图 9-1 所示是北京市四环附近某小区的规划，其中图 9-1(a)是该区段内城市建设的现状，图 9-1(b)是该区段内城市建设的未来规划。

(a)区段内城市建设的现状　　　　　　　　(b)区段内城市建设的未来规划

图 9-1　北京市四环附近某小区的规划

城市规划管理信息系统的另一个方面是对城市规划的目标信息进行管理。某一建设单位提出申请建设项目，首先要到城市规划管理部门进行报批。城市规划管理部门要对该项目进行审查，包括是否符合城市总体规划，设计的建筑结构、风格、建筑密度等指标是否合理。项目获批后，规划管理部门要建立建设项目的档案，并对项目的建设过程进行全程跟踪，看是否有违规行为。这些工作都需要建立城市规划管理信息系统，必须有 GIS 技术的支持。

地理信息系统的用途非常广泛，凡是与地理空间位置相关的领域，如交通、水利、农业、林业、国土、资源、环境、电力、电信、测绘、军事等部门都需要应用地理信息系统。

9.1 地理信息系统的概念

9.1.1 地理现象及其抽象表达

地球是我们人类赖以生存的共同家园,地球表层是人类和各种生物的主要活动空间。地球表层表现出来的各种各样的地理现象代表了现实世界。如图 9-2 所示是地球表面模型,它包含了海洋、陆地、山峰、江河、城市、乡村等各种地理现象。将各种地理现象进行抽象和信息编码,就形成了各种地理信息,亦称空间信息或地理空间信息。由于地理现象千姿百态,所以地理信息也复杂多样。总体上,地理信息可以归结为:自然环境信息和社会经济信息两大方面,并且都与地理空间位置相关。图 9-3 所示地理信息总体分类中显示了地理信息的基本构成及其相互关系。地理信息系统即是人们通过对各种地理现象的观察、抽象、综合取舍,得到实体目标,然后对实体目标进行定义、编码、结构化和模型化,形成易于用计算机表达的空间对象,以数据形式存入计算机内。图 9-4 表示了从地理现象到抽象表达的过程。

图 9-2 地球表面模型

人们首先对地理现象进行观察,如野外观察,这种地理现象可能是现实世界的直接表象,也可能通过航空摄影和遥感影像记录的"虚拟现实世界"进行观察。然后人们对它进行分析、归类、抽象与综合取舍。如图 9-1 所示,从航空影像上,我们可以通过判读抽象出机场、

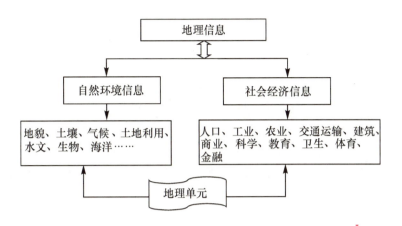

图 9-3　地理信息总体分类

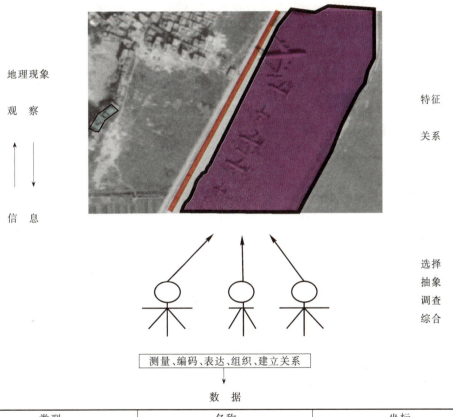

图 9-4　地理现象的抽象表达

道路、建筑物等空间对象。又通过调查可以知道机场为天河机场，道路为机场路，大楼为阳光大厦等表示空间对象属性特征的描述信息（称属性数据）。从而形成既有表示空间几何特性的几何坐标等信息，又有表示非空间特性的属性信息的完整描述的空间对象。对于同一地区的地理现象，由于人们对事物的兴趣点不同，观察视点和尺度不同，分析和取舍的结果也不尽相同。例如一栋建筑物，在小比例尺的 GIS 中可能被忽略，与整个城市一起作为一个点对象，而在大比例尺的 GIS 中则作为一个建筑物描述，在计算机中表现为一个面对象。在分析、归类和抽象过程中为了便于计算机表达，人们总是把它分成几种几何类型，如点、线、面、体空间对象，再根据它的属性特征赋以它的分类编码。最后再根据一定的数据模型进行组织和存储。在抽象观察和描述地理现象时，人们通常将空间对象划分为四种几何类型。

1. 呈点状分布的地理现象

呈点状分布的现象有水井、乡村居民地、交通枢纽、车站、工厂、学校、医院、机关、火山口、山峰、隘口、基地等。这种点状地物和地形特征部位，其实不能说它们全部都是分布在一个点位上，其中可区分出单个点位、集中连片和分散状态等不同状况。如果我们从较大的空间规模上来观测这些地物，就能把它们都归结为呈点状分布的地理现象。为此我们就能用一个点位的坐标（平面坐标或地理坐标）来表示其空间位置。而它们的属性可以有多个描述，不受限制。需要说明的是：如果我们从较小的空间尺度上来观察这些地理现象，或者说观察它们在实地上的真实状态，它们中的大多数对象将可以用线状或面状特征来描述。例如，作为一个点在小比例尺图上描述的一个城市在大比例尺地图上则需要用面来表示，甚至用一张地图表示城市道路和各种建筑物，此时，它们的空间位置数据将包括许多线状地物和面状地物。

2. 呈线状分布的地理现象

呈线状分布的地理现象有河流、海岸、铁路、公路、地下管网、行政边界等，它们也有单线、双线和网状之分。在实际地面上，水面、路面都可能是狭长的线状目标或区域的面状目标，因此，命名是线状分布的地理现象，它们的空间位置数据可以是一线状坐标串也可以是一封闭坐标串。

3. 呈面状分布的地理现象

呈面状分布的地理现象有土壤、耕地、森林、草原、沙漠等，它们具有大范围连续分布的特征。有些面状分布现象有确切的边界，如建筑物、水塘等；有些现象的分布范围从宏观上观察好像具有一条确切的边界，但是在实地上并没有明显的边界，如土壤类型的边界，只能由专家研究提供的结果来确定。显然，描述面状特征的空间数据一定是封闭坐标串。通常，面状地物也称为多边形。

4. 呈体状分布的地理现象

有许多地理现象从三维观测的角度，可以归结为体，如云、水体、矿体、地铁站、高层建筑等。它们除了平面大小以外，还有厚度或高度，目前由于对于三维的地理空间目标研究不够，又缺少实用的商品化系统进行处理和管理，人们通常将一些三维现象处理成二维对象进行研究。

图 9-5 所示为对各种地理现象进行了抽象编码，由点、线、面表达，并由计算机输出的山峰、道路、河流、湖泊、农田等各种地理空间对象。

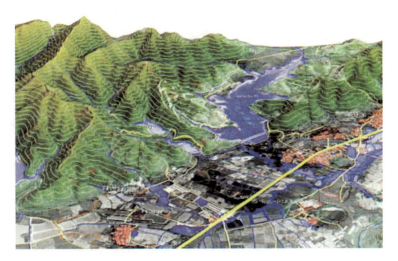

图 9-5　抽象表达的地理空间对象

地理信息系统除了表示地表面的目标以外,还有地下和地表上空的目标也需要处理和表达,其空间对象包括点、线、面、体等多种目标。图 9-6 所示为某城市一街道的地面和地下管网切面图,它表现了非常复杂的空间目标分布,需要进行精心的抽象,才能使它们在计算机中得到有效表达和管理。

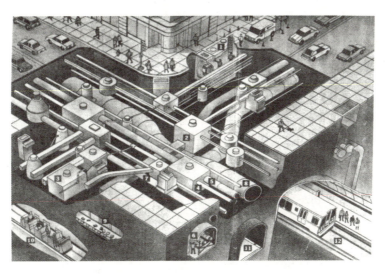

图 9-6　某城市的地下管网

9.1.2　地理信息系统的含义

地理信息系统(Geographical Information System,GIS)是一种以采集、存储、管理、分析和描述整个或部分地球表面(包括大气层在内)与空间和地理分布有关的数据的信息系统。它主要涉及测绘学、地理学、遥感科学与技术、计算机科学与技术等。特别是计算机制图、数据库管理、摄影测量与遥感和计量地理学形成了 GIS 的理论和技术基础。计算机制图偏重于图形处理与地图输出;数据库管理系统主要实现对图形和属性数据的存储、管理和查询检索;摄影测量与遥感技术是对遥感图像进行处理和分析以提取专题信息的技术;计量地理学主要利用 GIS 进行地理建模和地理分析。

9.1.3 地理空间对象的计算机表达

地理信息系统的核心技术是如何利用计算机表达和管理地理空间对象及其特征。空间对象特征包含了空间特征和属性特征。空间特征又分为空间位置和拓扑关系。空间位置通常用坐标表示。拓扑关系是指空间对象相互之间的关联及邻近等关系。空间拓扑关系在GIS 中具有重要意义。空间对象的计算机表达即是用数据结构和数据模型表达空间对象的空间位置、拓扑关系和属性信息。空间对象的计算机表达有两种主要形式:一种是基于矢量的表达,另一种是基于栅格的表达。

矢量形式最适合空间对象的计算机表达。在现实世界中,抽象的线画通常用坐标串表示,坐标串即是一种矢量形式。如图 9-7 所示是由地理现象抽象出来的点、线、面空间对象。在地理信息系统中,每个点、线、面空间对象直接跟随它的空间坐标以及属性,每个对象作为一条记录存储在空间数据库中。空间拓扑关系可能另用表格记录。

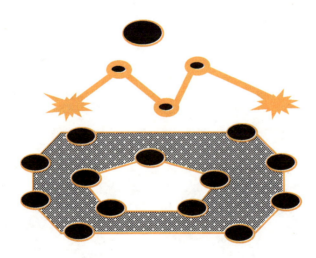

图 9-7 由地理现象抽象出来的点、线、面空间对象

空间对象矢量表达的基本形式如下:
点目标:[目标标识,地物编码,(x,y),用途……]
线目标:[目标标识,地物编码,$(x_1,y_1),(x_2,y_2),\cdots,(x_n,y_n)$,长度……]
面目标:[目标标识,地物编码,$(x_1,y_1),(x_2,y_2),\cdots,(x_n,y_n)$,周长,面积……]

栅格数据结构是利用规则格网划分地理空间,形成地理覆盖层。每个空间对象根据地理位置映射到相应的地理格网中,每个格网记录所包含的空间对象的标识或类型。如图9-8所示是空间对象的栅格表达,多边形 A、B、C、D、G 等所包含区域对应的格网分别赋予了"A"、"B"、"C"、"D"、"G"的值。在计算机中用矩阵表示每个格网的值。

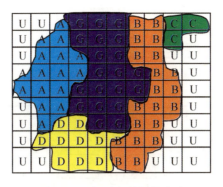

图 9-8 空间对象的栅格表达

矢量数据结构和栅格数据结构各有优缺点。矢量数据结构精度高但数据处理复杂,栅格数据精度低但空间分析方便。至于采用哪一种数据结构,要视地理信息系统的内部数据结构和地理信息系统的用途而定。

9.2 地理信息系统的硬件构成

地理信息系统包括硬件、软件、数据和系统使用者,如图 9-9 所示。

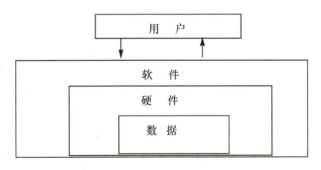

图 9-9 地理信息系统的总体构成

地理信息系统的硬件配置根据经费条件、应用目的、规模以及地域分布可以有单机模式、局域网模式和广域网模式。下面分别予以介绍。

9.2.1 单机模式

对于 GIS 个别应用或小项目的应用,可以采用单机模式,一台主机附带配置几种输入输出设备,如图 9-10 所示。

图 9-10 所示的硬件即可用来进行地理信息系统应用。计算机主机内包含了计算机的中央处理机(CPU)、内存(RAM)、软盘驱动器、硬盘以及 CD-ROM 等。显示器用来显示图形和属性及系统菜单等,可进行人机交互。键盘和鼠标用于输入命令、注记、属性、选择菜单或进行图表编辑。数字化仪用来进行图形数字化,绘图仪用于输出图形,磁带机主要用来存储数据和程序。有了 CD-ROM 以后,磁带机的用处已越来越小。

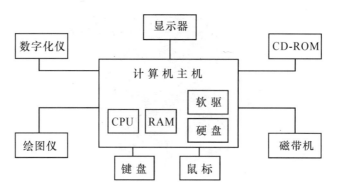

图 9-10 单机模式的硬件配置

9.2.2 局域网模式

单机模式只能进行一些小的 GIS 应用项目。由于 GIS 数据量大,使用磁带机或 CD-ROM 传送数据太麻烦。所以一般的 GIS 应用工程都需要联网,以便于数据和硬软件资源共享。局域网模式是当前我国 GIS 应用中最为普遍的模式。一个部门或一个单位若在一座大楼之内,可将若干计算机连接成一个局域网络,联网的每台计算机与服务器之间,或与计算机之间,或与外设之间可进行相互通信。这种基于局域网的配置见图 9-11。

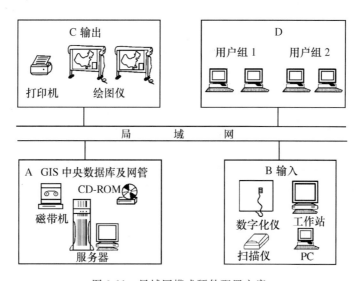

图 9-11 局域网模式硬件配置方案

9.2.3 广域网模式

如果 GIS 的用户地域分布较广,用户之间不能用局域网的专线进行连接,就需要借用公共通信网络。使用远程通信光缆、普通电话线或卫星信道进行数据传输,就需要将 GIS 的硬件环境设计成广域网模式。

在广域网中,每个局部范围仍然设计成如图 9-11 所示的局域网配置模式。除此之外,再设计若干条通道与广域网连接,如图 9-12 所示。有关计算机及网络设备的内容,在今后的课程中会有详细的介绍。

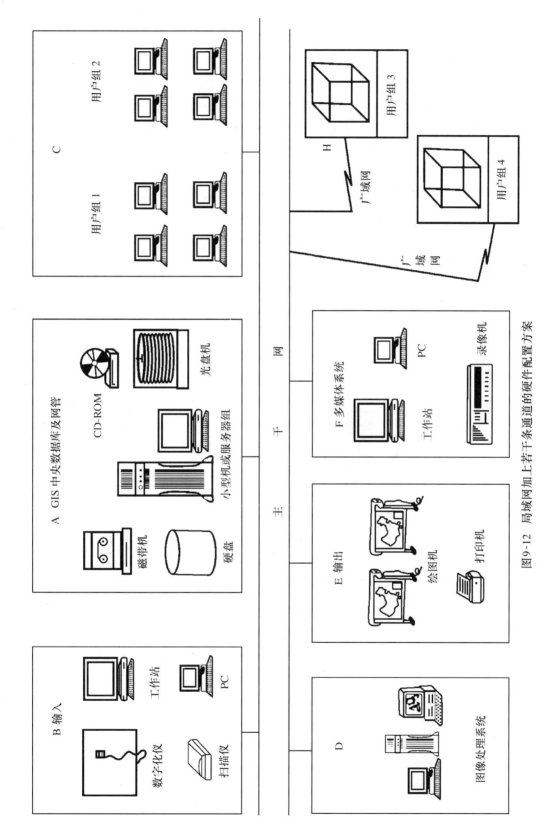

图9-12 局域网加上若干条通道的硬件配置方案

9.2.4 输入设备

1. 数字化仪

数字化仪是 GIS 图形数据输入的基本设备之一,使用方便,过去得到普遍应用,现在基本上被扫描仪代替。电子式坐标数字化仪利用电磁感应原理,在台板的 X、Y 方向上有许多平行的印刷线,每隔 $200\mu m$ 一条,游标中装有一个线圈。当线圈中通有交流信号时,十字丝的中心便产生一个电磁场。当游标在台板上运动时,台板下的印刷线上就会产生感应电流。印刷板周围的多路开关等线路可以检测出最大的信号位置,即十字丝中心所在的位置,从而得到该点的坐标值。数字化仪的外形如图 9-13 所示。

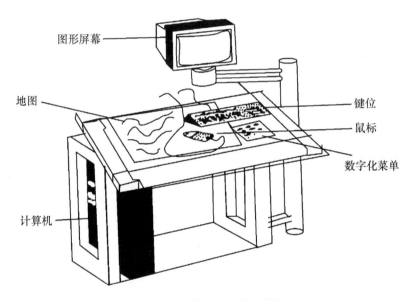

图 9-13 数字化工作站示意图

2. 扫描仪

扫描仪目前是 GIS 图形及影像数据输入的一种最重要工具之一。随着地图的识别技术、栅格矢量化技术的发展和效率的提高,人们寄希望于将繁重、枯燥的手扶跟踪数字化交给扫描仪和软件完成。

按照扫描仪结构分为滚筒扫描仪、平板扫描仪和 CCD 摄像扫描仪。滚筒扫描仪是将扫描图件装在圆柱形滚筒上,然后用扫描头对它进行扫描。扫描头在 X 方向运转,滚筒在 Y 方向上转动。平板扫描仪的扫描部件上装有扫描头,可在 X、Y 两个方向上对平放在扫描桌上的图件进行扫描。CCD 摄像机是在摄像架上对图件进行中心投影摄影而取得数字影像。扫描仪又有透光扫描和反光扫描之分。如图 9-14 所示是滚筒式工程扫描仪。

对栅格扫描仪扫描得到的影像,需要进行目标识别和从栅格到矢量的转换。多年来,已有许多专家和公司研究人机交互的半自动地图扫描矢量化系统,将扫描得到的栅格地图,采用人机交互半自动化的方式得到矢量化的空间对象。该方法已得到广泛使用。

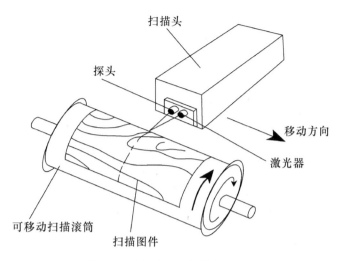

图 9-14 滚筒式工程扫描仪示意图

9.2.5 输出设备

1. 矢量绘图机

矢量绘图机是早期最主要的图形输出设备。计算机控制绘图笔(或刻针),在图纸或膜片上绘制或刻绘出地图来。矢量绘图机也分滚筒式和平台式两种。如今,矢量绘图仪基本上被淘汰。

2. 栅格式绘图设备

最简单的栅格绘图设备是行式打印机。虽然它的图形质量粗糙、精度低,但速度快,作为输出草图还是有用的。现在市场上常用的激光打印机是一种阵列式打印机。高分辨率阵列打印机源于静电复印原理,它的分辨率可达每英寸 600 点甚至 1 200 点。它解决了行式打印机精度差的问题,具有速度快、精度高、图形美观等优点。某些阵列打印机带有三色色带,可打印出多色彩图。目前它未能作为主要输出设备的原因是幅面偏小。

另一种高精度实用绘图设备是喷墨绘图仪。它由栅格数据的像元值控制喷到纸张上的墨滴大小,控制功能来自于静电电子数目。高质量的喷墨绘图仪具有每英寸 600 点至 1 200 点甚至更高的分辨率,并且用彩色绘图时能产生几百种颜色,甚至真彩色。这种绘图仪能绘出高质量的彩色地图和遥感影像图。

9.3 地理信息系统的功能与软件构成

9.3.1 概述

软件是 GIS 的核心,关系到 GIS 的功能。表 9-1 为 GIS 的软件层次。最下面两层为操作系统和系统库,它们是与硬件有关的,故称为系统软件。再上一层为软件库,以保证图形、数据库、窗口系统及 GIS 其他部分能够运行。这三层统称为基础软件。上面三层包含基本功能软件、应用软件和用户界面,代表了地理信息系统的能力和用途。本节主要阐述 GIS

基础软件的主要功能。

表 9-1　　　　　　　　　　GIS 产品的软件层结构

GIS 与用户的接口、通信软件
GIS 应用软件包
GIS 基本功能软件包
标准软件（图形、数据库、Windows 系统等）
系统库（编程语言、数学等）
操作系统（系统调用、设备运行、网络等）

　　GIS 是对数据进行采集、加工、管理、分析和表达的信息系统，因而可将 GIS 基础软件分为五大子系统（见图 9-15），即数据采集与输入、图形与属性编辑、数据存储与管理、空间查询与空间分析以及空间数据可视化与输出子系统。下面分别对它们作简要介绍。

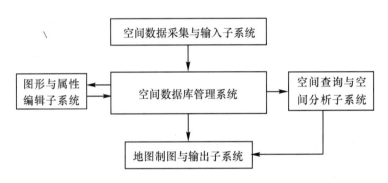

图 9-15　GIS 基础软件的主要模块

9.3.2　空间数据采集与输入子系统

　　空间数据采集与输入子系统（如图 9-16 所示）是将现有地图、外业观测成果、航空像片、遥感数据、文本等资料进行加工、整理、信息提取、编码，转换成 GIS 能够接收和表达的数据。许多计算机操纵的工具都可用于输入。例如人机交互终端、数字化仪、扫描仪、数字摄影测量仪器、磁带机、CD-ROM 和磁盘等。针对不同的仪器设备，系统配备相应的软件，保证将得到的数据转换后存入到地理数据库中。图 9-17 是采用扫描矢量化方法在扫描地图

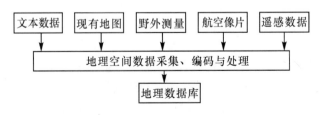

图 9-16　空间数据采集与输入子系统

上采集矢量数据。摄影测量方法和遥感方法获取地理空间数据详见摄影测量学和遥感科学与技术两章的内容。

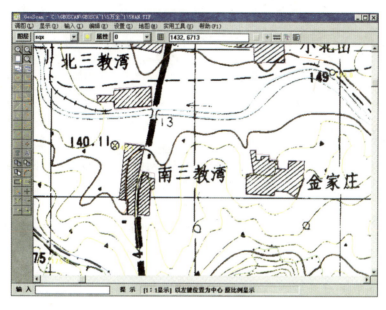

图 9-17　采用扫描矢量化方法扫描 1∶1 万地形图采集矢量数据

9.3.3　图形及属性编辑子系统

由扫描矢量化或其他系统得到的数据往往不能满足地理信息系统的要求,许多数据存在误差,空间对象的拓扑关系还没有建立起来,所以需要图形及属性编辑子系统对原始输入数据进行处理。现在的地理信息系统都具有很强的图形编辑功能。例如 ARC/INFO 的 ARCEDIT 子系统,GeoStar 的 GeoEdit 子模块等,除负责空间数据输入外,主要功能是用于编辑。一方面原始输入数据有错误,需要编辑修改,另一方面需要建立拓扑关系,进行图幅接边,输入属性数据等。其功能模块如图 9-18 所示。其中图形编辑和拓扑关系建立是最重要的模块之一,它包括增加、删除、移动、修改图形、结点匹配、建立多边形等功能。图 9-19 所示是结点自动匹配的实例。其中,图 9-19(a)是由于数字化误差,本来应该连接在一起的三个结点没有匹配在一起,所以需要图形编辑工具(见图 9-19(b))将两个结点匹配在一起,从而建立起它们之间的关联拓扑关系。

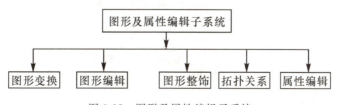

图 9-18　图形及属性编辑子系统

这里的属性数据输入虽然可以在前述的数据输入系统中输入,但在图形编辑系统中设计属性数据的输入功能可以直接参照图形输入属性数据,实现图形数据与属性数据的联结。

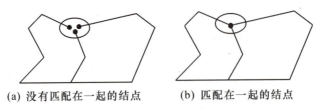

(a) 没有匹配在一起的结点　　(b) 匹配在一起的结点

图 9-19　结点匹配

9.3.4　空间数据库管理系统

空间数据存储和管理(见图 9-20)涉及地理空间对象(地物的点、线、面)的位置、拓扑关系以及属性数据如何组织,使其便于计算机和系统理解。用于组织数据库的计算机程序称为数据库管理系统(DBMS)。数据模型决定了数据库管理系统的类型。关系数据库管理系统是目前最流行的商用数据库管理系统,然而关系模型在表达空间数据方面却存在许多缺陷。最近,一些扩展的关系数据库管理系统如 Oracle,Informix 和 Ingres 等增加了空间数据类型的管理功能,可用于管理 GIS 的图形数据、拓扑数据和属性数据以及数字正射影像和 DEM 数据。图 9-21 是中国 1∶100 万基础地理信息数据库管理系统的界面。它将原来分幅的空间数据存储在统一的空间数据库中,使用户可以任意查询全国的任一空间对象的图形和属性信息。

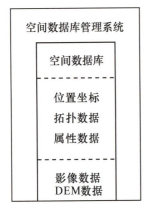

图 9-20　空间数据库管理系统

图 9-21　中国 1∶100 万基础地理信息数据库

9.3.5 空间查询与空间分析子系统

虽然数据库管理一般提供了数据库查询语言,如 SQL 语言,但对于 GIS 而言,需要对通用数据库的查询语言进行补充和重新设计,使之支持空间查询。例如查询与某个乡相邻乡镇,穿过一座城市的公路,某铁路周围 5km 的居民点等,这些查询问题是 GIS 所特有的。所以一个功能强的 GIS 软件,应该设计一些空间查询语言,满足常见的空间查询的要求。空间查询与空间分析子系统及功能模块如图 9-22 所示。图 9-23 是在地图上给定一个点或一个几何图形,检索出该图形范围内的空间对象以及相应的属性。

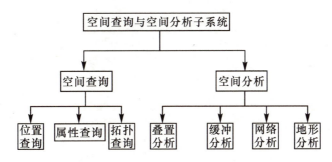

图 9-22 空间查询与空间分析子系统

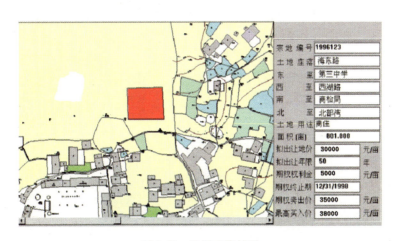

图 9-23 空间查询结果

空间分析是比空间查询更深层的应用,内容更加广泛。空间分析的功能很多,主要包括地形分析(如两点间的通视分析等)、网络分析(如在城市道路中寻找最短行车路径等)、叠置分析(即将两层或多层的数据叠加在一起,例如将道路层与行政边界层叠置在一起,可以计算出某一行政区内的道路总长度)、缓冲区分析(给定距离某一空间对象一定范围的区域边界,计算该边界范围内其他的地理要素)等。随着 GIS 应用范围的扩大,GIS 软件的空间分析功能将不断增加。图 9-24 是北京市一条道路拓宽建立的缓冲区,它可以计算出该道路缓冲区内房屋拆迁的面积。图 9-25 是北京市的道路网络图,利用网络分析功能,可以在 A、B 两点之间寻找最短行车路径。

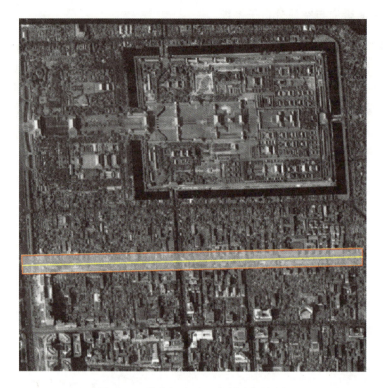

图 9-24 道路拓宽建立的缓冲区分析

图 9-25 使用 GIS 网络分析功能寻找最短行车路径

9.3.6 地图制图与输出子系统

地理信息系统的一个主要功能之一是计算机地图制图,它包括地图符号的设计、配置与符号化、地图注记、图框整饰、统计图表与专题图制作、图例与布局等项内容。此外,对属性数据也要设计报表输出,并且这些输出结果需要在显示器、打印机、绘图仪或数据文件中输出。软件也应具有驱动这些输出设备的能力。地图制图与输出子系统如图9-26所示。图9-27 是 GIS 输出的地形图的实例。

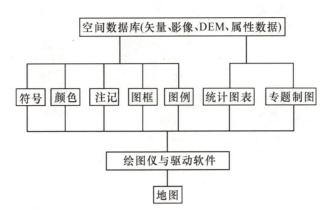

图 9-26 地图制图与输出子系统

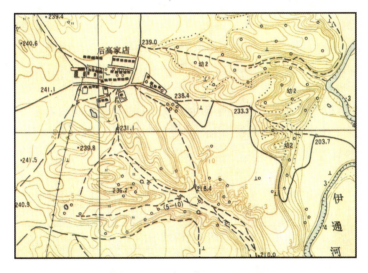

图 9-27 GIS 中的地图制图示例

9.4 地理信息系统的工程建设与应用

地理信息系统是一种应用非常广泛的信息系统。它可以用于土地、城市、资源、环境、交通、水利、农业、林业、海洋、矿产、电力、电信等各种信息的监测与管理,还可以用于军事上建立数字化战场环境。前面所述是地理信息系统的基本功能,仅是一般 GIS 软件所具有的基本功能。GIS 软件实际上是一种二次开发平台,用户用它可以开发出各种各样的应用系统。地理信息系统工程建设过程包括空间数据采集、编辑处理、空间数据建库,在此基础上利用空间查询、处理、分析等 GIS 基本功能开发出各种应用系统。图9-28 所示为地理信息系统工程建设的一般过程。

图 9-28 地理信息系统建设的一般过程

9.4.1 GIS 的应用系统开发

各行业、各部门建立的地理信息应用系统千差万别,所以通常情况下,要在地理信息系统基础软件上开发应用系统,但开发的模式与方法随地理信息系统的基础软件不同而有所差别。随着计算机软件技术的发展,不同时期的 GIS 应用软件的体系结构是不完全相同的。当前的软件技术以组件技术为主。所谓组件是根据不同功能设计的软件模块,通过一种标准化的接口,组装成应用系统,就像汽车的零部件组装成汽车一样。通常,将上节所述的基本功能,如数据采集、图形编辑、数据管理、空间查询、空间分析、地图制图等设计成组件,GIS 应用系统再根据需要开发一些专用的功能组件,然后按应用系统的设计要求装配不同的组件模块,并设计出相应的系统界面,以供用户使用。如图 9-29 所示是基于组件的 GIS 应用系统软件体系结构。

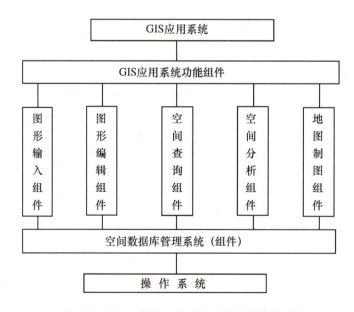

图 9-29 基于组件的 GIS 应用系统软件体系结构

图 9-30 是基于地理信息系统基础软件 GeoStar 4.0 开发的厦门电力配电管理信息系统。该系统的界面及功能与 GeoStar 4.0 的基本模块差别较大，它使用了一些 GeoStar 4.0 的基本功能，如空间数据管理、图形编辑、空间查询、地图制图等功能，但没有用到缓冲区分析、叠置分析等功能模块，另外又专门开发了一系列电力配电管理的专用功能组件。将所有这些功能组件装配在一起就形成了电力配电管理信息系统。

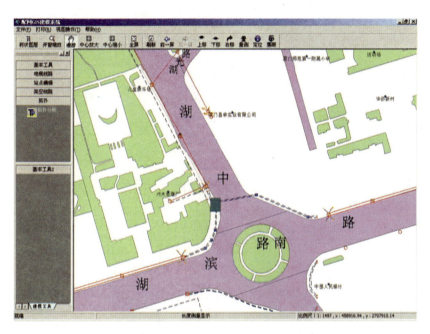

图 9-30　采用组件技术开发的电力配电管理信息系统

9.4.2　GIS 工程设计与建设

传统的工程学科，如水利工程、电力工程、建筑工程等，以及现代的工程学科，如气象工程、生物工程、计算机工程、软件工程等，是人类社会发展和技术进步的保障。其中，软件工程在计算机发展和应用中的作用至关重要，是当今信息产业的支柱。

GIS 工程设计与开发，包括 GIS 软件二次开发和空间数据处理，即 GIS 应用系统开发和空间数据库建设，其主体上属于软件工程的范畴，可以通俗地理解为计算机软件系统开发和数据库工程建设。其设计和开发过程与传统的工程设计和开发过程有诸多相似之处，同时又有软件开发和设计的特点，最主要的是必须遵循软件工程的方法和原理，主要包括需求分析、系统设计、功能实现、系统使用和维护等过程，它们对应于软件开发活动的不同阶段。在开发过程中，每个阶段必须遵照相应的规范进行，以保障整个系统的成功开发和运行。

GIS 工程设计主要涉及 GIS 工程的规划与组织、方案总体设计和详细设计、系统开发和测试、系统运行和维护等诸多方面。虽然 GIS 工程有很多，应用领域也不同，但是其开发过程和规范基本上一致，下面就 GIS 工程设计与开发的阶段和过程分别讨论。

1. GIS 工程规划与组织

GIS 工程规划与组织是指 GIS 工程项目的规划、组织、管理、质量和进度控制以及项目验收等全过程。主要涉及以下几个方面：确定工程项目的总体目标；可行性方案论证（包括现有技术、数据、人员、经费、风险等);招投标的组织与实施;系统开发组织和管理;系统运行与验收等。

2. GIS应用系统设计与开发

当该工程项目通过立项、审批、招投标以及签订开发合同后,则进入到项目的设计与开发阶段。整个阶段包括:需求分析、总体设计、详细设计、编码实现、空间数据建库、系统测试和运行等。GIS应用系统设计与开发的流程见图9-31。

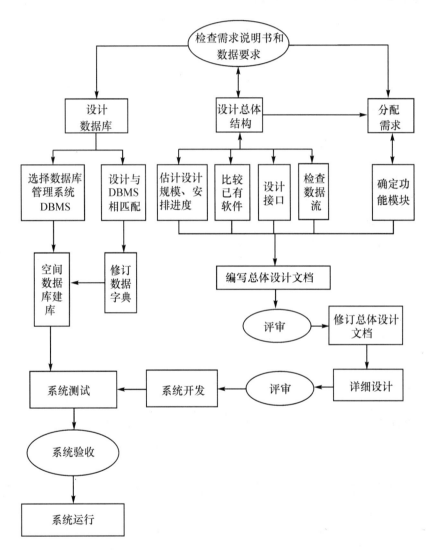

图9-31 GIS应用系统设计与开发流程

9.4.3 GIS的主要应用领域

GIS在许多方面都有广泛应用,凡是与地理空间位置相关的领域都要应用地理信息系统。它主要应用于两大方面:地理分析和空间信息资源的管理与应用。地理分析主要用于地理科学研究和辅助决策方面,例如:利用GIS分析城市的扩展模型,开展土地适应性评价的研究,以及生态与环境变迁的研究,等等。空间信息资源的管理与应用一般指 GIS 的工程应用,是当前 GIS 最广泛的应用。下面以国土资源管理、城市规划与管理、水利资源与设施管理、电子政务,以及 GIS 在交通、旅游、数字化战场环境等方面的应用为例,介绍地理信息系统的主要工程应用领域。

1. 国土资源管理

国土资源是国家的重要资源,是国民经济和人类生存的基础。国土资源包括土地资源、矿产资源等。由于国土资源一般都与地理空间分布有关,所以国土资源的管理与监测最需要使用地理信息系统技术。

国土资源的种类很多,对国土资源进行管理与监测的内容也不尽相同,所以国土资源管理部门需要开发许多不同功能和特点的 GIS 应用系统,包括土地利用监测信息系统、土地规划信息系统、地籍管理信息系统、土地交易信息系统、矿产管理信息系统、矿产采矿权交易信息系统等。下面以土地利用监测信息系统为例介绍地理信息系统在国土资源管理方面的应用。

土地利用监测信息系统,是一种基于地理信息系统和遥感图像处理系统之上开发的应用系统。它首先建立土地利用现状数据库,把各种土地利用的类型数据,如建筑用地、道路用地、林地、耕地、水系等数据通过 GIS 手段建立土地利用现状数据库。然后,每隔一年或几年采用遥感手段对同一地区进行监测,提取相应的土地利用类型数据,并与以前建立的土地利用现状数据库进行对比分析,发现土地类型变化的区域,以监测土地利用类型的变化,为政府决策和宏观经济管理服务。图 9-32 所示是广东省土地利用监测信息系统的一个实例。通过航空影像可以发现变化的土地类型,达到动态监测的目的。

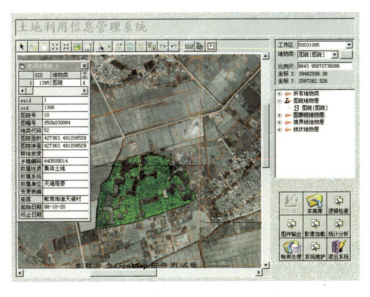

图 9-32 广东省土地利用监测信息系统

2. 水利资源与设施管理信息系统

水利资源及其设施的管理也是地理信息系统的重要应用领域。水利资源的管理包括河流、湖泊、水库等水源、水量、水质的管理,水利设施的管理包括大坝、抽排水设施、水渠等的管理,水利资源的管理又涉及洪水和干旱监测。图9-33所示是一个洪水淹没的示范例子。河堤溃口以后,通过GIS可以计算出洪水淹没的范围,以及农田、房屋等的损失。

图9-33 洪水淹没示例

3. 基于GIS的电子的政务系统

电子政务通俗地说就是政务办公信息系统。由于各级政府的许多工作都与地理空间位置信息有关,所以GIS在电子政务系统中具有极其重要的地位,可以说是电子政务信息系统的基础。我国电子政务启动的四大基础数据库中就包含有基础地理空间数据库。在基于GIS的电子政务系统中可以进行宏观规划和宏观决策,也可以用于日常办公管理。如前所述的国土资源管理、规划信息系统、水利资源与设施管理信息系统均属于GIS在电子政务方面的应用范畴。

4. 交通旅游信息系统

地理信息系统为大众服务主要体现在交通旅游方面,人们的出行旅游以及空间位置服务需要位置服务。这种服务可以由网络或移动设备提供,使人们可以在网上或移动终端查找旅行路线,包括公交车换乘的路线和站点等。如图9-34是厦门市建立的交通旅游网站,能够为市民和旅游者提供公交线路等信息。

地理信息系统或者说电子地图,将来最广泛的用途之一是电子地图导航。在汽车上装有电子地图和GPS等导航设备,可实时在电子地图上指出汽车当前的位置,并根据终点查找出汽车行驶的最佳路径。关于GPS电子地图导航的应用详见第7章全球卫星定位导航技术。

5. 地理空间信息在数字化战场中的应用

地理信息系统、遥感及卫星导航定位技术在现代化战争中的地位越来越重要。战场的地形环境、气象环境、军事目标等都可以在地理信息系统中表现出来,以建立虚拟数字化战场环境。指挥人员可在虚拟数字化战场环境中及时了解战场的地形状况、气象环境状况、敌我双方兵力的部署,迅速作出决策。图9-35所示是虚拟数字化战场环境的一个示例。虚拟地形环境中嵌入了坦克飞机等军事目标,使指挥员对战场态势一目了然。

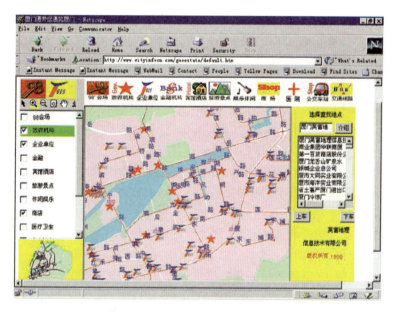

图 9-34 厦门市建立的交通旅游网站

图 9-35 虚拟数字化战场环境示例

9.5 地理信息系统的起因与发展

9.5.1 地理信息系统的发展过程

20 世纪 50 年代,由于计算机技术的发展,测绘工作者和地理工作者开始逐步利用计算机汇总各种来源的数据,借助计算机处理和分析这些数据,最后通过计算机输出一系列结果,作为决策过程的有用信息。50年代末(1956年),奥地利测绘部门首先利用电子计算机建立了地籍数据库,以后许多国家的土地测绘部门都相继发展了土地信息系统。60年代末,加拿大建立了世界上第一个地理信息系统——加拿大地理信息系统(CGIS)(Burrough,1986),用于自然资源的管理和规划。之后,美国哈佛大学研制出 SYMAP 系统软件。尽管当时的计算机水平不高,但 GIS 中机助制图能力较强,它能够实现地图的手扶跟踪数字化以及地图数据的拓扑编辑和分幅数据拼接等功能。早期的 GIS 大多数是基于栅格的系统,因而发展了许多基于栅格的操作方法(黄杏元等,1987)。

进入70年代以后,计算机技术的迅速发展,推动了计算机的普及及应用。70年代推出的大容量存取设备——磁盘,为空间数据的录入、存储、检索和输出提供了强有力的手段。用户屏幕和图形、图像卡的发展,更增强了人机对话和高质量的图形显示功能,促使 GIS 朝实用方向迅速发展。一些发达国家先后建立了各种专业的土地信息系统和地理信息系统。与此同时,一些商业公司开始活跃起来,软件在市场上受到欢迎。据统计,70年代有300多个应用系统投入使用。这期间,许多大学研究机构开始重视 GIS 软件设计和研究,1980年,美国地质调查所出版了《空间数据处理计算机软件》的报告,总结了1979年以前世界各国空间信息系统的发展情况。另外,Mardle 等(1984年)拟订了空间数据处理计算机软件说明的标准格式。并提出地理信息系统今后的发展应着重研究空间数据处理的算法、数据结构和数据库管理系统等三个方面的内容。

80年代是 GIS 普及和推广应用的阶段。由于计算机技术的发展,推出了图形工作站和微机等性能价格比大为提高的新一代计算机。计算机网络的建立,使地理信息的传输时效得到极大的提高。GIS 基础软件和应用软件的发展,使得它的应用从解决基础设施的管理和规划(如道路、输电线)转向更复杂的区域开发,例如土地的利用、城市化的发展、人口规划与布置等。许多工业国家将土地信息系统作为有关部门的必备工具,投入日常运转。与卫星遥感技术相结合,GIS 开始用于解决全球性问题,例如全球沙漠化、全球可居住区的评价、厄尔尼诺现象及酸雨、核扩散及核废料,以及全球气候与环境的变化监测。80年代中期,GIS 软件的研制与开发也取得了很大成绩,仅1989年市场上有报价的软件就有70多个。并且涌现出一些有代表性的 GIS 软件,如 ARC/INFO, TIGRIS, MGE, SICAD, GENAMAP,SYSTEM9 等,它们可在工作站或微机上运行。

进入90年代以后,随着微机和 Windows 的迅速发展,以及图形工作站性能价格比的进一步提高,计算机在全世界迅速普及,一些基于 Windows 的桌面 GIS 软件,如国外的 ARC/INFO、MAPINFO、GeoMedia,以及国产的 GeoStar、MapGIS、SuperMap 等,以其界面友好、易学好用的独特风格,将 GIS 带入到各行各业,使地理信息系统得到广泛应用。目前,无论是国外还是国内,地理信息系统都得到普及应用,成功的应用实例不胜枚举。

9.5.2 当代地理信息系统的进展

当代地理信息系统在技术方面的进展主要表现在组件 GIS、互联网 GIS、三维 GIS、移动 GIS 和地理信息共享与互操作等方面,下面分别予以介绍。

1. 组件 GIS

GIS 基础软件可以定性为应用基础软件。它一般不作直接应用,而是需要根据某一行业或某一部门的特定需求进行二次开发,因而软件的体系结构和应用系统二次开发的模式对 GIS 软件的市场竞争力非常重要。

GIS 软件大多数都已经过渡到基于组件的体系结构。一般都采用 COM/DCOM 技术。组件体系结构为 GIS 软件工程化开发提供了强有力的保障。一方面组件采用面向对象技术,硬软件的模块化更加清晰,软件模块的重用性更好,另一方面也为用户的二次开发提供了良好的接口。组件接口是二进制接口,它可以跨语言平台调用,即用 C++开发的 COM 组件可以用 VB 或 Delphi 语言调用,因而二次开发用户可以用通用、易学的 VB 等语言开发应用系统,大大提高了应用系统的开发效率。基于组件技术的 GIS 应用软件开发模式与软件体系结构详见本章第 5 节。

2. 互联网 GIS

随着互联网(Internet)的发展,特别是万维网(World Wide Web,WWW)技术的发展,信息的发布、检索和浏览无论在形式上还是在手段上都发生了革命性的变化,给人们带来极大的方便。网络的发展为 GIS 提供了机遇和挑战,它改变了 GIS 数据信息的获取、传输、发布、共享、应用和可视化等过程和方式。互联网为 GIS 数据在 WWW 上提供了方便的发布与共享方式,互联网的分布式查询为用户利用 GIS 数据提供有效的工具,WWW 和 FTP (File Transport Protocol)使用户从互联网下载 GIS 数据变得十分方便。

互联网为地理信息系统提供了新的操作平台,互联网与地理信息系统的结合,即 Web GIS 是 GIS 发展的必然趋势。Web GIS 使用户不必购买昂贵的 GIS 软件,而直接通过 Internet 获取 GIS 数据和使用 GIS 功能,以满足不同层次用户对 GIS 数据的使用要求。Web GIS 在用户和空间数据之间提供可操作的工具,而且这种数据信息是动态的、实时的。

由于历史上的技术原因,一般基于客户端/服务器模式的地理信息系统都不能在互联网上运行,因而几乎每一个 GIS 软件商除了有一个地理信息系统基础软件平台之外,还开发了一个能运行于互联网的 GIS 软件。如 ARC/INFO 的 ARCIMS,MapInfo 的 MapXtream,GeoStar 的 GeoSurf 等。如图 9-36 所示是基于 GeoSurf 开发的互联网 GIS 的应用系统。

图 9-36　互联网 GIS 的应用实例

目前有许多网站提供了地图查询功能,如谷歌地图(Google Map,网址为:http://maps.google.com),微软地图(Microsoft MapPoint,网址为:http://www.mappoint.com),百度地图(网址为:http://map.baidu.com),搜狗地图(网址为:http://map.sogou.com 或 www.go2map.com)等,都提供了在网络地图上查询各种与位置相关信息的功能。

3. 多维动态 GIS

传统的 GIS 都是二维的,仅能处理和管理二维图形和属性数据。有些软件也具有2.5维数字高程模型(DEM)地形分析功能。随着科学技术的发展,三维建模和三维 GIS 迅速发展,而且具有很大的市场潜力。当前的三维 GIS 主要有以下几种:

(1) DEM 地形数据和地面正射影像纹理叠加在一起,形成三维的虚拟地形景观模型。有些系统可能还能够将矢量图形数据叠加进去。这种系统除了具有较强的可视化功能以外,通常还具有 DEM 的分析功能,如坡度分析、坡向分析、可视域分析等。它还可以将 DEM 与二维 GIS 进行联合分析。

(2) 在虚拟地形景观模型之上,将地面建筑物竖起来,形成城市三维 GIS。对房屋的处理有三种模式:一是每幢房屋一个高度,形状也作了简化,如盒状,墙面纹理四周都采用一个缺省纹理;第二种是房屋形状是通过数字摄影测量实测的,或是通过 CAD 模型导入的,形状与真实物体一致,具有复杂造型,但墙面纹理可能作了简化,一栋房屋采用一种缺省纹理;第三种是在复杂造型的基础上叠上真实纹理,形成虚拟现实景观模型。

(3) 真三维 GIS。它不仅表达三维物体(地面和地面建筑物的表面),也表达物体的内部,如矿山,地下水等物体。由于地质矿体和矿山等三维实体不仅它的表面呈不规则状,而且内部物质也不一样,此时 Z 值不能作为一个属性,而应该作为一个空间坐标,矿体内任一点的值是三维坐标 x、y、z 的函数,即 $P=f(x,y,z)$。而我们在目前进行三维可视化的时候,z 是 x、y 的函数,如何将 $P=f(x,y,z)$ 进行可视化,表现矿体的表面形状,并反映内部结构是一个难题。所以,当前真三维 GIS 还是一个瓶颈问题。虽然推出了一些实用系统,但一般都作了一些简化。

前面所述的第一种和第二种三维 GIS 目前技术比较成熟,市场上有不少这样的系统。但是,当前许多这样的三维 GIS 与 GIS 基础软件脱节,没有与主模块融合在一起,空间分析功能受到限制。另一方面,一般采用文件系统管理数据,不能对大区域范围进行建模和可视化,似乎有点像儿童游戏软件。只有采用了空间数据库的主流技术,包括应用服务器中间件技术,能够建立大区域,如一个特大城市的三维空间数据库,包括分布式数据库,并与传统二维 GIS 紧密结合,才能起到真正的作用。

(4) 时态 GIS。传统的 GIS 不能考虑时态。随着 GIS 的普及应用,GIS 的时态问题日益突出。土地利用动态变更调查需要用到时态 GIS,空间数据的更新也要考虑空间数据的多版本和多时态问题,所以时态 GIS 是当前 GIS 研究与发展的一个重要方向。一般在二维 GIS 上加上时间维,称为时态 GIS。如果三维 GIS 之上再考虑时态问题,则称为四维 GIS 或三维动态 GIS。

4. 移动 GIS

随着计算机软、硬件技术的高速发展,特别是 Internet 和移动通信技术的发展,GIS 由信息存储与管理的系统发展到社会化的、面向大众的信息服务系统。移动 GIS 是一种应用服务系统，其定义有狭义与广义之分。狭义的移动 GIS 是指运行于移动终端（如掌上电脑）并具有桌面 GIS 功能的 GIS 系统。它不存在与服务器的交互，是一种离线运行模式。广义的移动 GIS 是一种集成系统，是 GIS、GPS、移动通信、互联网服务、多媒体技术等的集成，如基于手机的移动定位服务。移动 GIS 通常提供移动位置服务和空间信息的移动查询，移动终端有手机、掌上电脑、便携机、车载终端等。图 9-37 是移动 GIS 的应用实例。

图 9-37　移动 GIS 的应用实例

5. 地理信息网络共享与互操作

传统的 GIS 由于各软件数据结构、数据模型、软件体系结构不同，致使不同 GIS 软件的空间信息难以共享。为此，开放地理信息联盟（OGC）和国际标准化组织（ISO/TC211）制定了一系列有关地理信息共享与互操作的标准。当前主要集中在制定基于 Web 服务的地理信息共享标准。网络（Web）服务技术是当前 IT 领域的一个最热门的技术，也是地理信息共享与互操作最容易实现和推广使用的技术。目前多个国际标准化组织制定的基于 Web 的空间信息共享服务规范，得到了各个 GIS 厂商及应用部门的广泛支持。例如基于 Web 的地图服务规范，利用具有地理空间位置信息的数据制作地图，并使用 Web 服务技术发布地图信息，它可以被任何支持 Web 服务的软件调用与嵌入，使不同 GIS 软件建立的空间数据库可以相互调用地理信息。由于该规范的接口比较简单，得到了许多国家和软件商的支持。图 9-38 所示是基于 Web 服务的空间数据服务规范，分别调用 ARCIMS、MapInfo、Geo-Surf 数据源的全国 1∶100 万空间数据集成的结果。

6. 地理空间信息服务技术

随着计算机网络技术的发展和普遍应用，越来越多的地理空间信息被送到网络上提供大众服务，除了传统的二维电子地图数据能够在网上浏览查询以外，影像数据、数字高程模型数据和城市三维数据都可以通过网络进行浏览查询，如谷歌公司的 Google Earth（网址为：http://earth.google.com）和微软公司的 Virtual Earth（网址为：http://local.live.com）都可以提供全球影像和三维空间信息浏览查询服务，并且允许用户加载与位置相关的信息。图 9-39(a) 是 Google Earth 中查询检索到的古罗马竞技场的卫星遥感影像。图 9-39(b) 是竞技场的三维模型。

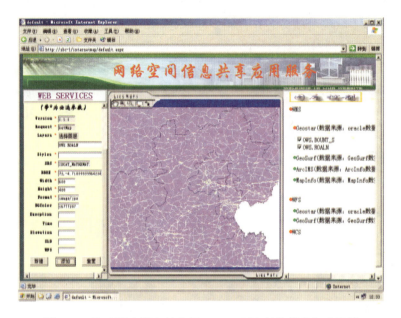

图 9-38　基于 Web 服务的全国 1∶100 万空间数据库集成示例

　　(a) 古罗马竞技场卫星遥感影像　　　　　　(b) 古罗马竞技场三维模型

图 9-39　通过 Google Earth 查询到的古罗马竞技场空间信息

思　考　题

1. 地理信息系统主要由哪几大部分组成？
2. 地理信息系统的主要功能有哪些？
3. 地理信息系统可以用于哪些领域？请举例说明。
4. 简述地理信息系统的发展过程。
5. 在网络 Google Earth 上面查找武汉大学或你感兴趣的地点，并进行标注。

参 考 文 献

[1] Burrough P. principles of Geographical Information Systems for Land Resours Assessment. Clarendon Press,1986.

[2] 任伏虎.地理信息系统的理论、方法与应用,北京:北京大学,1989.

[3] 黄杏元,汤勤.地理信息系统概论,北京:高等教育出版社,1990.

[4] 张光宇,Lee Y C.地理信息系统的回顾与展望,测绘通报,1990,(4),(5).

[5] 兰运超,利光秘,袁征.地理信息系统原理,广州:广东省地图出版社,1995.

[6] 李德仁,龚健雅,边馥苓.地理信息系统导论,北京:测绘出版社,1993.

[7] 龚健雅.整体 SIS 的数据组织与处理方法,武汉:武汉测绘科技大学出版社,1993.

[8] 龚健雅.地理信息系统基础,北京:科学出版社,2000.

[9] 张超,陈丙咸,邬伦.地理信息系统,北京:高等教育出版社,1995.

[10] 李斌.我国 GIS 软件工业面临的机遇和挑战,地理信息科学,1996,2(1,2):73.

[11] 边馥苓.GIS 地理信息系统原理和方法,北京:测绘出版社,1996.

[12] Robert Laurini *, Derek Thompson. 1992. Fundamentals of Spatial Information Systems. ACADEMIC Press,1992.

[13] Michael F,Worboys. GIS:Computing Perspective. Taylor * ; Francis,1995.

[14] 宫鹏编.城市地理信息系统:方法与应用,中国海外地理信息系统协会,1996.

[15] 陈俊,宫鹏.实用地理信息系统——成功地理信息系统的建设与管理,北京:科学出版社,1998.

第10章 观测误差理论与测量平差

10.1 概　　述

10.1.1 观测误差理论与测量平差的科学任务

第一章总论中已经指出,测绘学的现代概念就是研究地球和其他实体与地理空间时空分布有关的信息的采集、量测、分析、显示、管理和利用的科学技术。由此,可以认为测绘学科研究内容大致包含了以下三个层次。第一个层次是对与地理空间分布有关的地球信息、地球数据(即通常所说的空间数据)进行采集和量测。采集和量测这两个名词的概念不完全相同,但具有很高的相关性,通常可总称为观测。第二个层次是通过对观测信息和数据的分析、处理,得出所需要的测绘成果,并将此成果进行显示和分发。第三个层次是测绘成果的管理和应用。测绘成果的应用范围覆盖了所有依赖空间数据的各个学科和建设领域。

观测误差理论与测量平差所研究的内容贯彻了上述的三个层次,其核心内容是基于观测数据不可避免地存在误差,通过相应的数据处理和分析方法,使所得的测绘成果能最优地满足各类用户的需要。具体地说,其科学任务可简述如下:

(1) 研究观测误差的统计规律性,建立观测误差理论,用来研究、分析和处理观测误差。其内容包括误差分布、精度指标、误差估计、误差传播、误差检验以及误差预测和控制等。

(2) 针对带有误差的观测值,研究数据处理的最优化方法。其内容包括:数学模型的建立及其正确性的检验,针对不同观测类型的数学模型,研究选取合适的最优化准则及其算法,最大限度地排除误差干扰,提取有效的信息。研究观测量及其所求参数解的统计性质和评定精度。

(3) 对测绘成果进行质量控制。根据用户对测绘产品提出的质量要求——误差限值指标,进行确定观测方案计算并规定操作过程中各项内容的具体误差限值指标,以保障最终测绘成果达到用户质量要求,这是测绘工程中质量控制的反演问题。如果已知观测数据的误差大小,通过操作过程的误差传播和误差分布,可以计算出该成果的误差大小,即对成果进行精度评定,这是质量控制的正演问题。

通过上述的正反演计算,达到确保测绘成果质量控制的目的。

10.1.2 观测(测量)

观测和测量是同义词,可交替使用。观测(测量)是指用一定的仪器、工具、传感器或其他直接或间接手段获取与地球空间分布有关信息的过程和实际结果。实际结果是观测的目的,而其来源的过程决定了观测结果的性质。例如,为布设平面控制网,要用经纬仪、测距仪等仪器工具对网中的角度和边长进行观测,就要包括仪器对中、整置、照准和读数等在野外环境变化情况下的一系列操作过程。观测值是实测的角度和边长值;为进行地面点精确定位,要利用 GPS 定位系统,在地面点上架设天线接收 GPS 卫星信号,而其信号是经历了电离层、对流层的传播过程,观测结果是地面点与卫星间的距离;摄影测量是用摄影(航摄或地面摄影)的方法获取物体的影像,用像片表示,这种测量方式与常规的对"点"观测不同,而是一种"面"(影像)的观测方法,测量结果是用来反映所摄物体形状、大小和位置的一批数据。遥感与摄影测量类似,也是一种对"面"的测量结果。

空间数据是多种多样的,其观测结果也可以用多种形式表达,用数值表示观测结果,称为观测量(值),本章讨论的都是数字结果。观测数据是科学和工程技术的基础,通过分析和处理这种观测数据,才能正确地获得观测问题所需的信息。

10.1.3 观测误差

我们对事物的认识总是从实践中开始的。当对某个确定的量进行多次观测时,我们就会发现,在这些所测得的结果之间往往存在着一些差异。例如,对同一段距离重复丈量若干次,量得长度经常不是完全相等,而是互有差异。另一种情况是,当对若干个量进行观测时,如果已经知道在这几个量之间应该满足某一理论值,那么,我们就发现,对这些量实际观测的结果则往往不等于其理论上的应有值。例如,从数学上知道一平面三角形内角之和应等于 180°,但对这三个内角进行实际观测时,其和经常不等于其应有值,或各观测值与其理论上应有值之间存在某些差异。这在测量工作中是经常而又普遍发生的现象。为什么会产生这种差异?这是由于观测值中包含有观测误差的缘故。

1. 观测误差产生原因

观测不可避免地存在误差,是测量本身固有属性所决定的,一个测量过程离不开观测员的基本操作、仪器工具的使用、观测的环境及其变化等,任何观测过程都会使观测值产生误差。

1) 仪器误差

观测通常是利用特制的仪器工具、传感器等进行的。由于每一种仪器只具有一定限度的精度(即仪器的标称精度),使观测结果的精度受到了一定的限制。例如,在用只刻有厘米分划的普通水准尺进行水准测量时,就不能保证厘米以下的精度。另外,仪器制造本身也不是完美无缺的,存在各种仪器误差。例如,经纬仪的水平度盘可能偏心,度盘刻划不均匀等。

2) 人为误差

由于观测者的感觉器官的鉴别能力有着一定的局限性,所以不论在仪器的安置、照准、读数等方面都会产生误差。特别是随着现代数据采集的高度自动化,观测过程将遇到各种因素的误差。例如,GPS 无线电信号的传播,遥感卫星的数据采集等。由于科学发展和人类知识水平的限制,还不能全部清除误差来源,致使人在操作过程中会出现这样或那样的误差。

3) 环境误差

任何观测都离不开如温度、湿度、风力、大气折射、无线电波传播与干扰等外界因素及其随时间变化的影响,这些都使观测产生误差。这种误差对于用现代测量技术获得的观测值尤为突出。例如,GPS 测量中的电离层误差,对流层误差等。

4）基准误差

各种测量结果都是基于一定的参考基准的，基准的误差也导致观测值的误差。例如 GPS 基准站的误差是 GPS 瞬时定位和 RTK 定位观测结果的误差源之一，GPS 定位时的定轨误差等都属于基准误差。

仅从上面列举的几种误差源，足以说明任何观测均不可避免地存在误差。观测误差源是非常复杂的，例如，本书第 7 章中已列举了 GNSS 卫星定位的主要误差源有 10 项之多，对于"面"的测量方式，摄影测量、遥感技术中观测结果的误差源就更为复杂；地图数字化是获取 GIS 坐标数据的一种方法，原图固有误差和数字化过程中引入的误差是数字化数据必然存在的误差。因而任何观测值总是包含了有效信息（观测目的）和干扰（误差）两部分。研究观测误差的目的就是要分离信息和干扰，排除干扰来获得所需的信息。

2. 观测误差的种类

根据产生误差的原因不同，通常将观测误差分为偶然误差、系统误差和粗差三种类型。

1）偶然误差

在相同的观测条件下作一系列的观测，如果误差在大小和符号上都表现出偶然性，即从单个误差看，该系列误差的大小和符号没有规律性，但就大量误差的总体而言，具有一定的统计规律，这种误差称为偶然误差。

例如，仪器没有严格照准目标，估读水准尺上毫米数不准，测量时气候变化对观测数据产生微小变化，计算时四舍五入的误差等都属于偶然误差。如果观测数据的误差是由许多观测微小偶然误差项的总和构成的，则其总和也是偶然误差。比如测角误差可能是由照准误差、读数误差、外界条件变化和仪器本身不完善等多项误差的代数和。也就是说，测角误差实际上是许许多多微小误差项的总和，而每项微小误差又随着偶然因素影响而发生无规则的变化，其数值忽大忽小，符号或正或负，这样，由它们所构成的总和，就其个体而言，无论是数值的大小或符号的正负都是不能事先预知的，这是观测数据中存在偶然误差最普通的情况。

总之，所谓偶然误差，是由于偶然因素引起的、不是观测者所能控制的一种误差。如果采用一定的最优化准则处理这种误差，则偶然误差对最后结果的影响是可以允许的。

2）系统误差

在相同的观测条件下作一系列观测，如果误差在大小、符号上表现出系统性，或者在观测过程中按一定的规律变化，或者为某一常数，那么这种误差就称为系统误差。

按照对观测结果影响的不同，系统误差分为常差、有规律的系差和随机性系差（半系差）。

例如，某一钢尺名义长度为 20m，经鉴定存在尺长误差 0.5mm。假如用该钢尺进行长度测量，则距离愈长，所积累的误差也愈大，这是一种系统误差，称为常差。又如在跨断层的两个水准点上重复进行精密高差测量，由于温度和地下水不断变化等原因，在观测高差中经常存在以年为周期的系统误差；在分析地图数字化误差时，由于数字化仪坐标系与地面坐标系的不一致、图纸变形等原因会产生系统误差，这种系统误差呈现着相似变换的函数关系。这类系统误差属有规律的系差。有的系统误差源对不同观测群的影响，其符号可正、可负，呈现出一定的随机性，从总体上看，这种系统误差属于随机性系统误差，又称半系差。例如在山区进行水准测量，上坡、下坡由于地形变化引起的系统误差就是这种半系差。此外，在测量中尚存在不少原因不明、但无明显规律性的系统误差,也可认为是半系差。

系统误差与偶然误差在观测过程中总是同时产生的。当观测中有显著的系统误差时,偶然误差就居于次要地位,观测误差就呈现出系统的性质。反之,则呈现出偶然的性质。

系统误差对于观测结果的影响一般具有累积的作用,它对成果质量的影响也特别显著。在实际工作中,应该采用各种方法来消除或减弱其影响,达到实际上可以忽略不计的程度。如果观测列中已经排除了系统误差的影响,或者与偶然误差相比它已处于次要地位,则该观测列就可认为是带有偶然误差的观测列。

但是,在不少测量实际问题中,系统误差的存在及其对观测结果的影响并不能用简单的方法予以排除,而要在数据处理中设法予以消除。

3)粗差

粗差即粗大误差,是指比在正常观测条件下所可能出现的最大偶然误差还要大的误差。通俗地说,粗差要比偶然误差大上好几倍。例如观测时大数读错,计算机数据输入错误,航测像片判读错误,控制网起始数据错误等,这种错误在一定程度上可以避免。但还存在不可避免的粗差,特别在现今采用高新测量技术的自动化数据采集中,由于误差来源的复杂性,粗差的出现也是很难避免的,研究粗差的识别和剔除也已成为现今数据处理中一个重要课题。

10.1.4 测量平差的含义

先看两个简单的测量实例。

例1 设地面上有一条边长,为了求得其长度而进行测量。若只丈量一次,则其观测值就是该边的长度,若观测值存在大误差,那么所求得的边长就完全不正确。考虑观测误差的不可避免性,实际上是对该边进行多次重复观测,取其平均值为该边的长度,这是一个最优的结果。因为根据偶然误差的定义,误差在大小和符号上呈现偶然性,即可正、可负,多次观测的误差在平均值中的影响可以得到削弱或消除,而且在多次重复观测值的相互比较中,误差大小可以相互进行检核。

例2 设地面上有一平面三角形,如图 10-1,为了确定其形状,观测了其中三个内角,得 L_1、L_2、L_3,且 $L_1+L_2+L_3 \neq 180°$,若令 $L_1+L_2+L_3-180°=w$,则 w 称为三角形闭合差或不符值,也是三个内角观测误差之和。三角形存在闭合差的情况下,任取其中两个观测值,就可决定其形状。问题是哪一个三角形形状最符合真实地面三角形形状呢?这个问题是多解的。为了求得这个问题的唯一最优解,就需要借助于最优化数学方法。按最优化数字方法,就是平均分配闭合差于每个观测值,对各观测值进行改正,得到观测值的平差值,用 $\hat{L}$ 表示,则有:

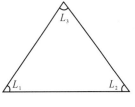

图 10-1 三角形

$$\hat{L}_1 = L_1 - \frac{w}{3}, \quad \hat{L}_2 = L_2 - \frac{w}{3}, \quad \hat{L}_3 = L_3 - \frac{w}{3}$$

及

$$\hat{L}_1 + \hat{L}_2 + \hat{L}_3 = 180°$$

由 $\hat{L}_1, \hat{L}_2, \hat{L}_3$ 决定的三角形形状是唯一的,而且是最优的。

从以上两例可以看出,由于观测值存在偶然误差,对同一量进行多次观测,其观测值间产生差异,对于一个几何图形,如三角形,则产生角度闭合差,致使所求的未知量(例1中的长度,例2中的三角形形状)产生多解。这在生产实际中是完全不能允许的。为此,需要对观测值进行处理,从而达到消除观测值间的矛盾,求得最优结果。这就是测量平差要解决的问题。

测量平差,是测量数据调整的意思。其基本含义是,依据某种最优化准则,由一系列带有观测误差的观测值,求定未知量的最优估值及其精度的理论和方法。

在以上各章所述的测绘分支学科中,都存在大量带有误差的观测数据处理问题,测量平差理论和方法的应用贯穿于整个测绘学科中,已成为其不可分割的一部分。可见研究测量平差与上述各分支学科的结合,具有重要实际意义。

测量平差是测绘学中一个古老的专用名词。它与其他学科一样,是由于生产的需要而产生的,并在生产实践中随着科学技术的进步而发展。18世纪末,在测量学、天文测量学等实践中提出了如何消除由于观测误差引起的观测量之间矛盾的问题,即如何从带有误差的观测值中找出未知量的最优估值。1794年,年仅17岁的高斯(C. F. Gauss)首先提出了解决这个问题的方法——最小二乘法。他是根据偶然误差的四个特性,并以算术平均值为未知量的最或然值出发,导出了偶然误差的概率分布,给出了在最小二乘原理下求未知量最优估值的计算方法。当时,高斯并没有正式发表这一原理。19世纪初(1801年),天文学家对刚发现的谷神星运行轨道的一段弧长做了一系列的观测,后来因故中止了,这就需要根据这些带有误差的观测结果求出该星运行的实际轨道。高斯用自己提出的最小二乘法解决了这个当时很大的难题,对谷神运行轨道进行了预报,使天文学家及时又找到了这颗彗星。1809年,高斯才在《天体运动的理论》一文中正式发表他的方法。在此之前,1806年,勒戎德尔(A. M. Legendre)发表了《决定彗星轨道新方法》一文,从代数观点也独立提出了这一方法,并定名为最小二乘法。所以,后人称它为高斯-勒戎德尔方法。

自19世纪初到20世纪60年代初的一百多年来,测量学者在基于偶然误差的测量平差理论和方法上做了许多研究,提出了一系列解决各类测量问题的平差方法。

自20世纪60年代开始,随着计算技术的进步和生产实践中对高精度的需求,测量平差理论和方法得到了很大发展,从单纯研究观测偶然误差理论扩展至系统误差和粗差,与此相应,提出了所谓的现代测量平差理论和方法。近一二十年来随着"3S"技术的应用与开发,相应的误差理论和测量平差方法又成为一个研究的前沿课题,测量平差理论与技术正在发展中。

10.2 观测误差理论

10.2.1 偶然误差的规律性及其统计分布

任一被观测的量,客观上总是存在着一个能代表其真正大小的数值。这一数值就称为该被观测量的真值。

设对某一量进行了 n 次观测,其观测值为 $L_1, L_2, \cdots, L_n$,由于各观测值都带有一定的误差,因此,每一观测值与其真值 X 之间必存在一差数 Δ,即

$$\Delta_i = X - L_i \quad (i=1,2,\cdots,n) \tag{10-1}$$

式中,Δ 称为真误差。此处 Δ 仅指偶然误差。

偶然误差具有如下统计特性,或者说,满足以下特性的观测误差是偶然误差:

(1) 在一定的观测条件下,偶然误差的绝对值不会超过一定的限值;
(2) 绝对值较小的误差比绝对值较大的误差出现的概率较大;
(3) 绝对值相等的正误差与负误差出现的概率相等;
(4) 偶然误差的简单平均值,随着观测次数的无限增加而趋向于零,即

$$\lim_{n\to\infty}\frac{\Delta_1+\Delta_2+\cdots+\Delta_n}{n}=0 \tag{10-2}$$

上述第四个特性是由第三个特性导出的。第三个特性说明了在大量偶然误差中,正负误差有互相抵消的性能。因此,当 n 无限增大时,真误差的简单平均值必然趋向于零。

从概率统计的观点,偶然误差是一随机变量,具有确定的概率分布。偶然误差是服从数学期望为零,方差为 σ^2 的正态分布,记为 $\Delta \sim N(0,\sigma^2)$,其密度函数为:

$$f(\Delta)=\frac{1}{\sqrt{2\pi}\sigma}\mathrm{e}^{-\frac{\Delta^2}{2\sigma^2}} \tag{10-3}$$

称为误差分布曲线,如图 10-2 所示。

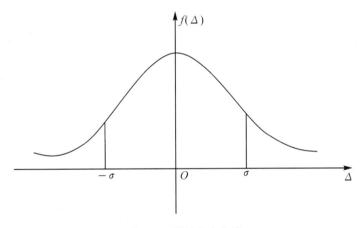

图 10-2 误差分布曲线

由误差分布曲线就可以按下列概率表达式计算偶然误差落入区间 $(-x \leqslant \Delta < x)$ 的概率:

$$P(-x \leqslant \Delta < x) = \int_{-x}^{x} f(\Delta)\mathrm{d}\Delta = p \tag{10-4}$$

误差分布曲线从理论上描述了偶然误差的统计规律性。

10.2.2 衡量精度的指标

评价观测值或测绘成果的质量,实际上最主要的就是要知道其误差的大小,误差大质量差,误差小质量好。但由(10-1)式可知,由于被观测量的真值未知,观测值的真误差也就不能确定。为此,需要给出一种能衡量观测误差大小的精度指标。这种指标不是唯一的,但在

测量数据处理中通常采用中误差(又称标准差)σ为精度指标。中误差的平方 σ^2 称为方差,计算式为:

$$\sigma = \lim_{n \to \infty} \left(\frac{\sum_{i=1}^{n} \Delta_i^2}{n} \right)^{\frac{1}{2}} \qquad (10-5)$$

中误差 σ 是一组独立观测误差平方的平均值开根的极限。σ 就是(10-3)式误差分布密度函数中的一个参数。

σ 的大小,不仅反映了误差分布的密集和离散程度,也平均地反映了真误差 Δ 的大小,因为从概率统计观点,σ 与 Δ 有确定的统计数值关系。由(10-3)式可计算出 σ 与 Δ 的概率关系为:

$$p(-\sigma \leqslant \Delta < \sigma) = 0.6827;$$
$$p(-2\sigma \leqslant \Delta < 2\sigma) = 0.9545;$$
$$p(-3\sigma \leqslant \Delta < 3\sigma) = 0.9973$$

上述概率表达式说明了在一定置信度 p 下真误差的大小可用中误差大小某种范围来表示。例如,在 p=95.45% 的置信度下可认为误差 Δ 的绝对值不会超过中误差大小的两倍。从而误差的传播、预测和控制都可通过计算中误差来完成。

10.2.3 不同精度观测的权

当对同一个量进行多次观测时,各观测值之间可能是同精度的,也可能不是同精度的。例如同时测定四颗卫星到地面点的距离,设为 L_1、L_2、L_3 和 L_4,由于卫星的位置、距离长短等各因素不同,这4个观测值精度不会相同,此时,设 L_i 的中误差为 σ_i,各 σ_i 不相同,利用这组观测值进行平差计算,必须顾及 σ_i 的大小,为此在测量平差中引入"权"的概念,用以权衡各个不同精度观测值在平差中的分量轻重。

设一组观测值为 $L_i (i=1,2,\cdots,n)$,其相应的中误差为 σ_i,则权的计算式为:

$$p_i = \frac{\sigma_0^2}{\sigma_i^2} \qquad (10-6)$$

式中,σ_0^2 为可任选的常数,称为方差因子,或单位权(权等于1)方差。p_i 与 σ_i^2 成反比:σ_i^2 越大,相应的权 p_i 越小,在平差中所占分量越轻;σ_i^2 越小,精度越高,相应的权 p_i 越大,在平差中所占分量也越重。

由(10-6)式知,各观测值的权比为:

$$p_1 : p_2 : \cdots : p_n = \frac{1}{\sigma_1^2} : \frac{1}{\sigma_2^2} : \cdots : \frac{1}{\sigma_n^2}$$

特别地,当 $\sigma_1^2 = \sigma_2^2 = \cdots = \sigma_n^2 = \sigma^2$ 时,则由定义式(10-6)可得:

$$p_1 = p_2 = \cdots = p_n = \frac{\sigma_0^2}{\sigma^2}$$

所以若令 $\sigma_0^2 = \sigma^2$,则有 $p_i = 1$,这是等精度观测的情形。

由此可见,权也是一个相对精度指标,但它仅是用来比较各观测值相互之间精度高低的一组比例数。因此权的意义不在于它们本身数值大小,重要的是它们之间所存在的比例关系。在处理不同精度观测数据时,要顾及这类观测值的权比关系。

10.2.4 协方差与相关系数

设有两个观测量 x 和 y，经常会遇到由于受某种或几种误差的共同影响，使观测量 x 和 y 之间误差相关，称 x 和 y 为两个相关观测量。例如，用 GPS 测量测定地面上两个点间的三维坐标差，由于这三个观测值有共同的误差源，就不能认为它们是独立观测值，而是彼此误差相关。在这种情况下处理观测值时，不仅要考虑三个观测的方差，还要顾及两两观测间的误差相关性。用来描述 x 和 y 之间误差相关的精度指标为协方差，用 σ_{xy} 表示，其计算式为：

$$\sigma_{xy} = \lim_{n \to \infty} \frac{\sum_{i=1}^{n} \Delta_{xi} \Delta_{yi}}{n} \qquad (10\text{-}7)$$

式中，$\Delta_{xi}=X-x_i$，$\Delta_{yi}=Y-y_i$，x_i，y_i 为第 i 个观测值，X,Y 为 x_i,y_i 的真值。若 σ_{xy} 为正，表示 x 和 y 正相关；若 σ_{xy} 为负，表示 x 和 y 负相关；若 $\sigma_{xy}=0$，表示 x 和 y 不相关。

描述两个变量之间相关性的指标还有相关系数。相关系数是协方差中心化的结果，其计算式为：

$$\rho_{xy} = \frac{\sigma_{xy}}{\sigma_x \sigma_y} \qquad (10\text{-}8)$$

式中：σ_x，σ_y 为 x，y 的中误差。相关系数 ρ_{xy} 的值域为 $[-1,1]$，绝对值 $|\rho_{xy}|$ 的值域为 $[0,1]$，$\rho_{xy}=1$ 为全相关，$\rho_{xy}=0$ 为不相关，一般 $0<|\rho_{xy}|<1$，近于 1 为高相关。

10.2.5 误差传播

在测量实际问题中，经常会遇到这样的情况，即某一量的大小不是直接测定的，而是由一个或一系列的观测值，通过一定的函数关系间接计算出来的。例如：根据图上量取长度 d 计算其实地距离 D，如用 M 表示该图比例尺的分母，则 $D=Md$，这时 D 和 d 之间是倍乘的函数关系；由同一量的 n 次同精度观测值计算其简单平均值，即 $x = \frac{1}{n} \sum_{i=1}^{n} L_i$，通常称为线性函数关系；由边长 S 及坐标方位角 α 计算平面坐标增量 Δx 和 Δy，即 $\Delta x = S\cos\alpha$，$\Delta y = S\sin\alpha$，则坐标增量 Δx、Δy 与观测值 S 和 α 之间为非线性函数的关系。

现在提出这样一个问题，已知观测值（如上例中的 d,L_i,S,α）的中误差，如何求观测值的函数（$D,x,\Delta x,\Delta y$）的中误差，这种计算过程称为误差传播。一般地，设 Z 是独立观测值 x,y 的某一函数，即

$$z = f(x,y)$$

已知 x 和 y 的中误差分别是 σ_x 和 σ_y，则观测值函数 z 的中误差 σ_z 与观测值本身的中误差 σ_x 和 σ_y 之间，存在一定的函数关系，现记为：

$$\sigma_z = F(\sigma_x, \sigma_y)$$

如果观测值 x 和 y 是相关的，设 x 与 y 的协方差为 σ_{xy}，则 σ_z 不仅与 σ_x、σ_y 有关，而且也与 σ_{xy} 有关，此时的 σ_z 为：

$$\sigma_z = F(\sigma_x, \sigma_y, \sigma_{xy})$$

阐述这种关系的定律，称为误差传播律。

已知观测值的中误差,求其函数的中误差是误差传播的正演问题。反之,要求函数达到某一中误差的限值,反过来计算各类观测值中误差的限值,则是误差传播的反演问题。正演问题可对测绘成果的精度进行预测,反演问题则是对观测值精度的控制。

误差传播是测量数据处理质量控制的关键技术。例如在测绘学科各分支学科中,各种测量操作规范的制定,都离不开误差、精度、误差传播等误差理论的指导和应用。

10.2.6 误差检验

观测值中存在观测误差是不可避免的。如果其中包含有系统误差或粗差,则将严重歪曲观测成果,必须设法将其消除或削弱其主要影响。系统误差和粗差是否存在于观测成果中的检验,是基于数理统计中的统计假设检验理论。误差检验就是检查观测结果误差的性质和分布情况的一种过程,目的在于识别观测结果是否符合偶然误差分布规律。发现系统误差和粗差,是测绘成果质量控制的又一项不可忽略的计算、处理过程。

测量数据处理中的误差检验方法,常用数据统计中各种误差分布特征进行检验。参数检验的基本方法有:U 检验、t 检验、X^2 检验和 F 检验等,还采用以统计检验理论为基础,结合测绘数据实际发展起来的许多检验方法。实践中已取得了显著效果,但由于观测误差的复杂性,偶然误差和系统误差、粗差难以区分,测量数据的误差检验还在研究和发展中。

10.3 测 量 平 差

10.3.1 多余观测

设观测值个数为 n,未知量个数为 t,平差问题要求 $n>t$, $r=n-t$ 称为多余观测数,$r>0$ 即观测值的个数必须多于未知量的个数,这是平差问题的一个基本要求。

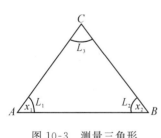

图 10-3 测量三角形

例如对一段距离丈量一次,已可求出其长度,此时 $r=0$,不发生平差问题。对图 10-3 所示三角形,如果仅仅为了确定其形状,那么只要知道其中任意两个内角的大小就行了,这两个内角为所求未知量 $t=2$,如果我们只观测其中两个内角 $n=2$,此时 $r=0$,不需要进行平差。为了检验观测误差,提高未知量估值精度,通常对三个内角都进行了观测,此时 $r=3-2=1$,存在一个多余观测,此时三角形内角和产生了闭合差,发生了平差问题。

一般而言,一个平差问题的多余观测数越多,对检验误差和提高精度就越有好处。但观测次数增多影响经济效益,因此多余观测要求数量适当。

合理地处理带有误差的观测数据必须进行多余观测。多余观测的存在,决定了测量平差的必要性,也就是说多余观测是测量平差的前提。

10.3.2 平差模型

测量的目的,就是要通过观测量与所求未知量之间所建立的数学模型,来估计未知量的数值。测量平差中的数学模型,称为平差模型。

平差模型由函数模型和随机模型组成。函数模型是描述观测量与待求未知量间的数学函数关系的模型。随机模型则是描述平差问题中的随机量（观测量）及其相互间统计相关性质的模型。

1. 函数模型

什么是函数模型？先看一个例子。在图10-3所示三角形中，所求的未知量设为$\angle A = x_1$ 和 $\angle B = x_2$，观测三个内角为 L_1, L_2, L_3 其相应的改正数为 v_1, v_2, v_3，平差值 $\hat{L}_1 = L_1 + v_1, \hat{L}_2 = L_2 + v_2, \hat{L}_3 = L_3 + v_3$。观测量和未知量之间可建立如下函数关系：

$$\left. \begin{array}{l} L_1 + v_1 = x_1 \\ L_2 + v_2 = x_2 \\ L_3 + v_3 = -x_1 - x_2 + 180° \end{array} \right\}$$

上式表明，每一个观测值都与所求未知量有着一定的函数关系，称为观测值方程。

这就是为确定三角形最优形状所确定的一种函数模型。函数模型的作用就是通过观测值来确定模型上所求的未知参数，因此任何测量问题都要建立相应的函数模型。函数模型的建立是否符合客观测量实际，或者说平差函数模型是否正确，将直接影响平差成果的精度。

在测量数据处理中，函数模型可分为几何模型、物理模型、动态模型等。工程测量、GPS定位测量、摄影测量中将像片视为地面点的透视影像时所建的大多是几何模型；重力测量、GPS定轨、轨道摄影和时间的扫描摄影等所建立的大多是动力模型；以时间为参数的工程和地壳变形测量等动态测量数据所建立的则是动态模型。

2. 随机模型

测量数据处理的对象是带有误差的观测值，决定了参与测量平差的观测量具有已知的统计性质，即描述观测值本身精度的方差和观测值间相关程度的协方差，称为验前的方差和协方差。设有 n 个观测值 $L_1, L_2, \cdots, L_n$，其先验前方差已知为 $\sigma_1^2, \sigma_2^2, \cdots, \sigma_n^2$；$L_i, L_j$ 间的协方差为 σ_{ij}，则可构成矩阵

$$D_L = \begin{bmatrix} \sigma_1^2 & \sigma_{12} & \cdots & \sigma_{1n} \\ \sigma_{12} & \sigma_2^2 & \cdots & \sigma_{2n} \\ \vdots & & & \vdots \\ \sigma_{1n} & \sigma_{2n} & \cdots & \sigma_n^2 \end{bmatrix}$$

D_L 称为观测值向量 $L = (L_1, L_2, \cdots, L_n)^T$ 的方差-协方差矩阵、验前的方差-协方差矩阵。D_L 的主对角线元素为各观测值的方差，非主对角线上的元素则表示相应两个观测值间的协方差。D_L 就是测量平差的随机模型，平差时必须顾及此随机模型。简单地说，考虑随机模型，相当于顾及了各观测量之间相关权的比重。

考虑随机模型解算函数模型是测量平差解的特点，因此测量平差的算法是代数学解法和数理统计估计方法的结合，具有丰富的内容。

3. 模型误差

由于观测量与被观测量之间的数学物理关系经常是不确定的，所建函数模型和随机模型与客观实际总会存在某种差异，这种差异称为模型误差。模型误差与观测误差一样，也是不可避免的，因此，测量平差不仅要处理观测误差，还要研究模型误差的处理方法。

10.3.3 平差最优化准则

1. 什么是最优估值

设对某一个量进行了 n 次同精度的观测,得观测值 $L_1, L_2, \cdots, L_n$。上节讲过,一组观测值的精度相同,指的是它们所对应的误差分布相同,而不是说每个观测值的真误差都相同。因此,观测结果总是会不一致,也就是说,在一组观测值之间存在着不符值。现设该量的真值为 X,则由(10-1)式知:

$$\left. \begin{array}{l} \Delta_1 = X - L_1 \\ \Delta_2 = X - L_2 \\ \cdots \cdots \\ \Delta_n = X - L_n \end{array} \right\}$$

当对同一个量进行一组同精度观测时,对于如何求其最优估值的问题,人们采用取简单平均值的办法,并公认这一平均值就是根据这些观测值可能求得的该量的最优估值。下面将据此阐述一下它与真值之间的联系。为此,求上式之和得:

$$\sum_{i=1}^{n} \Delta_i = nX - \sum_{i=1}^{n} L_i$$

采用符号

$$\Delta_x = \sum_{i=1}^{n} \Delta_i / n$$

和

$$x = \sum_{i=1}^{n} L_i / n$$

代入上式,可得:

$$X = x + \Delta_x$$

式中,x 是观测值的简单平均值,而 Δ_x 就是简单平均值的真误差,它是观测值真误差的平均值。

由偶然误差的第四特性可知,当 n 无限增大时,Δ_x 就趋近于零,即 $\lim\limits_{n \to \infty} \Delta_x = 0$,由此得:

$$\lim_{n \to \infty} x = X$$

可见,当观测次数 n 无限增大时,简单平均值即趋于该量的真值。

上式也是真值的定义,即某量的真值,是该量无限次观测得到的理论平均值。真值虽不可知,但随着观测次数 n 的无限增多,其平均值趋于真值。这个理论平均值,在概率统计学中就是随机变量的数学期望。因此,真值在概率统计学可定义为观测值的数学期望,记为 $E(L) = X$。相应地观测偶然误差的真值为 $E(\Delta) = 0$。

实际工作中,不可能对同一量作无限次观测,因而在 n 为有限数的情况下,平均值 x 就是根据已有的观测成果所能求得的一个相对真值,也就是该量的最优估值。随着 n 的增大,该估值也就趋向于真值。

2. 最小二乘原理

通过上面简单平均值的叙述,扼要地说明了真值与相对真值,或者说真值与最优估值之间的联系。在测量工作中,经常所要解决的实际问题,并不局限于这样一种最简单的情况,因而有必要针对最普遍的情况，提出求最优估值的原则。

消除观测值之间矛盾或不符值，求最优估值的依据就是最小二乘原理。现在以一个简单的例子来简单说明按最小二乘原理求最优估值的问题。

设观测了某三角形的三内角，得观测值：$L_1=58°30'40''$，$L_2=61°20'10''$，$L_3=60°08'58''$。由于各观测值带有误差，三内角观测值之和与其应有值 180° 之间存在着不符值，即三角形的闭合差

$$w=(L_1+L_2+L_3)-180°=-12''.$$

为了消除上述三角形闭合差，需在各观测值上分别加一个改正数 $v_i(i=1,2,3)$，使得改正后的结果之和，与其应有值之间不再存在不符值，即

$$(L_1+v_1)+(L_2+v_2)+(L_3+v_3)-180°=0 \qquad (10\text{-}9)$$

如果仅仅是为了满足上式，则从表 10-1 所列的各组 v 中任意取其一组，都能达到这一目的。

表 10-1　　　　　　　　　　改正数计算的几种方案

编号	观测值	v'	v^j	……	v^i	v^k	……
1	58°30'40''	+1''	+2''	……	−3''	+4''	……
2	61°20'10''	+10''	+6''	……	+12''	+4''	……
3	60°08'58''	+1''	+4''	……	+3''	+4''	……
和		+12''	+12''	……	+12''	12''	……

像这样的 v 值可以有无限多组，这就产生了下列问题：

(1) 观测的目的，总是要求得出一套确定的成果，而这里的解答是无限多，如何解决？

(2) 假若只选用某一组 v 值来消除不符值，那么选用哪一组 v 值最合理？

根据最优化数学方法，要求在满足条件式(10-9)的前提下，所求的改正数 v_i，应满足其平方和为最小，即

$$\sum_{i=1}^{n} v_i^2 = v_1^2 + v_2^2 + v_3^2 = \min$$

这就是最小二乘法原则。这组 v 就是表 10-1 中的 v^k 列，即 $v_1=v_2=v_3=4''$。用上述方法求出改正数 v_i 后，改正观测值，可求得其平差值 $L_i+v_i=\hat{L}_i$。这样所求得的 $\hat{L}$ 值，不仅已消除了不符值，而且从误差理论的观点可以证明，其接近于真值的概率最大，因此，它们就是最优估值了。

综上所述，所谓按最小二乘原理求最优估值，就是按下述两个要求来求出观测值的改正数及其平差值：

(1) 只用一组改正数 $v_i(i=1,2,\cdots,n)$ 消除不符值；

(2) 在同精度观测的情况下，改正数 v 应满足

$$\sum_{i=1}^{n} v_i^2 = v_2^1 + v_2^2 + \cdots + v_n^2 = \min$$

在不同精度观测的情况下，则应满足

$$\sum_{i=1}^{n} p_i v_i^2 = p_1 v_1^2 + p_2 v_2^2 + \cdots + p_n v_n^2 = \min$$

通常把这种按最小二乘原理求最优估值所进行的计算工作,称为按最小二乘法进行测量平差。

最小二乘原理是测量数据处理中最常用的一种最优化准则。由于测量数据的多源性(如前几章各分支学科所述的大地测量地面测量数据、GPS 定位数据、摄影测量和遥感数据、地理信息系统采集的数据等)、多维性、多时态性、多分辨率等复杂因素导致所建模型不同,因此还要研究其他最优化准则。例如概率统计学、最优化数学中的极大似然估计、极大验后估计、贝叶斯估计、滤波估计等都是惯用的测量平差准则。

10.3.4 具有一个参数的平差问题

现举一个测量中最简单的平差例子说明测量平差的过程。

设对未知量 x 进行了 n 次独立不同精度观测,得观测值 $L_1, L_2, \cdots, L_n$,已知观测值方差分别为 $\sigma_1^2, \sigma_2^2, \cdots, \sigma_n^2$,首先要列出平差的函数模型,即观测值方程:

$$v_1 = x - L_1$$
$$v_2 = x - L_2$$
$$\cdots \cdots$$
$$v_n = x - L_n$$

其次要列出平差的随机模型。因 n 个观测值互独立,即两两观测值间不相关,其协方差都为零,则随机模型 D_L 为对角阵,其对角线元素分别为各观测值的方差。令方差因子为 σ_0^2,由此可计算各观测值的权为:

$$p_1 = \frac{\sigma_0^2}{\sigma_1^2}, p_2 = \frac{\sigma_0^2}{\sigma_2^2}, \cdots, p_n = \frac{\sigma_0^2}{\sigma_n^2}$$

对于不同精度观测,改正数的选择应满足最小二乘原则,即

$$\sum_{i=1}^{n} p_i v_i^2 = \min$$

式中,函数 $\sum_{i=1}^{n} p_i v_i^2$ 是自变量 x 的函数,要求出 x 为何值时,才能满足最小二乘原则。为此,可令函数对于 x 的一阶导数等于零,即

$$\frac{\partial}{\partial x} \sum_{i=1}^{n} p_i v_i^2 = 2 \sum_{i=1}^{n} \frac{\partial v_i}{\partial x} p_i v_i = 2 \sum_{i=1}^{n} p_i v_i = 0$$

将观测方程代入,可得

$$\sum_{i=1}^{n} p_i (x - L_i) = 0$$

或

$$\sum_{i=1}^{n} p_i x_i = \sum_{i=1}^{n} p_i L_i$$

这是一个参数的线性方程组,称为法方程组,解之得

$$x = \sum_{i=1}^{n} p_i L_i \Big/ \sum_{i=1}^{n} p_i$$

亦即在不同精度直接观测时带权算术平均值为该未知量的最优估值。x 也就是观测值的平差值，即

$$x = L_1 + v_1 = L_2 + v_2 = \cdots = L_n + v_n$$

特殊地，当对观测值 $L_1, L_2, \cdots, L_n$ 为等精度，即 $\sigma_1^2 = \sigma_2^2 = \cdots = \sigma_n^2 = \sigma^2$ 时，则可令 $\sigma_0^2 = \sigma^2$，此时 $p_1 = p_2 = \cdots = p_n = 1$，在这种情况下，算术平均值就是最小二乘估值，即 $x = \sum_{i=1}^{n} L_i / n$，亦即算术平均值原理与最小二乘法等价。

测量平差的任务除了求出未知量的最优估值外还要评定精度。评定精度的内容包括观测值的中误差和最小二乘估值（带权平均数）的中误差，这些中误差的计算也利用中误差的定义公式和误差传播定律。

10.3.5 线性方程组的解算

按最优化准则解算平差模型，可归结为解算一个线性方程组（观测方程组、法方程组）。测量平差中遇到的线性方程组种类繁多，例如有：方程组个数大于所求参数个数的矛盾方程组；方程组个数小于所求参数个数的相容方程组；方程组个数与所求参数个数相等的正规方程组和病态方程组；方程组个数与所求参数个数不等的秩亏方程组以及方程组个数特别多的大规模方程组，等等。研究这种线性方程组的解算和程序编制一直也是测量平差的研究课题。线性方程组解算方法是以线性代数与数理统计中参数估计方法为基础。测绘界的研究成果对此做出了重要贡献，给出了许多符合测量数据实际的解算理论和方法。

10.4　近代测量平差及其在测绘学中的作用

10.4.1　近代测量平差综述

自 19 世纪初提出按最小二乘法进行测量平差，在很长时间都是基于观测偶然误差为前提的，属于经典测量平差范畴。近三十多年来，测量数据的采集和需求发生了很大的变化。测量仪器从光学为主发展到电子化、数字化和自动化，观测手段从地面测量扩展至海、陆、空以及卫星测量，用户对观测成果的高精度和质量控制以及交叉学科的需求，促进了测量平差学科的飞跃发展，形成了所谓的近代测量平差体系。

（1）测量平差的理论体系从以代数学为主的体系转化为以概率统计学为主并与近代代数学相结合的理论体系。形成了概率统计学、近代代数学和测量数据处理融一体的测量平差新体系。

（2）以现代手段采集的数据，除包含所需的信息外，偶然误差、系统误差和粗差几乎同时存在，经典的以偶然误差为主的误差理论自然不够用，从而扩展了系统误差和粗差理论及其相应的测量平差方法。

（3）平差问题的最优化准则，从最小二乘估计扩展至极大似然估计、极大验后估计、最小方差估计以及贝叶斯估计等统计估计准则。其主要特点是平差问题的观测量不要求一定服从正态分布，而所求未知量（参数）也可以是随机参数。

（4）产生了不少新的平差方法，其中秩亏自由网平差、滤波、推估和配置以及稳健最小

二乘平差等被认为是这一时期的创新成就。

(5) 根据观测数据采集的实时化和自动化,动态系统的测量平差理论和方法的研究正在深入,静态平差向动态平差的扩展也是这一时期的发展动向。

10.4.2 测量平差在现代测绘中的作用

就研究观测数据处理理论和计算方法而论,测量平差是测绘学中一个基础性的分支学科,但就其应用而言,它融于测绘学其他各分支学科之中,因为这些学科离不开数据的采集和处理,测量平差也应各分支学科的需求而发展。

下面举例说明测量平差学科在现代测绘中的作用。

1. 国家控制网的布设与平差

国家平面、高程控制网是建立大地测量系统与参考框架的基础,是我国各项工程建设统一的平面和高程基准。网的布设、观测方案的制定、网点分布的密度以及成果的精度要求等,其中许多内容都要运用误差理论进行设计,以保证其最后成果达到预期精度要求。

国家控制网点的坐标、高程是通过全网平差得到的。1982 年完成的中国天文大地网平差,观测数据 30 多万个,坐标未知量 15 万个,需要解算高达 15 万阶的线性方程组。2003 年完成的 2000 国家 GPS 控制网平差,其中 GPS 网点就有 2 518 个。这种国家控制网的平差不仅计算工作难度大,而且存在许多难以解决的技术问题。国家控制网平差的高精度成果为我国地学研究和各项工程建设提供了基础性的测绘保障。

2. 摄影测量与大地测量观测值的联合平差

在摄影测量中,为了利用少量的野外控制点来加密测图所需的控制点,进行航摄内业成图,要进行区域网平差。随着摄影测量观测值精度的提高,将大地测量观测值不作为起始数据,而与摄影测量观测值联合平差,由此可获得精密而又可靠的点位测定系统,提高航测成图的精度。

随着卫星大地测量、航天摄影测量和遥感的发展,摄影测量和大地测量平差将在范围和规模上趋向一致,通过联合平差,可以实现不再需要在地面进行测量的一种摄影测量系统。

3. GIS 数据的精度分析和质量控制

数据是 GIS 最基本的组成部分,数据质量的好坏将直接影响 GIS 产品的质量,因此,GIS 数据质量控制对 GIS 的发展具有重要意义。讨论数据质量好坏,通常用误差或不确定性来描述,其度量指标是中误差或不确定度,不确定度是一种最大误差,它依据误差的实际概率分布给以某种置信概率而确定,其大小是中误差的 k 倍。GIS 数据主要来源于大地测量、工程测量、摄影测量与遥感、地图数字化等,这些数据的精度分析和质量控制都是基于测量误差理论的。此外,数字化数据得到的坐标值也是有误差的观测值,由这种坐标点构成的例如房屋的几何图形、道路曲线等由于误差影响而与实体不符,需要进行平差纠正。在矢量 GIS 空间数据中,点、线和面目标是基本要素,点、线、面的精度或不确定度分析也要借助于误差理论和测量平差知识。

4. 动态监测数据分析与物理解释

动态监测包括工程建筑物的变形、地壳运动、卫星轨道、导航、车载 GPS 等多方面,数据处理的任务就是通过动态分析,作出物理解释。下面以地壳运动为例,说明测量平差的作用。

地壳运动可表现为大面积的地壳形变,通过布设监测网,进行大地测量,经过平差排除干扰,计算地壳形变大小、方向速率等,并与地震、地质地球物理现象联系起来,分析地壳运动力源等地球物理解释。在这个过程中,充分研究各种误差来源,在平差中予以削弱或消除,是正确作出物理解释的前提。例如,美国洛杉矶有一个1.2万平方千米的地区,用精密水准测量监测地壳垂直运动,发现在1960～1974年间上升了35cm,当时先认为是地震的前兆,但并未发生地震。后又认为是无震垂直运动的典范,当时并没有考虑测量存在误差。进一步研究发现,测量中有严重的折光误差和标尺系统误差。经平差处理,最后平差结果改为7.5±4.0cm,基本上属于随机误差性质,不是真正的地壳上升运动。

思 考 题

1. 你是如何理解观测误差、模型误差是不可避免的?
2. 试述中误差与真误差的概率关系,并说明计算中误差的意义。
3. 什么是最小二乘原理?
4. 如何理解测量平差这一学科在测绘成果质量控制中的作用?
5. 通过学习前9章的内容,试举例说明本学科在各分支学科中的应用。

参 考 文 献

[1] 武汉大学测绘学院测量平差学科组.误差理论与测量平差基础.武汉:武汉大学出版社,2003.
[2] 崔希璋,於宗俦,陶本藻,刘大杰等.广义测量平差(新版).武汉:武汉测绘科技大学出版社,2001.
[3] 王新洲,陶本藻,邱卫宁,姚宜斌.高等测量平差.北京:测绘出版社,2006.
[4] 陶本藻.自由网平差与变形分析.武汉:武汉测绘科技大学出版社,2001.
[5] 刘大杰,陶本藻等.实用测量数据处理方法.北京:测绘出版社,2000.
[6] 於宗俦,于正林.测量平差原理.武汉:武汉测绘科技大学出版社,1990.
[7] 李庆海,陶本藻.概率统计原理和在测量中的应用.北京:测绘出版社,1992.
[8] 黄维彬.近代平差理论及应用.北京:解放军出版社,1992.

第 11 章　地球空间信息学与数字地球

11.1　什么是数字地球

11.1.1　资源经济,资本经济和知识经济

人类社会经历了几千年的发展和历史,社会发生了翻天覆地的变化。可以从不同的角度来研究和分析人类社会的发展与进化。从社会经济发展看,人类走过了资源经济、资本经济和知识经济三个阶段(见图 11-1)。

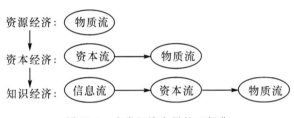

图 11-1　人类经济发展的三部曲

在漫长的原始社会,奴隶社会到封建社会阶段,劳动生产力低下,经济活动主要表现为简单的物质流和物质交换,谁拥有资源(包括自然资源和人才资源),谁就主宰社会。随着 18 世纪工业革命的浪潮,产生了以资本流拉动物质流的资本经济,谁拥有资本,谁就能主宰社会。而随着 20 世纪中叶信息革命的浪潮,当人类跨入 21 世纪时,出现了知识经济。典型的例子是美国微软公司比尔·盖茨成为世界首富,既不是依靠资源,也不是依靠资本,而是依靠他的知识。在知识经济时代,信息流拉动资本流,进而拉动物质流,使社会生产力得到了极大的提高。当今世界,以信息技术为主要标准的科技进步日新月异,高科技成果向现实生产力的转化越来越快,初见端倪的知识经济预示人类的社会经济生活将发生新的巨大变化。

11.1.2　数字地球的提出

数字地球是美国前副总统戈尔于 1998 年 1 月 31 日在"数字地球——认识 21 世纪我们这颗星球"的报告中提出的一个通俗易懂的概念,它勾绘出信息时代人类在地球上生存、工作、学习和生活的时代特征。

所谓"数字地球",可以理解为对真实地球及其相关现象统一的数字化重现和认识。其核心思想是用数字化的手段来处理整个地球的自然和社会活动诸方面的问题,最大限度地

利用资源,并使普通百姓能够通过一定的方式方便地获得他们所想了解的有关地球的信息,其特点是嵌入海量地理数据,实现多分辨率的、三维对地球的描述,即"虚拟地球"。通俗地讲,就是用数字的方法将地球、地球上的活动及整个地球环境的时空变化装入计算机中,实现在网络上的流通,并使之最大限度地为人类的生存、可持续发展和日常的工作、学习、生活、娱乐服务。

严格地讲,数字地球是以计算机、多媒体技术和大规模存储技术为基础,以宽带网络为纽带,运用海量地球信息对地球进行多分辨率、多尺度、多时空和多种类的三维描述,并以它作为工具来支持人类活动和改善人们的生活质量。

我们可以很高兴地说,在我们赖以生存的现实地球上,可以在计算机通信网络上,构建一个能包容地球的过去与现在并能预测未来的数字地球。这样的数字地球可以把关于自然和人类的浩如烟海的数据和信息组织起来,从而在计算机网络系统中最佳地重现真实地球。

数字中国是数字地球的一部分,它是以计算机技术、多媒体技术和大规模存储技术为基础,以高速宽带网络为纽带,以多比例尺空间数据基础设施为框架,将全国各省、市、自治区(直辖市)及所属各城镇的各种自然环境、社会、人文、政治、经济的有关信息数字化,实现其在网上的流通,以最大限度地促进全国经济的发展和不断提高人民的生活质量。数字城市是城市地理信息和其他城市信息相结合并存储在计算机网络上的、能供远程用户访问的、将各个城市和城市外的空间连在一起的三维虚拟空间。因为城市在国家经济发展和人民生活中的重要作用,所以数字城市是数字地球中最活跃和最有价值的重要组成部分。图 11-2 表示从数字地球、数字中国到数字城市的连接关系。图 11-3 形象地表示了从数字地球到数字城市的可视化。

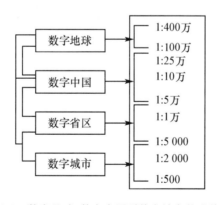

图 11-2　数字地球、数字中国到数字城市的连接关系

数字地球由下列体系构成:数据获取与更新体系、数据处理与存储体系、信息提取与分析体系、数据与信息传播体系、数据库体系、网络体系、应用模型体系、专用软件体系、咨询服务体系、专业人员体系、用户体系、教育体系、标准与互操作体系、法规和财经体系。数字地球的数据库不仅包括全球性的中、小比例尺的空间数据,还包括局部范围的大比例尺的空间数据以及元数据;不仅包括地球的各类多光谱、多时相、高分辨率的遥感卫星影像、航空影像、不同比例尺的专题图,还包括相应的以文本形式表现的有关可持续发展,农业、资源、环境、灾害、人口、全球变化、气候、生物、地理、生态系统、大气、水文、教育、人文和军事等不同

图 11-3　数字地球-数字中国-数字区域-数字城市图

类别的数据。这些数据正是目前在建设中的国家空间数据基础设施(NSDI)和全球空间数据基础设施(GSDI)。

数字地球本质上是一个信息系统,除了它是一个超巨大的信息系统特点之外,还具有以下七个方面的特点:

第一,数字地球具有空间性、数字性和整体性。这三者的融合统一,形成了它与其他信息系统的根本区别。

第二,数字地球的数据具有无边无缝的分布式数据层结构,包括多源、多比例尺、多分辨率的、历史和现时的、矢量格式和栅格格式的数据。

第三,数字地球具有不断充实的互联网地理数据库。

第四,数字地球以图像、图形、图表、文本报告等形式提供服务。其中信息是最主要的任务。

第五,数字地球采用开放平台、构件技术、动态互操作等最先进的技术方案。

第六,数字地球的用户可以以多种方式从中获取信息:任何一个用户都可以实时调用,无论生产者是谁,也无论数据在什么地方;国际互联网上的用户可以根据自己的权限查询数字地球中的信息;运用具有传感器功能的特制数据手套,还可以对数字地球进行各类可视化操作。

第七,数字地球的服务对象覆盖整个社会层面,无论政府机关还是私人公司,无论科教部门还是生产单位，无论专业技术人员还是普通老百姓，都可以找到自己所需要的信息。

数字地球是地球科学技术与信息科学技术、空间科学技术等现代科学技术交融的前沿，又是当代科学技术发展和需求紧密结合的必然结果。数字地球虽然是一个新概念，但它涉及的理论、技术、数据和应用都与现有的直接相关。数字地球是从更高的层次、系统论和一体化的角度来整合、应用已有的或正在发展的理论、技术、数据和能力（含人员、软件、硬件），从而更广泛地、更深入地、更有效地、更经济地为社会提供服务。

11.2 数字地球的技术支撑

要在电子计算机上实现数字地球不是一件很简单的事情，它需要诸多学科，特别是信息科学技术的支撑。这其中主要包括：信息高速公路和计算机宽带高速网络技术、高分辨率卫星影像、空间信息技术、大容量数据处理与存储技术、科学计算以及可视化和虚拟现实技术。

11.2.1 信息高速公路和计算机宽带高速网

一个数字地球所需要的数据已不能通过单一的数据来存储，而需要由成千上万的不同组织维护，这意味着参与数字地球的服务器将需要由高速网络来连接。为此，美国前总统克林顿早在1993年2月就提出实施美国国家信息基础设施（NII），通俗形象地称为信息高速公路。它主要由计算机服务器、网络和计算机终端组成。美国为此计划投入4 000亿美元，耗时20年。到2000年时已提高生产率45%，获取了35 000亿美元的效益。

在Internet流量爆发性增长的驱动下，远程通信载体已经尝试使用10G/s的网络，而每秒10^{15} byte的因特网正在研究中。相信在本世纪将会有更加优秀的宽带高速网供人们使用。

11.2.2 高分辨率卫星影像

自卫星遥感问世以来，遥感卫星影像的分辨率已经有了飞快的提高。这里所说的分辨率指空间分辨率、光谱分辨率和时间分辨率。空间分辨率指影像上所能看到的地面最小目标尺寸，用像元在地面的大小来表示。从遥感形成之初的80m，已提高到30m，10m，5.8m，乃至1~2m，军用遥感影像的分辨率甚至可达到10cm。21世纪获取1m或低于1m的空间分辨率影像将会十分方便。光谱分辨率指成像的波段范围，分得越细，波段越多，光谱分辨率就越高，现在的技术可以达到5~6nm量级，400多个波段。细分光谱可以提高自动区分和识别目标性质和组成成分的能力。时间分辨率指的是重访周期的长短，目前一般对地观测卫星为15~25天的重访周期。通过发射合理分布的卫星星座可以1~3天观测地球一次，从而实现"秀才不出门，能观天下事"的理想。

11.2.3 空间信息技术与空间数据基础设施

空间信息是指与空间和地理分布有关的信息，经统计，世界上的事情有80%与空间分布有关，空间信息用于地球研究即为地理信息系统。为了满足数字地球的要求，将影像数据库（DOM）、矢量图形库（DLG）和数字高程模型（DEM）三库一体化管理的GIS软件和网络GIS，将十分成熟和普及。这样，可实现不同层次的互操作，一个GIS应用软件产生的地理信息将被另一个软件读取。

当人们在数字地球上处理、发布和查询信息时,将会发现大量的信息都与地理空间位置有关。例如查询两城市之间的交通连接,查询旅游景点和路线,购房时选择价廉而又环境适宜的住宅等都需要有地理空间参考。由于尚未建立空间数据参考框架,目前在万维网上制作主页时还不能轻易将有关的信息连接到地理空间参考上。因此,国家空间数据基础设施是数字地球的基础。

国家空间数据基础设施主要包括空间数据协调管理与分发体系和机构,空间数据交换网站、空间数据交换标准及数字地球空间数据框架。这是美国前总统克林顿在 1994 年 4 月以行政令下发的任务,美国已于 2000 年 1 月初步建成,我国也将在跨世纪之际,抓紧建立我国基于 1∶50 000 和 1∶10 000 比例尺的空间信息基础设施。欧洲、俄罗斯和亚太地区也都纷纷抓紧空间数据基础设施建设。

空间数据共享机制是使数字地球能够运转的关键之一。国际标准化组织 ISO/TC211 工作组正为此而努力工作。只有共享才能发展,共享推动信息化,信息化进一步推动共享。政府与民间的联合共建是实现共享原则的基本条件,因为任何国家的政府都不可能包揽整个信息化的建设。在我国,要遵循这一规律就必然要求打破部门之间和地区之间的界限,统一标准,联合行动,相互协调,互谅互让,分工合作,发挥整体优势。只有大联合才能形成规模经济的优势,才能在国际信息市场的激烈竞争中争取主动。

11.2.4 大容量数据存储及元数据

数字地球将需要存储 10^{15} 字节(Quadrillions)的信息。美国 NASA 的 EOS—AM1 于 1999 年上天,每天发回数千个 GB 的数据和信息,1m 分辨率影像覆盖广东省,大约有 1TB 的数据,而广东才是中国的 1/53。所以要建立起中国的数字地球,仅仅影像数据量至少就有 53TB。NASA 和 NOAA 已着手建立用原型并行机管理的、可存储 1 800TM 的数据中心,数据盘带的查找由机器手自动而快速地完成。

另一方面,为了在海量数据中迅速找到需要的数据,元数据(metadata)库的建设是非常必要的。元数据是描述数据的数据,通过它可以了解有关数据的名称、位置、属性等信息,从而大大减少用户寻找所需数据的时间。

11.2.5 科学计算

地球是一个复杂的巨系统,地球上发生的许多事件,变化和过程又十分复杂而呈非线性特征,时间和空间的跨度变化大小不等,差别很大,只有利用高速计算机,才有可能模拟一些不能观测到的现象。利用数据挖掘(Data Mining)技术,我们将能够更好地认识和分析所观测到的海量数据,从中找出规律和知识。科学计算将使我们突破实验和理论科学的限制,建模和模拟可以使我们能更加深入地探索所搜集到的有关我们星球的数据。

11.2.6 可视化和虚拟现实技术

可视化是实现数字地球与人交互的窗口和工具,没有可视化技术,计算机中的一堆数字是无任何意义的。

数字地球的一个显著的技术特点是虚拟现实技术。建立了数字地球以后,用户戴上显示头盔,就可以看见地球从太空中出现,使用"用户界面"的开窗放大数字图像;随着分辨率的不断提高,用户看见了大陆,然后是乡村、城市,最后是私人住房、商店、树木和其他天然和人造景观;当用户对商品感兴趣时,可以进入商店内,欣赏商场内的衣服,并可根据自己的体型虚拟自己试穿衣服。

虚拟现实技术为人类观察自然,欣赏景观,了解实体提供了身临其境的感觉。最近几年,虚拟现实技术发展很快。虚拟现实造型语言(VRML)是一种面向 Web、面向对象的三维造型语言,而且它是一种解释性语言。它不仅支持数据和过程的三维表示,而且能使用户走进视听效果逼真的虚拟世界,从而实现数字地球的表示以及通过数字地球实现对各种现象的研究和人们的日常应用。实际上,人造虚拟现实技术在摄影测量中早已是成熟的技术,近几年数字摄影测量的发展,已经能够在计算机上建立可供量测的数字虚拟技术。当前的技术是对同一实体拍摄照片,产生视差,构造立体模型,通常是当模型处理。进一步的发展是对整个地球进行无缝拼接,任意漫游和放大,由三维数据通过人造视差的方法,构造虚拟立体的数字地球。

基于以上六大技术,可以形成如图 11-4 所示的数字地球构建方案。

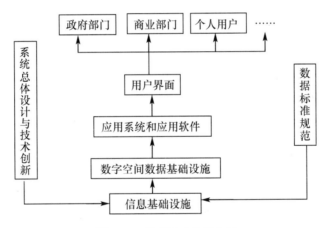

图 11-4 数字地球构建方案

其中,信息基础设施作为最基础的底层,是为了构建连通全球的计算机信息网格;数字空间数据基础设施构成数字地球的空间框架,这两个基础设施都应该以政府为主来建设;各类应用系统建立在这两个基础设施之上,其中服务于各级政府的办公自动化系统(OA)应当由各级政府来建设,而且要向公众开放,为公众服务,其他的应用系统按照客观需求,谁投资、谁建设、谁就享受收益。整个数字地球、数字中国、数字城市的建设应当服从统一的标准,以保证资源共享。在系统的总体设计中,应当根据各国、各省区、各城市的特点来设计,以保证系统的可靠和高效的运行。

11.3 作为数字地球基础的地球空间信息科学

地球空间信息科学(Geo-Spatial Information Science,简称 Geomatics)是以全球定位系统(GPS)、地理信息系统(GIS)、遥感(RS)等空间信息技术为主要内容,并以计算机技术和通信技术为主要技术支撑,用于采集、量测、分析、存储、管理、显示、传播和应用与地球和空间分布有关数据的一门综合和集成的信息科学和技术。地球空间信息科学是以"3S"技术为代表,包括通信技术、计算机技术的新兴学科。它是地球科学的一个前沿领域,是地球信息科学的重要组成部分,是数字地球的基础。2004年英国自然杂志(一月号)引用美国劳动部的话,将地球空间信息技术与纳米技术和生物技术一起列为最主要的具有发展前景的三大技术。地球空间信息技术的应用涉及全球14万个单位。截至2005年,地球空间信息产业已形成300亿美元的产值。

11.3.1 地球空间信息学的形成

随着社会和经济的迅速发展,人类活动引起的全球变化日益成为人们关注的焦点。随着世界人口的急剧增加,资源大量消耗、生态环境日益恶化成为了有目共睹的事实。地球及其环境是一个复杂的巨系统,为了解决上述问题,要求以整体的观点认识地球。随着人类社会步入信息时代,有关地球科学问题的研究需要以信息科学为基础,并以现代信息技术为手段,建立地球信息的科学体系。地球空间信息科学作为地球信息科学的一个重要分支,将为地球科学问题的研究提供数学基础、空间信息框架和信息处理的技术方法。

地球空间信息广义上指各种空载、星载、车载和地面测地遥感技术所获取的地球系统各圈层物质要素存在的空间分布和时序变化及其相互作用信息的总体。地球空间信息科学作为信息科学和地球科学的边缘交叉学科,它与区域及至全球变化研究紧密相连,是现代地球科学为解决社会可持续发展问题的一个基础性环节。

空间定位技术(GNSS)、航空和航天遥感(RS)、地理信息系统(GIS)和互联网、无线网等现代通信技术的发展及其相互间的渗透,逐渐形成了地球空间信息的集成化技术系统。近二三十年来,这些现代空间信息技术的综合应用有了飞速发展,使得人们能够快速、及时和连续不断地获得有关地球表层及其环境的大量几何与物理信息,形成地球空间数据流和信息流,从而促成了地球空间信息科学的产生。

地球空间信息科学不仅包含现代测绘科学的所有内容,而且体现了多学科的交叉与渗透,并特别强调计算机技术的应用。地球空间信息科学不局限于数据的采集,而是强调对地球空间数据和信息从采集、处理、量测、分析、管理、存储到显示和发布的全过程。这些特点标志着测绘学科从单一学科走向多学科的交叉;从利用地面测量仪器进行局部地面数据的采集到利用各种星载、机载和舰载传感器实现对地球表面及其环境的几何、物理等数据的采集;从单纯提供静态测量数据和资料到实时/准实时地提供随时空变化的地球空间信息。将空间数据和其他专业数据进行综合分析,其应用已扩展到与空间分布有关的诸多方面,如环境监测与分析、资源调查与开发、灾害监测与评估、现代化农业、城市发展、智能交通等。

推动地球空间信息科学发展的动力有两个方面:一方面是现代航天、计算机和通信技术的飞速发展为地球空间信息科学的发展提供了强有力的技术支持;另一方面是全球变化和社会可持续发展日益成为人们关注的焦点,而作为其主要支撑技术的地球空间信息科学必然成为优先发展的领域。具体表现为:地球空间信息科学理论框架逐步完善,技术体系初步建立,应用领域进一步扩大,产业部门逐步形成。

11.3.2 地球空间信息科学的理论体系

地球空间信息科学理论框架的核心是地球空间信息机理。地球空间信息机理作为形成地球空间信息科学的重要理论支撑,通过对地球圈层间信息传输过程与物理机制的研究,提示地球几何形态和空间分布及变化规律。主要内容包括:地球空间信息的基准、标准、时空变化、认知、精度、可靠性和不确定性、解译与反演、表达与可视化等基础理论问题。

1. 地球空间信息基准

地球空间信息基准包括几何基准、物理基准和时间基准,是确定一切地球空间信息几何形态和时空分布的基础。地球参考坐标轴系是基于地球自转运动定义的,地球动力过程使地球自转矢量以各种周期不断变化;另一方面,作为参考框架的地面基准站又受到全球板块和区域地壳运动的影响。因此,区域定位参考框架与全球参考框架的连接和区域地球动力学效应问题,是地球空间信息科学和地球动力学交叉研究的基本问题。

2. 地球空间信息标准

地球空间信息具有定位特征、定性特征、关系特征和时间特征,它的获取主要依赖于航空、航天遥感等手段。各种遥感仪器所能感受到的信号,取决于错综复杂的地球表面和大气层对不同波段电磁波的辐射与反射率。地球空间信息产业发展的前提是信息的标准化,它作为一种把地球空间信息的最新成果迅速地、强制性地转化为生产力的重要手段,其标准化程度将决定以地球空间信息为基础的信息产业的经济效益和社会效益。主要包括:空间数据采集、存储与交换格式标准、空间数据精度和质量标准、空间信息的分类与代码、空间信息的安全、保密及技术服务标准等。

3. 地球空间信息时空变化

地球及其环境是一个时空变化的巨系统,其特征之一是在时间及空间尺度上演化和变化的不同现象,时空尺度的跨度可能有十几个数量级。地球空间信息的时空变化理论,一方面从地球空间信息机理入手,揭示地球空间信息的时空变化特征和规律,并加以形式化描述,形成规范化的理论基础,使地球科学由空间特征的静态描述有效地转向对过程的多维动态描述和监测分析;另一方面,针对不同的地学问题,进行时间优化与空间尺度的组合,以解决诸如不同尺度下信息的衔接、共享、融合和变化检测等问题。

4. 地球空间信息认知

地球空间信息以地球空间中各个相互联系、相互制约的元素为载体,在结构上具有圈层性,各元素之间的空间位置、空间形态、空间组织、空间层次、空间排列、空间格局、空间联系以及制约关系等均具有可识别性。通过静态上的形态分析、发生上的成因分析、动态上的过程分析、演化上的力学分析以及时序上的模拟分析来阐释与推演地球形态,以达到对地球空间的客观认知。

5. 地球空间信息不确定性

由于地球空间信息是在对地理现象的观测、量测基础上的抽象和近似描述,因此存在不确定性,而且它们可能随着时间发生变化,这使得地球空间信息的管理非常复杂和困难。同时,这些差异会对信息的处理及分析结果产生影响。地球空间信息的不确定性包括:类型的不确定性、空间位置的不确定性、空间关系的不确定性、时域的不确定性、逻辑上的不一致性和数据的不完整性。

6. 地球空间信息解译与反演

通过对地球空间信息的定性解译和定量反演,揭示和展现地球系统现今状态和时空变化规律。从现象到本质,回答地球科学面临的资源、环境和灾害诸多重大科学问题是地球空间信息科学的最终科学目标。地球空间信息的解译与反演涉及地球科学的许多领域。

7. 地球空间信息表达与可视化

由于计算机中的地球空间数据和信息均以数字形式存储,为了使人们更好地了解和利用这些信息,需要研究地球空间信息的表达与可视化技术方法。它主要涉及空间数据库的多尺度(多比例尺)表示、数字地图自动综合、图形和图像可视化、动态仿真和虚拟现实等。

11.3.3 地球空间信息学的技术体系

地球空间信息科学的技术体系是指贯穿地球空间信息采集、处理、管理、分析、表达、传播和应用的一系列技术方法所构成的一组完整的技术方法的总和。它是实现地球空间信息从采集到应用的技术保证,并能在自动化、时效性、详细程度、可靠性等方面满足人们的需要。地球空间信息科学技术体系是地球空间信息科学的重要组成部分,它的建立依赖于地球空间信息科学基础理论及其相关科学技术的发展,包括以下几个大的方面:

1. 空间定位(GPS)技术

GPS 或 GNSS 作为一种全新的现代导航定位方法,已逐渐在越来越多的领域取代了常规光学和电子仪器。20 世纪 80 年代以来,尤其是 90 年代以来,GPS 卫星定位和导航技术与现代通信技术相结合,在空间定位技术方面引起了革命性的变化。用 GPS 同时测定三维坐标的方法将测绘定位技术从陆地和近海扩展到整个海洋和外层空间,从静态扩展到动态,从单点定位扩展到局部与广域差分,从事后处理扩展到实时(准实时)定位与导航,绝对和相对精度扩展到米级、厘米级乃至毫米级,从而大大拓宽了它的应用范围和在各行各业中的作用。

2. 航空航天遥感(RS)技术

当代遥感的发展主要表现在它的多传感器、高分辨率和多时相特征。国内外已有或正研制地面分辨率为 0.1~2m 的航天遥感系统。在影像处理技术方面,开始尝试智能化专家系统。遥感信息的应用分析已从单一遥感资料向多时相、多数据源的复合分析,从静态分析向动态监测过渡,从对资源与环境的定性调查向计算机辅助的定量自动制图过渡,从对各种现象的表面描述向软件分析和计量探索过渡。近年来,由于航空遥感具有快速机动性和高分辨率的显著特点,它已成为遥感发展的重要方面。

3. 地理信息系统(GIS)技术

随着"数字地球"这一概念的提出和人们对它的认识的不断加深,从二维向多维动态以及网络方向发展是地理信息系统发展的主要方向,也是地理信息系统理论发展和诸多领域的迫切需要如资源、环境、城市等。在技术发展方面,一个发展是基于 Client/Server 结构,即用户可在其终端上调用服务器上的数据和程序;另一个发展是通过互联网络发展 Internet GIS、Web GIS 和 Grid GIS,可以实现远程寻找所需要的各种地理空间数据,包括图形和图像,而且可以进行各种地理空间分析,这种发展通过现代通信技术使 GIS 进一步与信息高速公路接轨。

4. 数据通信技术

数据通信技术是现代信息技术发展的重要基础。地球空间信息技术的发展在很大程度上依赖于数据通信技术的发展,在 GPS、GIS 和 RS 技术发展过程中,高速度、大容量、高可靠性的数据通信是必不可少的。目前在世界范围内通信技术正处于飞速发展阶段,特别是宽带通信、多媒体通信、卫星通信等新技术的应用以及迅速增长的需求,为数据通信技术的发展创造了良好的外部环境。

11.3.4 GPS、RS 与 GIS 的集成

1. 3S 技术集成的概念

空间定位系统(目前主要指 GPS 全球定位系统)、遥感(RS)和地理信息系统(GIS)是目前对地观测系统中空间信息获取、存储管理、更新、分析和应用的三大支撑技术(以下简称"3S"),是现代社会持续发展、资源合理规划利用、城乡规划与管理、自然灾害动态监测与防治等的重要技术手段,也是地学研究走向定量化的科学方法之一。

这三大技术是有着各自独立、平行的发展成就:

GPS 是以卫星为基础的无线电测时定位、导航系统,可为航空、航天、陆地、海洋等方面的用户提供不同精度的在线或离线的空间定位数据。

RS 在过去的 20 年中已在大面积资源调查、环境监测等方面发挥了重要的作用。在未来 5 年之中还会在空间分辨率、光谱分辨率和时间分辨率三个方面,全面出现新的突破。

GIS 技术则被各行各业用于建立各种不同尺度的空间数据库和决策支持系统,向用户提供着多种形式的空间查询、空间分析和辅助规划决策的功能。

随着"3S"研究和应用的不断深入,科学家们和应用部门逐渐认识到,单独地运用其中的一种技术往往不能满足一些应用工程的需要。事实上,许多应用工程或应用项目需要综合地利用这三大技术的特长,方可形成和提供所需的对地观测、信息处理、分析、模拟的能力。例如海湾战争中"3S"技术的集成代表了现代战争的高技术特点,而且"3S"技术的集成应用于工业、农业、渔业、交通运输、导航、公安、消防、保险、旅游等不同行业,将产生越来越大的市场价值。广义地讲,由于三者为众,3S 集成也可以理解为多种高新技术的集成,例如上述三种技术与通信技术、数字摄影测量技术、专家系统等的集成。

近几年来,国际上"3S"的研究和应用开始向集成化(或综合化)方向发展。这种集成应用中:

GPS 主要被用于实时、快速地提供目标,包括各类传感器和运载平台(车、船、飞机、卫星等)的空间位置;

RS 用于实时地或准实时地提供目标及其环境的语义或非语义信息,发现地球表面上的各种变化,及时地对 GIS 进行数据更新。

GIS 则是对多种来源的时空数据进行综合处理、集成管理、动态存取,作为新的集成系统的基础平台,并为智能化数据采集提供地学知识。

"集成"是英语"Integration"的中文译文,它指的是一种有机的结合、在线的连接、实时的处理和系统的整体性。目前,由于对集成的含义理解不清,似有"集成"泛滥化之势头。譬如说,对于已得到的航空航天遥感影像,到实地用 GPS 接收机测定其空间位置(X,Y,Z),然后通过遥感图像处理,将结果经数字化送入地理信息系统中,这同样使用了"3S"技术,但它不符合上述的集成概念,不是一种集成。一个较好的"3S"技术集成系统的例子是美国俄亥俄州立大学、加拿大卡尔加里大学分别在政府基金会和工业部门资助下进行的集 CCD 摄像

机、GPS、GIS 和惯性导航系统(INS)于一体的移动式测绘系统(Mobile Mapping System)。该系统将 GPS/INS,CCD 实时立体摄像系统和 GIS 在线地装在汽车上,随着汽车的行驶,所有系统均在同一个时间脉冲控制下进行实时工作。由空间定位、导航系统自动测定 CCD 摄像瞬间的像片外方位元素。据此和已摄像的数字影像,可实时/准实时地求出线路上目标(如两旁建筑物、道路标志等)的空间坐标,并随时送入 GIS 中,而 GIS 中已经存储的道路网及数字地图信息,则可用来修正 GPS 和 CCD 成像中的系统偏差,和作为参照系统,以实时地发现公路上各种设施是否处于正常状态。

显然,这样的集成还应当有现代通信技术和专家系统技术相配合,只是"3S"的提法已经广为流传开了。从以上讨论不难看出,空间定位技术、遥感技术和地理信息技术的集成是一项技术难度极高的高科技。

2. "3S"技术中实用的集成模式

在此,简要地对实际应用中可能用到的"3S"技术集成模式加以讨论。

1) GIS 与 GPS 的集成

利用 GIS 中的电子地图和 GPS 接收机的实时差分定位技术,可以组成 GPS+GIS 的各种电子导航系统,用于交通、公安侦破、车船自动驾驶。也可以直接用 GPS 方法来对 GIS 用实时更新。这是最为实用、简便、低廉的集成方法,称为基于位置的服务(LBS)和移动定位服务(MLS)。

这里存在几种复杂程度不同、成本也不同的集成模式:

(1) GPS 单机定位+栅格式电子地图。该集成系统可以实时地显示移动物体(如车、船、飞机)所在位置,从而进行辅助导航。其优点是价格便宜,不需要实时通信;其缺点是精度不高,自动化程度也不高。

(2) GPS 单机定位+矢量电子地图。该系统可根据目标位置(工作时输入)和车船现在的位置(由 GPS 测定)自动计算和显示最佳路径,引导驾驶员最快地到达目的地,并可用多媒体方式向驾驶员提示。但矢量地图(交通图)数据库需要花较大成本,GPS 测定误差或设法加以补偿和改正。

(3) GPS 差分定位+矢量/栅格电子地图。该系统通过固定站与移动车船之间两台 GPS 伪距差分技术,可使定位精度达到±(1—3)m,此时需要通信联系,可以是单向的,也可以是双向的,即 GIS 系统可以放在固定站上,构成车、船现状监视系统,可以放在车上、船上构成自动导航系统。双方均有 GIS 加通信,则可构成交通指挥、导航、监测网络。上述 GPS+GIS 集成系统可用于农作物耕作经营中。

LBS 和 MLS 目前具有极大的应用前景,将 GPS 与手机和掌上宝(PDA)集成在一起,由于移动通信已进入第三代和第四代,将可能达到与 IP 网相同的传输速率。

图 11-5 是武汉大学 LBS 的设计方案。图 11-6 是武汉大学研制的 LBS 在手机和 PDA 上的产品。

2) GIS 和 RS 的集成

遥感是 GIS 重要的数据源和数据更新的手段,而 GIS 则是遥感中数据处理的辅助信息,用于语义和非语义信息的自动提取。图 11-7 表示了 GIS 和 RS 各种可能的结合方式,包括:分开但是平行的结合(不同的用户界面,不同的工具库和不同的数据库),表面无缝的结合(同一用户界面,不同的工具库和不同的数据库)和整体的集成(同一个用户界面,工

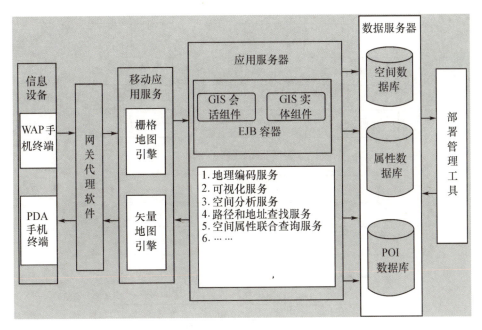

图 11-5　武汉大学 LBS 设计方案

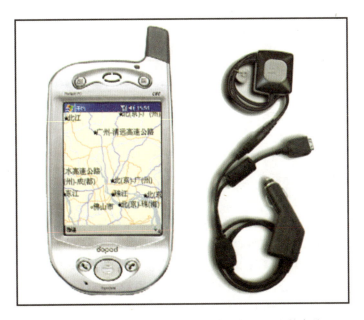

图 11-6　武汉大学研制的 LBS 在手机和 PDA 上的产品

库和数据库)。未来要求的是整体的集成。

　　GIS 和 RS 的集成主要用于变化监测和实时更新,它涉及计算机模式识别和图像解译。在海湾战争中,这种集成方式用于战场实况的快速勘测和变化检测以及作战效果的快速评估。在科学研究中,这种集成方式被广泛地用于全球变化和环境监测。

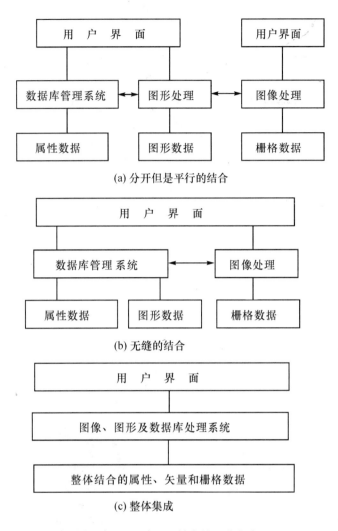

图 11-7 GIS与RS结合的三种方式

3) GPS/INS 与 RS 的集成

遥感中的目标定位一直依赖于地面控制点,如果要实时地实现无地面控制的遥感目标定位,则需要将遥感影像获取瞬间的空间位置(X_s,Y_s,Z_s)和传感器姿态(φ,ω,κ)用GPS/INS方法同步记录下来。对于中低精度不用伪距法;对于高精度定位,则要用相位差分法。

目前 GPS 动态相位差分法已用于航空/航天摄影测量进行无地面空中三角测量,并称为 GPS 摄影测量。它虽不是实时的,但经事后处理可达到厘米级至米级精度,已用于生产。该方法可提高作业效率,缩短作业周期一年以上,节省外业工作量90%,成本在70%左右。实时相位差分需解决 OTF(On the flying)技术。

4) "3S"的整体集成

空间定位技术、遥感技术和地理信息技术的整体集成无疑是人们所追求的目标。这种系统不仅具有自动、实时地采集、处理和更新数据的功能,而且能够智能地分析和运用数据,为各种应用提供科学的决策咨询,并回答可能提出的各种复杂问题。

图 11-8 是武汉大学与立得公司合作研制的车载"3S"集成系统(LD 2000)。车上前置的四个 CCD 相机代表遥感成像系统，GPS 与 INS 联合使用，可互为补偿运动中 GPS 可能的失锁和 INS 的系统漂移误差。GIS 系统安装在车内。GPS/INS 为四个 CCD 相机提供外方位元素，影像处理后可求出点、线、面地面目标的实时参数，通过与 GIS 中数据比较，可实时地监测变化、数据更新和自动导航。图 11-9 为 LD 2000 系列与车载移动测量系统制作的电子地图。

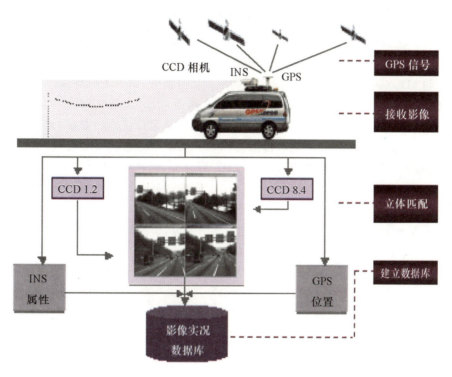

图 11-8　武汉大学与立得公司合作研制的车载"3S"集成系统(LD 2000)

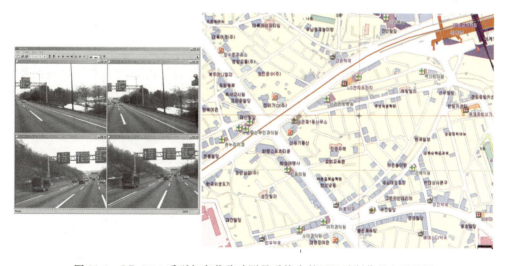

图 11-9　LD 2000 系列与车载移动测量系统在韩国汉城制作的电子地图

机载/星载"3S"集成系统在美国、加拿大和德国已研制成功。通过装在飞机上的GPS/INS系统和OTF技术实时地求出遥感传感器的全部外方位元素,然后利用CCD扫描成像和激光断面扫描仪可同时求出地面目标(物元)的空间位置和灰度(光谱测量)值(X,Y,Z,G)。

例如加拿大Optech公司的3100型机载Lidar系统,可以在3 000m高度上,以100 kHz/s对地激光扫描,达到厘米级量测精度。

11.3.5 从4D产品到5D产品——可量测实景影像的概念与应用

面向第三次Internet浪潮和Web 2.0模式,信息化测绘应该更好地满足社会各行各业日益增长的对测绘产品的需求。将移动测量系统所获得的可量测实景影像作为新的数字化测绘产品与4D产品集成,以推进按需测量的空间信息服务,是一条值得探讨的途径之一。

1. 信息化测绘的本质是为社会提供空间信息服务

随着信息技术、网络通信技术、航天遥感技术和导航定位技术的发展,地球空间信息学21世纪将形成海、陆、空、天一体化的传感器网络并与全球信息网格相集成,从而实现自动化、智能化和实时化地回答何时(When)、何地(Where)、何目标(What Object)发生了何种变化(What Change),并且把这些时空信息(即4W)随时随地提供给每个人,服务到每件事(4A服务:Anyone,Anything,Anytime and Anywhere)。

从这个意义上讲,必须大力推进信息化测绘的建设,即要在已经建成的数字化测绘的体系上,抓好测绘生产内外业一体化、数据更新实时化、测绘成果数字化和多样化、测绘服务网络化和测绘产品社会化。而信息化测绘的本质和目标是为社会提供空间信息服务,回答各类用户提出的与空间位置有关的问题。

2. 现有的4D产品不能满足空间信息服务的需求

长期以来,测绘地形图是测绘的任务和目标,当前测绘成果称为4D产品,即数字高程模型(DEM)、数字正射影像(DOM)、数字线画地图(DLG)和数字栅格地图(DRG)。这些产品是由作业员根据规范的要求从原始航空/航天影像上采集、加工制作的。它们是有限的基础信息,称为基础地理信息,不能满足社会各行各业对空间信息的需求。大量用户需要的与专业应用和个人生活相关的信息,如电力部门的电力设施、市政城管的市政设施、公安部门重点布防设施(如消防栓、门牌号码)、交通部门的交通信息、个人位置要求(如快餐厅位置)等细小的信息,均无法涵盖在传统的4D产品中。

例如,公安地理信息系统中的基本信息来自4D产品的仅占20%,其余80%需要通过实地调查来补充。又如武汉市城市网格化服务系统在1∶500数字地图基础上,补充调查和采集了185万个物件。

问题出在什么地方?主要问题由从原始的来自客观世界的影像经过测绘人员按规范加工后,只保留了基本要素,而将上述大量原始影像(包含信息)删除掉了。为什么不能将原始的可量测影像作为产品(连同量测软件)直接提供给客户,由用户按需求去量测呢?

3. 可量测实景影像(DMI)的引入

如果将原始的立体影像对(地面、航空或者航天影像),连同它们的外方位元素一起作为数字可量测影像(Digital Measurable Images)存储和管理起来,并在互联网上提供必要的使用软件,就有可能直接由用户根据其需要去搜索、量测、调绘和标注出他们所需要的空间目标的信息。

第三次 Internet 浪潮下 Web 2.0 理念以及相应技术体系(Grid、Ajax、CSS+XHTML)为空间信息服务带来了全新的理念。Web 2.0 要求为用户提供的各种服务具备体验性(Experience)、沟通性(Communicate)、差异性(Variation)、创造性(Creativity)和关联性(Relation)等特性。对空间信息服务而言,可视是体验性的基础(如 Google Earth、Microsoft Virtual Earth 等);按需可量测是创造性和差异性的保障;时空可挖掘则为关联性的专业应用提供技术保障;基于空间信息网格的服务平台可有效地融合集成 Web 2.0 技术(如 Ajax),为用户提供互动的沟通服务。Web 2.0 下空间信息服务需求体系如图 11-10 所示。

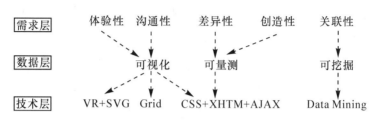

图 11-10 Web 2.0 下空间信息服务需求体系

可视、可量测、可挖掘实景影像包含了传统地图所不能表现的空间语义,是代表地球实际的物理状况,带有与人们生活环境相关的社会、经济和人文知识的"地球全息图"。因此,可视、可量测、可挖掘实景影像地图所包含的丰富地理、经济和人文信息是聚合用户数据、创造价值、实现空间信息社会化服务的数据源,是完全符合 Web 2.0 模式的新型数字化测绘成果。

可量测实景影像是指一体化集成融合管理的时空序列上的具有像片绝对方位元素的航空/航天/地面立体影像(Digital Measurable Image,DMI)的统称。它不仅直观可视,而且通过相应的应用软件、插件和 API 让用户按照其需要在其专业应用系统进行直接浏览、相对测量(高度、坡度等)、绝对定位解析测量和属性注记信息挖掘能力,而具有时间维度的 DMI 在空间信息网格技术上形成历史搜索探索挖掘,为通视分析、交通能力分析、商业选址等深度应用提供用户自身可扩展的数据支持。所以,DMI 是满足 Web 2.0 的新型数字化产品,是体现从专业人员按规范量测到广大用户按需要量测的跨越。

时空序列上的航空/航天立体影像可来源于对地观测体系中 4D 产品库,但其垂直摄影与人类的视觉习惯差异较大,要实现可视、可量测、可挖掘,需要进行专门训练,而且它不包含垂直于地面的第三维街景信息。而海量的具有地理参考的高分辨率(厘米级)地面实景立体像对符合近地面人类活动的视觉习性,并且包含实地可见到的社会、人文和经济信息,因此地面移动测量系统获取的可量测街景影像应作为可视、可量测、可挖掘实景影像体系的优选产品。

移动道路测量技术作为一种全新的测绘技术,它是在机动车上装配 GPS(全球定位系统)、CCD(成像系统)、INS/DR(惯性导航系统或航位推算系统)等传感器和设备,在车辆高速行进之中,快速采集道路前方及两旁地物的可量测立体影像序列(DMI),这些 DMI 具有地理参考,并根据应用需要进行各种要素、特别是城市道路两旁要素的按需测量。

需要特别指出的是,移动测量获得的原始影像数据与相应的外方位元素可自动整合建库,而上述的按需测量是由用户在网上自行完成的,所以移动测量获取的数据就不再需要专业测量人员加工,可直接成为上网的测绘成果。

因此,应当将这样的可量测实景影像(DMI)作为城市空间数据库中 4D 产品的重要补充,构建城市新一代的 5D 数字产品库。根据已进行的试验,广州市的 DMI 数据量约为 1TB。

4. 可量测地面实景影像与 4D 集成

现代信息技术、计算机网格技术、虚拟现实技术和数据库技术的发展使得海量的 DMI 数据可以与传统的 4D 产品进行一体化无缝集成、融合、管理和共享，形成更为全面的、现势性强的、可视化并聚焦服务的 5D 国家基础地理信息数据库，如图 11-11 所示。

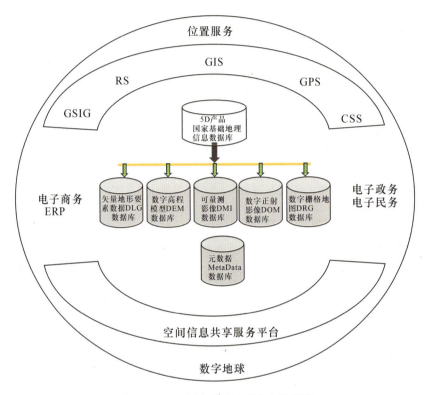

图 11-11　5D 国家基础地理信息数据库

基于这样的空间数据库，可以将移动测量系统沿地面街道获取的 DMI 数据与由航片/卫片加工的 DOM、DLG 和 DEM 按统一坐标框架有机结合起来，从而构成一个从宏观到微观、完全可视化的地理信息数字库，实现空中飞行鸟瞰和街头漫步徜徉。同时，用户可以在图像上对地物进行任意标注，并将其链接到其他专业数据库（人口数据库、经济数据库、设备数据库、设施数据库等）中，真正实现地理信息、专业台账信息和图片/影像信息的有机结合，更好地发挥空间信息服务的使用功效。该集成模式可用于大范围的空间分析、通视分析、信号覆盖分析等，并可将做好的预案进行多角度、全方位的三维立体浏览，可广泛地应用于数字战场、应急指挥、抢险救援等。

5. 基于可量测实景影像的空间信息服务体系

基于位置的服务（LBS）被国际 IT 业界认为是继短消息服务（SMS）之后的杀手级应用，具有上百亿美元的市场价值。

目前全球 LBS 主要基于 DEM、DOM 和 DLG 产品，特别是采用了从粗到精的 DOM、DLG 和 DEM 的集成，其中高分辨率卫星影像可提供米级的分辨率，部分城市还采用了 3D 房屋模型。这样的空间信息服务体系以 Google Earth 和 Virtual Earth 为代表。图 11-12 所示为其界面。Google Earth 以其超群的网络数据管理和技术,能为上亿个用户同时提供服务。

图 11-12　Google Earth 和 Virtual Earth 的界面

但是它们的主要缺点是所提供的服务是需要判读和理解的二维地形图、影像图,即使三维城市模型也不具备可量测和可挖掘功能,不能最有效地反映真实地球表面三维现实,也缺少厘米级的可视可量测实景影像。

图 11-13 为基于可量测实景影像的空间信息服务的一个界面。图中下方为 DOM/DLG/DEM 的集成 GIS 系统,上方为与鼠标位置相对应的可量测实景影像,右方为系统操作和属性显示界面。

图 11-13　基于可量测实景影像的空间信息服务(Truemap.cn)

在这样的系统环境下,用户可以从空中遥感进入地面,在高分辨率三维实景影像上漫游,去搜索兴趣点(POI),进而可查询图形、属性和实景影像。必要时可按需要在实景立体影像上进行立体测量(绝对精度 0.8～1m,相对精度 3～5cm),从而更好地满足各类用户的需求和充实用户的参与感和创造力,也同时可以实现摄影测量的大众化。

由移动道路测量技术获取的可视、可量测、可挖掘的实景影像 DMI 可以达到精确至厘米级空间分辨率,实现聚焦服务的按需测量,应作为第 5D 数字化产品充实到国家地理基础地理信息数据库中。基于可量测实景影像 DMI 的空间信息服务代表了下一代空间数据服务的新方向,并与空间信息网格服务、空间信息自动化、智能化和实时化解析解译服务和网络通信服务有机结合,实现空间信息大众化,为全社会、全体公民直接服务,从而达到做大信息化测绘的目标。

11.4 数字地球的应用

在人类所接触到的信息中,有 80% 与地理位置和空间分布有关,地球空间信息是信息高速公路上的"货"和"车"。数字地球不仅包括高分辨率的地球卫星图像,还包括数字地图以及经济、社会等方面的信息,它的应用正如美国前副总统戈尔在其报告中提到的,"有时会因为我们的想像力而受到限制",换句话说,数字地球的应用在很大程度上超出我们的想像。可以乐观地说下一世纪中,数字地球将进入千家万户和各行各业。

11.4.1 数字地球对全球变化与社会可持续发展的作用

全球变化与社会可持续发展已成为当今世界人们关注的重要问题,而数字化表示的地球为我们研究这一问题提供了非常有利的条件。利用数字地球可以对全球变化的过程、规律、影响以及对策进行各种模拟和仿真,从而提高人类应付全球变化的能力。数字地球可以广泛地应用于对全球气候变化、海平面变化、荒漠化、生态与环境变化、土地利用变化的监测。与此同时,利用数字地球,还可以对社会可持续发展的许多问题进行综合分析与预测,如自然资源与经济发展、人口增长与社会发展、灾害预测与防御等。

我国是一个人口多、土地资源有限、自然灾害频繁的发展中国家,十几亿人口的吃饭问题一直是至关重要的。经过 20 年的高速发展,资源与环境的矛盾越来越突出。1998 年的洪灾,黄河断流,耕地减少,荒漠化加剧,已经引起了社会各界的广泛关注。必须采取有效措施,从宏观的角度加强土地资源和水资源的监测保护,加强自然灾害特别是洪涝灾害的预测、监测和防御,避免走第三世界国家和一些发达国家发展过程中走过的弯路。数字地球在这方面可以发挥更大的作用。

11.4.2 数字地球对社会经济和生活的影响

数字地球将容纳大量行业部门、企业和私人添加的信息,进行大量数据在空间和时间分布上的研究和分析。例如国家基础设施建设的规划,全国铁路、交通运输的规划,城市发展的规划,海岸带开发,西部开发。从贴近人们生活的角度看,房地产公司可以将房地产信息链接到数字地球上;旅游公司可以将酒店、旅游景点,包括它们的风景照片和视频录像放入公用的数字地球上;世界著名的博物馆和图书馆可以将其收藏以图像、声音、文字的形式放入数字地球中;甚至商店也可以将货架上的商品制作成多媒体或虚拟产品放入数字地球中,让用户任意挑选。此外,在相关技术研究和基础设施方面,数字地球也将起到推动作用。因此,数字地球进程的推进必将对社会经济发展与人民生活产生巨大的影响。

11.4.3 数字地球与精细农业

21 世纪的农业要走集约化的道路,实现节水农业、优质高产无污染农业。这就要依托数字地球,每隔3~5天给农民送去他们庄稼地的高分辨率卫星影像,农民在计算机网络终端上可以从影像图中获得他的农田的长势征兆,通过 GIS 作分析,制定出行动计划,然后在车载 GPS 和电子地图指引下,实施农田作业,及时地预防病虫害,把杀虫剂、化肥和水用到必须用的地方,而不致使化学残留物污染土地、粮食和种子,实现真正的绿色农业。这样一来,农民也成了电脑的重要用户,数字地球就这样进入了农民家。到那时,农民也需要有组织、有文化、掌握高科技。

图 11-14 所示为利用高光谱遥感识别农作物品种和长势的示例。图 11-15 所示为基于 GPS 和 CCD 控制的长线阵灌溉系统。该系统可根据遥感和 GIS 提供的信息,将合适的水量灌溉到需要的农田地块。

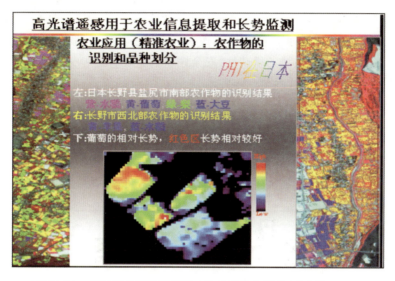

图 11-14 利用高光谱遥感识别农作物品种和长势(童庆禧,2003)

图 11-15 基于 GPS 和 CCD 控制的长线阵灌溉系统

11.4.4 数字地球与智能化交通

智能运输系统是基于数字地球建立国家和省市、自治区的路面管理系统、桥梁管理系统、交通阻塞、交通安全以及高速公路监控系统,并将先进的信息技术、数据通信传输技术、电子传感技术、电子控制技术以及计算机处理技术等有效地集成运用于整个地面运输管理体系,建立起的一种在大范围内、全方位发挥作用的,实时、准确、高效的综合运输和管理系统,实现运输工具在道路上的运行功能智能化,从而使公众能够高效地利用公路交通设施和能源(见图 11-16)。具体地说,该系统将采集到的各种道路交通及服务信息经交通管理中心集中处理后,传输到公路运输系统的各个用户(驾驶员、居民、警察局、停车场、运输公司、医院、救护排障等部门),出行者可实时选择交通方式和交通路线;交通管理部门可自动进行合理的交通疏导、控制和事故处理;运输部门可随时掌握车辆的运行情况,进行合理调度。从而使路网上的交通流运行处于最佳状态,改善交通拥挤和阻塞,最大限度地提高路网的通行能力,提高整个公路运输系统的机动性、安全性和生产效率。

图 11-16 利用移动车辆系统建立的高速公路交通设施管理信息系统

对于公路交通而言,智能运输系统将产生的效果主要包括以下几个方面:
(1) 提高公路交通的安全性。
(2) 降低能源消耗,减少汽车运输对环境的影响。
(3) 提高公路网络的通行能力。
(4) 提高汽车运输生产率和经济效益,并对社会经济发展的各方面都将产生积极的影响。
(5) 通过系统的研究、开发和普及,创造出新的市场。

美国国会 1991 年颁布了"冰茶法案"(Intermodel Surface Transportation Efficiency Act,ISTEA),1998 年又颁布了"续茶法案"(National Economic Crossroad Transportation Efficiency Act,NEXTEA),目标是实现高效、安全和利于环境的现代交通体系。

11.4.5 数字地球与数字城市

基于高分辨率正射影像、城市地理信息系统、建筑 CAD,可以建立虚拟城市和数字化城市,实现仿真三维和多时相的城市漫游、查询和可视化。数字地球服务于城市规划、市政管理、城市环境、城市通信与交通、公安消防、保险与银行、旅游与娱乐等,为城市的可持续发展和提高市民的生活质量起到了重要的作用。

1998 年,欧洲摄影测量实验研究组织(European Organization for Experimental Photogrammetric Research,OEEPE)专门就如何建立数字城市进行了抽样调查,结果表明了三维城市建模的重要性。在欧洲城市中,三维建筑物数据占 95%,三维交通网络数据占 85%,三维植被信息占 75%,从而引起了全世界对三维数字城市建设的关注。经过几年的努力,不少优秀的重建数字城市软件已经走向市场,如苏黎世理工大学的 CCModel 以及武汉大学与吉奥公司联合开发的 CCGIS 软件。图 11-17 是利用 CCGIS 建立的三维数字深圳(片段),公众可以在其上进行三维目标属性查询。利用如图 11-18 所示的三维数字城市可进行建筑设计方案的论证和视觉效果评估。

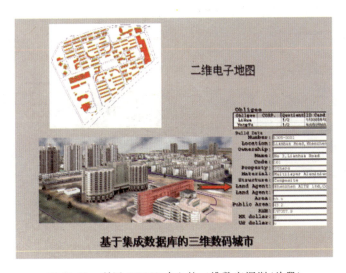

图 11-17 利用 CCGIS 建立的三维数字深圳(片段)

图 11-18 三维数字城市建筑设计方案

11.4.6 数字地球为专家服务

数字地球除前述应用外,它是数字方式为研究地球及其环境的科学家尤其是地学家服务的重要手段。地壳运动、地质现象、地震预报、气象预报、土地动态监测、资源调查、灾害预测和防治、环境保护等无不需要利用数字地球。而且数据的不断积累,最终将有可能使人类能够更好地认识和了解我们生存和生活的这个星球,运用海量地球信息对地球进行多分辨率、多时空和多种类的三维描述将不再是幻想。图 11-19 所示为基于数字地球研究全球水循环问题。水循环涉及大气水汽、地表水、地下水、海水及其相互转换。

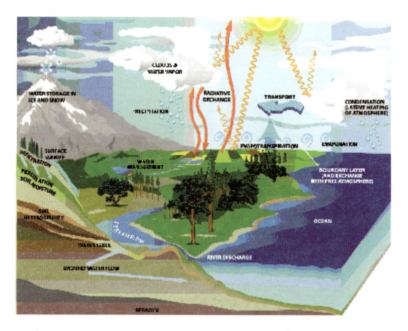

图 11-19 基于数字地球研究全球水循环问题

11.4.7 数字地球与现代化战争

数字地球是后冷战时期"星球大战"计划的继续和发展,在美国眼里,数字地球的另一种提法是星球大战,是美国全球战略的继续和发展。显然,在现代化战争和国防建设中,数字地球具有十分重大的意义。建立服务于战略、战术和战役的各种军事地理信息系统并运用虚拟现实技术建立数字化战场是数字地球在国防建设中的应用,其中包括了地形地貌侦察、军事目标跟踪监视、飞行器定位、导航、武器制导、打击效果侦察、战场仿真、作战指挥等方面,对空间信息的采集、处理、更新提出了极高的要求。在战争开始之前需要建立战区及其周围地区的军事地理信息系统;战时利用 GPS、RS 和 GIS 进行战场侦察,信息的更新,军事指挥与调度,武器精确制导;战时与战后利用 RS 进行军事打击效果评估(如图 11-20 所示),等等。数字地球是一个典型的平战结合、军民结合的系统工程,建设中国的数字地球工程符合我国国防建设的发展方向。

图 11-20　利用遥感卫星影像进行机场打击效果评估(童庆禧，2003)

11.4.8　数字地球走进千家万户

随着数字地球、数字中国、数字城市的建设，计算机通信网络已经或正在连接到每个家庭，空间数据库和基于空间数据库的应用系统如雨后春笋正在建设和发展之中。人们可以在自己的家中通过网络连接每个城市、每个地区或每个国家，查询或获取他们所需要的各种信息或数据。总之，随着"3S"技术及相关技术的发展，数字地球将逐步建立起来并深入到千家万户，为人们的工作、学习、生活和娱乐服务，并将对社会生活的各个方面产生巨大的影响。其中有些影响我们可以想象，有些影响也许我们今天还无法想象。

数字地球正在悄悄地走进千家万户。

11.5　发展与展望

随着信息时代的到来，正在形成一个天地一体化大测绘概念，即基于"3S"和通信技术集成的地球空间信息科学。这个信息化的大测绘是利用陆海空天一体化的导航定位和遥测遥感等空间数据获取手段来自动化、智能化和实时化地回答何时、何地、何目标发生了何种变化，并且把这些时空信息(即 4W)随时随地提供给每个人，服务到每件事(4A 服务——Anyone，Anything，Anytime and Anywhere)。下面从时空信息获取、加工、管理和服务四个方面对未来的技术发展做出简要叙述。

11.5.1　时空信息获取的天地一体化和全球化

人类生活在地球的四大圈层(岩石圈、水圈、大气圈和生物圈)的相互作用之中，其活动范围可涉及上天、入地和下海。这种自然和社会活动有 80% 与其所处的时空位置密切相关。为了获得这些随时间变化的地理空间信息（以下简称时空信息），在20世纪航空航天信息获取和地对观测技术成就的基础上，21世纪人们已纷纷在构建天地一体化的对地观测系统，以便实时全球、全天时、全天候地获取粗、中、高分辨率的点方式和面方式的时空数据。2003年7月31日，由美国政府发起在美国国务院内召开了第一届对地观测部长级高峰会议，有34个国家的科技部长或其代表以及联合国相应机构参加了此次会议。会上发布了对地观测华盛顿宣言，成立了政府间对地观测协调组织（GEO）。在华盛顿宣言中正式提出要建立一个功能强大的、协调的、持续化的分布式全球对地观测系统。为此，将在今年完成框架文件，进而制定出十年实施计划，这种合作主要涉及全球环境、资源、生态及灾害等方面，研究的问题包括海洋、全球碳循环、全球水循环、大气化学与空气质量、陆地科学、海岸带、地质灾害、流行病传播与人类健康等。用于国防安全的军事卫星技术不在合作之列，但各国都给予了很大的关注。在未来的争夺制天权的过程中，既联合又竞争的局面，值得我们给予充分的关注。第二次全球部长级对地观测高峰会议已于2004年4月在日本东京召开，第三次全球部长级对地观测高峰会议于2005年2月在欧盟召开。

就是在华盛顿第一次对地观测高峰会议上，欧空局（ESA）在工作午餐会上正式宣布其GMES计划，即全球环境与安全监测计划。该计划将建立和健全一个由高、中、低分辨率的对地观测卫星和伽利略全球卫星导航定位系统来为欧盟18个国家的环境（包括生态环境、人居环境、交通环境等）和安全（包括国家安全、生态安全、交通安全、健康安全等）进行实时服务，该系统将于2008年建成。

我国目前正在制定从现在到2020年的国家中长期科技发展规划。在这个规划中将正式提出建立我国天基综合信息系统的建议，即通过发射一系列持续运转的卫星群，实现卫星通信、数据中继、全球卫星导航定位和多分辨率的光学、红外、高光谱遥感和全天候全天时的雷达卫星群，来获取国家经济建设，国防建设和社会可持续发展所需要的时空信息，并与航空、地面、舰艇、水下获取的时空信息相融合，并与国外的对地观测系统相互协调与合作，成为信息时代我国的天地一体化时空信息获取系统，从而为地球空间信息的数据源提供强有力的保证。

11.5.2 时空信息加工与处理的自动化、智能化与实时化

面对以TB级计的海量对地观测数据和各行各业的迫切需求，我们面临着"数据既多又少"的矛盾局面，一方面数据多到无法处理，另一方面用户需要的数据又找不到，致使无法快速及时地回答用户问题。于是对时空信息加工与处理提出了要自动化、智能化和实时化的问题。

目前卫星导航定位数据的处理已经比较成熟地实现了自动化、智能化和实时化，借助于数据通信技术、RTK技术、实时广域差分技术等已使空间定位达到米级、分米级乃至厘米级精度。美国的GPS正在升级，改进其性能，欧盟正在紧锣密鼓地推进由30颗卫星组成的伽利略计划，我国的二代北斗也将由12颗卫星组成，对更广大的地域实时卫星导航定位服务，希望到2020年我国也能建成类似伽利略卫星的独立自主的全球导航定位系统。

遥感数据，包括高分辨率光学图像、高光谱数据和SAR数据的处理，就几何定位和影像匹配而言，可以说已经解决，要进一步研究的是无地面控制的几何定位，这主要取决于卫星位置和姿态的测定精度。目标识别和分类的问题一直是图像处理和计算机视觉界关心的问

题,智能化的人机交互式的方法已普遍得到应用,人们追求的是全自动方法,因为只有全自动化才可能实时化和在轨处理(Smart Sensor),进而构成传感器格网(Sensor Grid),实现直接从卫星上传回经在轨加工后的有用的数据和信息。基于影像内容的自动搜索和特定目标的自动变化检测,可望尽快地实现全自动化。将几何与物理方程一起实现遥感的全定量化反演是最高理想,21 世纪内可望解决。

11.5.3 时空信息管理和分发的网格化

时空信息在计算机中的表示走的是地图数字化的道路,在计算机中存储的带地物编码和拓扑关系的坐标串。在 www 互联网环境下,实时查询和检索 GIS 数据是成功的。随着全球信息网格(GIG)概念的提出,人们将要面临在下一代 3G(Great Global Grid)互联网上进行网格计算,即不仅可查询和检索到 GIS 时空数据,而且可利用网络上的计算资源进行网格计算。在网格计算环境下,目前的 GIS 数据面临着空间数据的基准不一致、空间数据的时态不一致、语义描述的不一致以及数据存储格式的不一致四大障碍,因此建立全球统一的空间信息网格对实现网格计算应当是势在必行。为此,我们提出了从用户需求出发的空间信息多级网格(SIMG)的概念,用带地学编码的粗细网格来统一地存储时空数据。基本的思想是在地理坐标框架下,根据自然社会发展的不平衡特征将全球分成粗细不等的格网,格网中心点的经纬度坐标和全球地心坐标系坐标作为参照标准,存储各个格网内的地物及其属性特征,这种存储方法特别适合于国家社会经济数据空间统计与分析。如果能解决空间信息多级网格与现有不同比例尺空间数据库的相互转换,GIS 的应用理论将会上一个新的台阶,空间数据挖掘也可望得到更好的应用,使空间分析和辅助决策支持上一个新台阶。

11.5.4 时空信息服务的大众化

人类的社会活动和自然界的发展变化都是在时空框架下进行的,地球空间信息是它们的载体和数学基础。在信息时代,由于互联网和移动通信网络的发展加上计算机终端的便携化,使时空信息服务的大众化代表了当前和未来的时代特征。也是空间信息行业能否产业化运转的关键。

时空信息服务要以需求为牵引,不同的用户、不同的需求就需要提供不同的服务。在国防建设中,除了整个数字化战争的准备、策划、实时指挥、战场姿势、作战效果估评的大系统外,时空信息服务的本质就是利用 3S 集成技术设计出适合于各兵种、各作战单元和战士的时空信息多媒体终端。它既可以实现实时导航定位、实时通信,也可以实时获取和提供所需要的军事时空信息,这样的 3S 集成系统将成为装备提供给部队。时空信息对政府高效廉政建设的服务就是为电子政务(OA)提供必要的具有空间、时间分布的自然、社会和经济数据与信息。目前的各种比例尺地形数据库距离电子政务和国家宏观决策分析使用尚有较大的距离,希望能通过空间信息网格技术加以解决。时空信息为我国小康社会的服务是具有很好机遇的挑战性任务,需要我们创造高效优质的服务模式,其中包括汽车导航、盲人导航、手机图形服务、智能小区服务、移动位置服务,等等,可以统称为公众信息化(Citizen Automation,CA)。时空信息的社会经济服务包括对国家资源、环境、灾害调查和各种经济活动的时空分布及其变化的实时服务、数字城市、数字港口、数字仓库、数字化物流配送诸方面的时空信息服务。至于时空信息对社会可持续发展的科学研究则需要建立功能强大的、协调的、可持续的分布式。

需要指出的是时空信息的全社会服务是拉动地球空间信息学和 3S 技术产业化发展的根本原动力，它具有极为广阔的市场前景。

数字地球的提出是全球信息化的必然产物，它是一项长期的战略目标，需要经过全人类的共同努力才能实现。同时，数字地球的建设与发展将加快全球信息化的步伐，在很大程度上改变人们的生活方式，并创造出巨大的社会财富，为人类社会的发展做出巨大贡献。

地球空间信息科学作为数字地球的技术基础和核心将得到迅速发展，一方面数字地球的研究和建设为地球空间信息技术的发展创造了条件，另一方面地球空间信息科学技术的发展为数字地球的建设提供了技术支持。

我国在地球空间信息科学领域的研究工作经过不懈努力取得了许多优秀成果，培养了一大批具有较高素质的学术骨干和人才。但是，我们必须清醒地认识到，由于在传感器、计算机、通信以及综合国力等方面与先进国家存在较大差距，在相当长的一段时间内，我国在地球空间信息科学的若干方面将落后于国际先进水平。因此，只有发挥自己的优势，不断努力，建设数字中国和数字地球，才能逐步缩小与国际先进水平的差距，为我国的经济建设和社会发展做出自己的贡献。

本章思考题

1. 什么是"数字地球"与"数字中国"？为什么提出这样的概念？
2. 简要叙述数字地球的六大技术支撑。
3. 地球空间信息学是如何形成的？它的理论体系和技术体系是什么？它对数字地球的构建起什么作用？
4. 举出具体示例来说明数字地球的作用和它在各行各业中的应用前景。
5. 为了建好"数字中国"，测绘专业的同学应当如何从现在做起，从我做起？

参 考 文 献

[1] Al Gore，The Digital Earth：Understanding our planet in the 21st Century. http://159.226.117.45/Digitalearth/,1998.

[2] 李德仁,李清泉. 地球空间信息科学的兴起与跨学科发展,见：周光召主编. 科技进步与学科发展. 北京：中国科学技术出版社,1998.448～452.

[3] 李德仁,龚健雅,朱欣焰,等. 我国地球空间数据框架的设计思想与技术路线. 武汉测绘科技大学学报,1998,23(4):297～303.

[4] 李德仁. 对地观测新技术与社会可持续发展,见：中科院百名院士报告会文集. 北京：科学出版社,1997.

[5] 李德仁. 论 Geomatics 的中译名. 测绘学报,1998,27(5):95～98.

[6] 李德仁. 信息高速公路、空间数据基础设施与数字地球. 测绘学报,1999,28(1):1～5.

[7] 杨崇俊. 数字地球是什么. http://159.226.117.45/Digitalearth/,1999.

[8] 李德仁,李清泉. 论地球空间信息科学的形成. 地球科学进展,13(4):319～326.

[9] Virginia Gewin. Mapping opportunities. Natual, vol, 427(22), Jan, 2004, pp: 376-377.

[10] 李德仁,关泽群.空间信息系统的集成与实现.武汉:武汉测绘科技大学出版社,2000.

[11] 李德仁.抓好地球空间信息的数据源.地理空间信息,2004,2(1):1~2.

[12] 李德仁.论21世纪遥感与GIS的发展.武汉大学学报:信息科学版,2003,28(2):127~131.

[13] 李德仁.利用遥感影像进行变化检测,武汉大学学报:信息科学版,2003,28:7~12.

[14] 李德仁,朱欣焰,龚健雅.从数字地图到空间信息网格——空间信息多极网格理论思考.武汉大学学报(信息科学版),2003,28(6):642~650.

[15] 李德仁,李清泉,谢智颖,等.论空间信息与移动通信的集成应用.武汉大学学报:信息科学版,2002,27(1):1~8.

互补色法立体观测

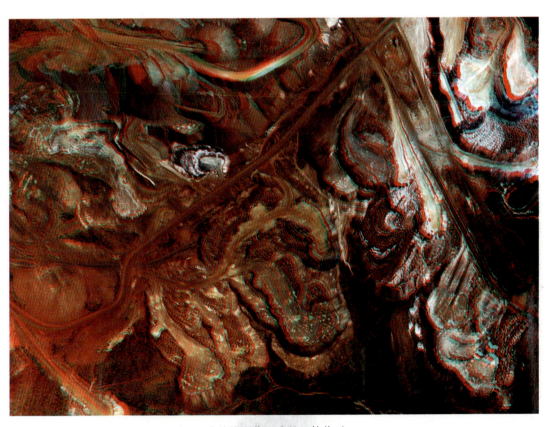

由核线影像组成的立体像对

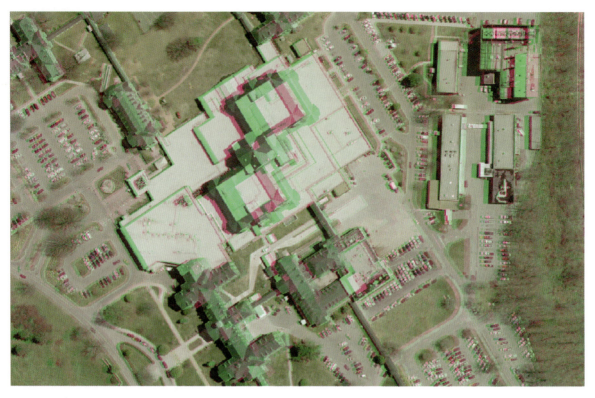

城区立体正射影像 A(3 条航带每个航带 9 个立体模型的一部分)

城区立体正射影像 B(3 条航带立体模型的一部分)